约束特性下非线性系统收敛性能
提升控制及应用

王　楠　冀保峰　张鹏飞　著

中国水利水电出版社

www.waterpub.com.cn

·北京·

内容提要

本书共 10 章，在非线性系统稳定性分析的基础上，对几类典型的具有不同约束特性的非线性系统的收敛性能提升过程进行分析，并进行仿真验证。本书针对不同非线性约束特性，采用自适应模糊控制方法，结合随机系统稳定理论与有限时间稳定性定理，实现了非线性系统和随机非线性系统的有限时间稳定；设计基于输出反馈的容错控制器，提升了非线性系统的容错能力；解除系统初始状态对收敛时间的约束，获得了非线性系统固定时间控制策略及预设时间控制策略，为在工程实践中的应用提供了理论支撑。

本书各章节力求证明清晰，辅以数值仿真和物理模型仿真进行验证。通过对具有约束特性非线性系统的稳定性进行分析，拓展至非线性系统有限时间稳定、固定时间稳定、预设时间稳定。全书按照最新前沿技术进行循序渐进的阐述，读者可以通读，也可根据需要选择相关章节进行阅读。

本书读者需要具备一定的自动化学科基础，主要为自动化专业技术人员、控制理论与工程学科科研人员及其他从事非线性系统控制工作的相关人员。

图书在版编目（CIP）数据

约束特性下非线性系统收敛性能提升控制及应用 / 王楠，冀保峰，张鹏飞著 . -- 北京：中国水利水电出版社，2025.7. -- ISBN 978-7-5226-3571-2

Ⅰ . TP271

中国国家版本馆 CIP 数据核字第 2025AT5141 号

书　　名	约束特性下非线性系统收敛性能提升控制及应用 YUESHU TEXING XIA FEIXIANXING XITONG SHOULIAN XINGNENG TISHENG KONGZHI JI YINGYONG
作　　者	王　楠　冀保峰　张鹏飞　著
出版发行	中国水利水电出版社 （北京市海淀区玉渊潭南路 1 号 D 座　100038） 网址：www.waterpub.com.cn E-mail：zhiboshangshu@163.com 电话：（010）62572966-2205/2266/2201（营销中心）
经　　售	北京科水图书销售有限公司 电话：（010）68545874、63202643 全国各地新华书店和相关出版物销售网点
排　　版	北京智博尚书文化传媒有限公司
印　　刷	三河市龙大印装有限公司
规　　格	170mm×240mm　16 开本　10.75 印张　207 千字
版　　次	2025 年 7 月第 1 版　2025 年 7 月第 1 次印刷
定　　价	49.90 元

前 言
PREFACE

由于物理特性、测量精度及建模误差等因素，非线性系统模型中往往包含多种不同约束特性，如何在兼顾不同约束特性下保障非线性系统的稳定性成为近些年控制理论与工程研究的关键。

本书基于自适应模糊控制方法，结合 Lyapunov 稳定性理论，以随机微积分伊藤公式和无穷小算子为工具，由确定性非线性系统控制问题入手，延伸至随机非线性系统控制问题。为了提升具有约束特性非线性系统的收敛性能，进一步分析了有限时间控制、固定时间控制及预设时间控制方法。本书针对不同非线性约束特性，采用自适应模糊控制方法，结合随机系统稳定理论与有限时间稳定性定理，实现了非线性系统和随机非线性系统的有限时间稳定；设计基于输出反馈的容错控制器，提升了非线性系统的容错能力；解除系统初始状态对收敛时间的约束，获得了非线性系统固定时间控制策略及预设时间控制策略，为在工程实践中的应用提供了理论支撑。

本书的主要章节内容安排如下。

第 1 章是绪论。首先阐述本书的研究背景及意义，然后介绍状态约束非线性系统、随机非线性系统、自适应模糊控制方法以及非线性系统性能提升方法，包括有限时间稳定控制方法、固定时间稳定控制方法及预设时间稳定控制方法，并指出研究思路。

第 2 章是本书所需知识，主要包括必备的控制理论及数学基础知识。首先给出随机系统的相关定义，然后给出 Lyapunov 稳定性定义和定理、有限 / 固定 / 预设时间稳定定理以及模糊逻辑系统的结构，最后给出所用的数学引理、定理及推论。

第 3 章分析了全状态约束纯反馈非线性系统控制方法。针对具有输入时滞和全状态约束的纯反馈非线性系统控制问题，通过使用中值定理，将纯反馈系统转化为严格反馈系统。通过引入 Pade 近似方法，减小了输入时延的影响；利用径向基神经网络逼近未知非线性函数，引入动态面技术，减小自适应反步法的计算量，通过实例数值仿真验证所提控制策略的有效性。

第 4 章讨论了全状态约束非线性系统有限时间控制方法。针对带有状态约束的纯反馈确定性非线性系统，使用模糊逻辑系统逼近系统中的非匹配不确定性，构造障碍

Lyapunov 函数以满足状态限制的需求，利用中值定理将纯反馈形式的非线性系统转换为严格反馈的形式，通过使用自适应反步设计方法，设计满足系统状态约束的控制器。进一步，依据 Lyapunov 有限时间稳定设计方法，设计有限时间内稳定控制器。最后通过仿真算例，验证所设计控制器的有效性。

第 5 章分析了高阶随机非线性系统控制方法。针对具有全状态约束的随机非线性系统的控制问题，在自适应反步法中的每一步用模糊逻辑系统逼近未知非线性函数，通过引入障碍 Lyapunov 函数，研究了具有全状态约束的随机高阶非线性严格反馈系统的自适应模糊控制问题；基于高阶随机非线性系统特性提出一种新的自适应模糊反步控制策略，通过数值仿真实例验证所提控制策略的有效性。

第 6 章分析了高阶随机非线性系统有限时间控制方法。针对一类具有指数型预设性能函数的高阶随机非线性系统的有限时间控制问题，通过假定被控对象的非线性函数是未知的，采用模糊逻辑系统以逼近未知连续函数；将变换后的误差信号视为随机变量；利用状态变换给出误差信号的一阶、二阶偏导数表达式，利用 Lyapunov 稳定性理论和公式，提出一种新的自适应模糊跟踪控制策略，保证闭环非线性系统在概率上的半全局有限时间稳定性，通过不同协方差值下的仿真实例验证所提控制策略的有效性。

第 7 章分析了随机非线性系统有限时间容错控制方法。针对系统状态不可测情况，设计模糊观测器以观测系统状态；依据自适应模糊反步法，使用观测器状态，设计带有执行器故障容错的有限时间控制器；利用具有执行器故障的仿真验证所提容错控制器的有效性。

第 8 章讨论了随机非线性系统固定时间控制方法。针对随机非线性系统固定时间控制问题，首先依据现有固定时间稳定定理分析四种情况，推导出随机系统固定时间稳定定理；在此基础上，结合自适应模糊设计策略，设计固定时间稳定控制器；最后通过数值仿真和自适应巡航跟车模型，对固定时间控制器进行验证。

第 9 章分析了死区约束非线性系统预设时间控制方法。针对具有死区输入的非严格反馈非线性系统的预设时间控制问题，通过构造动态分数阶反馈回路，解除收敛时间的上界与系统初值的相关性，并可通过调整单个设计参数进行预置；结合死区反演技术和误差变换方法，建立包含线性项和类扰动项的非线性模型，根据跟踪误差与预置精度的三种关系，设计基于观测器的预设时间控制器，保证系统跟踪误差在预定的时间内收敛到预定的精度范围，通过两次仿真验证控制方案的可行性。

第 10 章是工作总结与展望，对全文所做工作进行总结与展望。

本书得到了河南省科学院创新创业团队（20230201）、龙门实验室重大科技项目（231100220200）、河南省重点研发与推广专项项目（242102241063）、河南省自然科学基金青年基金项目（242300420684）、河南省博士后科研资助项目的资助。本书共 10 章，第 1～第 9 章由王楠撰写，第 10 章由冀保峰与张鹏飞撰写。本书的撰写得到了河南科技大学硕士研究生耿静淳、孟锐、琚函铮的帮助，在此表示感谢。

由于作者水平有限，书中疏漏之处在所难免，恳请专家和读者批评指正。

编　者

2025 年 6 月

符号表

$\mathbb{E}\{\bullet\}$：矩阵的期望

A^{T}：矩阵的转置

$Tr\{\bullet\}$：矩阵的迹

$\lambda_{\min}\{\bullet\}$：矩阵的最小特征值

$\mathcal{L}$：无穷小算子

K：K类函数

K_{∞}：K_{∞}类函数

KL：KL类函数

$\forall$：对于所有的

$\in$：属于

$\rightarrow$：极限值趋向于

$\inf(\bullet)$：函数下确界

$\sup(\bullet)$：函数上确界

$\min\{\bullet\}$：集合的最小元素

$\max\{\bullet\}$：集合的最大元素

$y^{(n)}$：函数y的n阶偏导数

$\|\bullet\|$：向量范数

C^2：二阶连续偏导

$\mathbb{R}$：全体实数

目 录
CONTENTS

第1章　绪论

1.1　研究背景及意义

非线性系统控制及其应用（如机械系统、飞行系统、电路系统等）是控制理论研究长久不衰的内容之一[1-2]。在描述非线性系统动态过程时，可将被控系统分为确定性系统和随机系统。确定性系统指可以通过常微分方程等方法对被控对象进行建模的系统，而随机系统由于受环境噪声影响，存在未建模动态、随机干扰等因素，不能用常微分方程表示，为更好地描述和研究这一过程，产生了以随机微积分为基础的随机非线性系统[3]。一方面，由于随机特性在客观物理系统中普遍存在，使得随机系统的控制问题研究变得十分必要。例如，在人口预测模型中，人口流动迁移、自然灾害以及当局政策等不确定干扰都会对模型的准确性造成影响，通常可采用随机系统模型来描绘其中的不确定因素[4]；在金融系统中，引入随机过程描述了股票市场的波动变化，并以此为基础产生了期权定价[5]；在岩石力学模型中，使用基于随机方法的随机有限断层法进行了地震动模拟等[6]。另一方面，随机非线性系统中的随机过程是服从正态分布的连续增量数学过程，不存在连续可微导数，导致常规的常微分方程不能够直接用于解决随机系统的问题，进而给控制器设计和稳定性分析增加了难度。随机系统稳定性理论采用无穷小算子来替代 Lyapunov 函数导数，由于无穷小算子（Infinitesimal Operator）引入的二阶偏导矩阵的存在，使得控制器设计更加复杂和困难，进而使随机非线性系统的控制问题研究更具有挑战性。因此，关于随机非线性系统的控制问题研究已成为目前非线性系统理论研究的前沿和难点。

近些年，国内外学者结合自适应控制方法、反步设计方法、神经网络控制和模糊控制等技术，提出诸多智能非线性控制策略，解决了部分复杂随机非线性系统的跟踪和镇定问题。此外，在控制实践中，除了被控系统的稳定性外，系统的收敛速度是衡量控制器性能的另一重要指标。21 世纪初，巴特（Bhat）提出有限时间控制理论，通过调整控制器幂次，提升了被控对象的收敛速率[7]，并在各物理系统中得到了广泛应用，比如用于航天器交会对接[8]、多弹协同制导[9]、多智能体协同[10]、DC-DC 变换器[11]等。在此基础上，结合有限时间控制理论与随机非线性系统特性，有学者提出了随机非线性系统的有限时间稳定判据，提升了随机非线性系统的暂态性能和收敛速度[12]。此后，关于随机系统有限时间控制的研究逐步受到学者关注，同时也是本书研究的主要内容。

到目前为止，针对随机非线性系统开展有限时间控制的研究还较少，仍存在诸多待解决的问题，比如在控制过程中被控系统执行器、传感器等的限制和约束问题有待处理，被控系统暂态性能需保障，被控系统固定时间控制方法待深入研究等。因此，本书将对带有不同性能要求的非线性系统开展有限时间控制研究，采用自适应模糊方法进行控制策略设计，结合物理、数学模型开展仿真验证，进一步对不同特性随机非线性系统的稳定性和收敛速率进行探究。本研究对丰富非线性系统有限时间控制理论有着重要的现实意义和价值。

1.2　非线性系统控制

1.2.1　确定性非线性系统控制

如果一个被控系统的结构是确定的，且在确定的输入作用下，被控系统输出也是确定的，称为确定性系统。不同于确定性的线性系统，大多非线性系统的状态空间方程以常微分方程形式给出，方程的参数空间不满足叠加性原理，难以直接求取稳定控制律。针对该问题，学者们展开了大量研究，取得了诸多重要成果。

在处理确定性非线性系统控制问题时，一个经典思路是将非线性系统近似转换为线性系统，然后利用线性系统理论进行处理。在某些特定非线性系统中，人们只关心某点（如平衡点）附近的动态特性。为研究系统在该点附近的变化情况，学者们利用被控系统的偏导特性，在该点附近进行线性化，通过判定偏导矩阵是否为赫尔维茨（Hurwitz）矩阵来判定系统稳定性[13]。然而，该方法仅能在被研究的某点附近起到良好的控制效果，对于整个系统而言普适性较低。

另一方法是通过设计反馈控制器，将非线性系统中的非线性项精准抵消，进而化为线性系统进行处理[14]。以单摆系统为例，单摆系统由一根质量不计的线和一个可视为质点的球体连接构成。该系统为自治系统，在不受外力作用下自由摆动，受到阻力后到达平衡点。系统模型如下：

$$\begin{cases} \dot{x}_1 = x_2 \\ \dot{x}_2 = -\dfrac{g}{l}\sin x_1 - \dfrac{k}{m}x_2 + \dfrac{1}{ml^2}u \end{cases} \tag{1.1}$$

式中：x_1为单摆角度θ；x_2为角度变动速率$\dot{\theta}$；g为重力加速度；k为摩擦系数；m、l分别为单摆质量和长度；u为单摆的输入力矩。

采用反馈线性化的方法可得到如下控制律：

$$u = ml^2 \frac{g}{l} \sin x_1 + ml^2 v \qquad (1.2)$$

将控制律代入被控系统中，精准抵消系统中的非线性项，系统则转换为如下线性系统：

$$\begin{cases} \dot{x}_1 = x_2 \\ \dot{x}_2 = -\dfrac{k}{m} x_2 + v \end{cases} \qquad (1.3)$$

进一步，以线性系统理论的工具进行分析设计，得到稳定控制律。

具体哪一类系统可以使用反馈线性化的方法，文献 [14] 给出 Frobenius 定理，用来描述可反馈线性化的条件。类似的，文献 [15] 给出了可化为线性系统的通用形式，证明了具有如下结构的非线性系统可使用反馈线性化的方法。

对于非线性系统$\dot{x} = f(x) + G(x)u$，其中$f(x)$和$G(x)$为光滑函数，若存在微分同胚映射（具有连续可微逆映射的连续可微映射）$T: D \to \mathbb{R}^n$，通过变量代换$z = T(x)$可将该非线性系统化为$\dot{z} = Az + B\gamma(x)[u - \alpha(x)]$，则该系统是可反馈线性化的，其中$A$、$B$是可控矩阵，$\alpha(x)$是产生的非线性项，$\gamma(x)$是可逆矩阵。

上述理论确定了反馈线性化的应用范围，表明该反馈线性化技术适用于一类结构满足特定条件的非线性系统。为了解除系统结构方面的限制，学者科科托维奇（Kokotovic）等首次引入基于迭代架构的控制器规范化设计工具——反步法（backstepping）[16]。其主要设计思路如下：

针对如下具有参数严格反馈形式的非线性系统：

$$\begin{cases} \dot{x}_i = x_{i+1} + \theta^{\mathrm{T}} \phi_i(x_1, \cdots, x_i) \\ \dot{x}_n = \phi_0(x) + \theta^{\mathrm{T}} \phi_n(x) + \beta_0(x)u \end{cases} \qquad (1.4)$$

反步法将n个子系统进行拆分，逐个进行镇定，通过迭代反复，得到最终控制器，保证了闭环系统的稳定性。首先，假设x_2是第 1 个子系统 [即$\dot{x}_1 = x_2 + \theta^{\mathrm{T}} \phi_1(x_1)$] 的控制输入，设计保证该子系统稳定的控制器（虚拟控制器α_1），为保证x_2和所设计虚拟控制器α_1尽可能接近，构造误差系统$z_2 = x_2 - \alpha_1$和相应的 Lyapunov 函数，利用 Lyapunov 第二法来确定误差系统的收敛性。其次，使用相同的方法，构造不同子系统的虚拟控制器和对应误差系统，重复上述过程可得到一系列中间虚拟控制器。最后，在第n个子系统中设计被控系统的实际控制器。由于被拆分的每个子系统都具有独立稳定性，因此，最终所得控制器可满足被控系统稳定性要求。反步法通过将系统拆分为独立子系统，分别使用 Lyapunov 稳定性理论，降低了控制方法的设计复杂度。反步法适用于严格反馈系统，不需要满足反馈线性化条件，Lyapunov 函数选择灵活。通过使用微分同胚条件以及中值定理等变换方法，大多非线性系统可转化为严格反馈系统，因此反步法得到了广泛关注并取得了许多重要研究成果 [17-26]。

文献 [17] 针对参数不确定性以及不可测状态的非线性系统，使用反步法设计了自适应控制策略。文献 [18] 采用反步法，对带有未知控制方向的非线性系统，设计了基于状态反馈的控制策略，实现了被控系统输出的渐近跟踪。文献 [19] 则利用反步法结合时滞建模方法，解决了带有外部有界干扰和类往返时滞非线性系统的控制问题。文献 [20] 结合反步法和小增益定理，提出了具有未知不确定性的非线性系统的自适应反步控制策略。上述文献研究的是严格反馈非线性系统，然而纯反馈系统较严格反馈系统更有一般性，文献 [21] 通过使用中值定理，将纯反馈系统转换为严格反馈系统，利用反步法为带有预设性能的非线性系统设计了基于输出反馈的事件触发控制策略。此外，使用反步法结合不同控制策略如自适应方法 [22]、滑模控制方法 [23-24] 等，产生了大量实用的控制方法，取得了丰硕的理论成果和社会效益。比如文献 [25] 提出了一种线性感应电机的自适应滑模反步控制策略，用来控制运动器的位置并补偿摩擦力；利用积分器反步设计方法，文献 [26] 给出了一类微型卫星的姿态控制方法，并利用欧洲航天局的 ESEO 任务卫星的参数进行了模拟仿真等。

1.2.2　随机非线性系统控制

诸多物理系统都可用确定的物理模型来描述其动态规律。确定性系统模型是对实际系统的理想简化，忽略了部分外部噪声干扰，以降低模型精确度为代价，便于分析与综合。而实际上，现代工程动态系统由于元器件固有特性、未知不确定性及外部环境影响，所给定动态模型会受到随机因素干扰，为提高被控系统控制精度，必须考虑随机因素的影响。这种具有随机因素被控系统的控制问题，叫作随机控制问题 [27]。

关于随机问题的研究起源于 19 世纪，英国学者罗伯特·布朗（Robert Brown）研究了显微镜下花粉粒子在水里的无规则抖动，即布朗运动。1918 年，控制论创始人诺伯特·维纳（Norbert Wiener）给出了布朗运动的精确数学描述：一种服从于正态分布的独立增量的连续随机过程，并进一步研究了该运动的相关性质，因此布朗运动又称维纳过程。1961 年，日本学者伊藤清（K. Itô）提出 Itô 随机过程的微积分运算方法，进而逐渐建立起随机微分理论。1969 年，科津（Kozin）按照随机变量所服从的分布特征将其分为高斯白噪声与非高斯白噪声两类随机系统[28]，高斯白噪声的概率分布是正态函数，是电力电子、信号处理中最常见的干扰信号，普遍用于描述生产过程中的随机现象。使用 Itô 微积分来定义满足正态分布的随机系统即为 Itô 型随机系统，该系统是本书的主要研究对象。

随着 Itô 随机微积分应用至控制理论中，一个重要的稳定性概念——依概率稳定应运而生[29-30]。然而在随机系统控制器设计过程中，Itô 微积分的使用不仅带来了梯度项，还引入了 Lyapunov 函数的二次偏导 - 海森项，这给随机系统的分析带来了困难，直至 20 世纪 90 年代，弗洛尔辛格（Florchinger）等才给出了随机非线性系统稳定的相关结果[31-32]，为开展随机非线性系统的深入研究奠定了基础。

通过结合反步法，学者登格（Deng）和克尔斯蒂奇（Krstic）首次提出四次型 Lyapunov 函数，通过增加变量的幂次，使用无穷小算子替代 Lyapunov 函数导数，为一类严格反馈随机非线性系统分别设计了基于状态反馈和基于输出反馈的控制律[33-34]。在该成果基础上，学者们对随机非线性系统开展了广泛的研究[35-51]。文献 [37] 利用神经网络系统构造模型，对带有多重约束条件的随机非线性系统，提出了基于事件触发的自适应跟踪控制策略，在满足多重约束条件的同时确保了系统的稳定性。文献 [38] 通过引入 Mamdani 型模糊逻辑系统，提出了自适应跟踪控制策略来补偿系统时变迟滞的影响。文献 [39] 针对具有未知滞后的随机纯反馈非线性系统，利用 Nussbaum 增益函数来处理未知方向，设计了具有半全局稳定性能的控制器。文献 [43] 针对具有未建模动力学和外部扰动特性的多智能体随机非线性系统，在随机振动环境下设计了领导 - 跟随者协同跟踪控制策略。通过使用分散控制策略，文献 [44] 和文献 [45] 分别采用 Nussbaum 增益函数技术和容错控制策略研究了控制方向未知和执行器故障的大规模互联随机非线性系统的控制问题。针对带有全状态随机约束的非线性控制问题，文献 [47] 依照事件触发机制，提出了针对带有全状态约束的随机非线性系统的自适应模糊容错控制策略，并且设计误差解析上界来避免 Zeno 行为。此外，文献 [50] 和文献 [51] 中使用自适应模糊方法，针对非仿射形式的全状态约束高阶随机非线性系统分别设计了降阶控制器和状态反馈控制器。高阶随机系统较常规随机系统而言，系统状态阶次更高，更具普适性，学者解学军（Xue X）针对具有奇数次和奇数分数次的高阶随机系统的镇定和输出反馈问题开展了一系列研究[52-55]。

1.2.3　约束特性非线性系统控制

状态约束条件对智能无人系统的控制品质影响显著，近些年具有约束的非线性系统控制问题得到了国内外众多学者关注。根据系统变量所受约束条件动态变化情况和指标性能要求不同，本文从全状态约束、预设性能约束以及漏斗函数约束三个层次分析，阐述具有约束非线性系统控制问题的研究动态。

1. 全状态约束非线性系统控制

不同于单一状态变量或输出信号存在约束条件，全状态约束是系统所有状态变量均存在边界条件，全状态约束下的控制器设计更为复杂。目前处理全状态约束条件的方法以基于障碍 Lyapunov 函数（Barrier Lyapunov Function, BLF）的控制方法为主，治（Tee）等[56]针对全状态约束的严格反馈非线性系统，即系统全部状态变量x_i均要求在对应区间$(-k_{ci}, k_{ci})$内，$x_i \in D_i := \left\{ x_i \in R \middle| -k_{ci} < x_i < k_{ci} \right\}$，$i = 1, \cdots, n$，采用对数型障碍 Lyapunov 函数（Log-BLF）：

$$V_i = \frac{1}{2} \log \frac{k_{bi}^2}{k_{bi}^2 - z_i^2} \quad i = 1, \cdots, n \tag{1.5}$$

式中：k_{bi}为经变量转换的误差边界。

当系统误差z_i接近约束区间边界k_{bi}时，BLF 逐渐增大至无穷，确保系统误差变量在边界条件内。在该方法中，为保证控制器的效果，还需根据初始条件确立虚拟控制器的适用范围：

$$\begin{cases} k_{bi} = k_{ci} - \bar{\alpha}_{i-1} \\ |\alpha_{i-1}| \leqslant \bar{\alpha}_{i-1} < k_{ci} \end{cases} \quad i = 1, \cdots, n \tag{1.6}$$

式中：α_{i-1}为虚拟控制器。

上述条件即为满足状态约束的控制器可行性条件，满足该条件的控制器可兼顾状态约束和系统稳定性，但极大限制了控制器的应用。

基于构造有界障碍函数的思想，结合自适应鲁棒控制方法，学者们开始从两方面考虑全状态约束下的非线性系统控制问题：一是从系统所受约束条件入手，考虑非对称约束、全状态约束以及多重约束下非线性系统的稳定性问题；二是从控制器的复杂度和可行性方面入手，研究如何减少/去除虚拟控制器的可行性条件，拓展控制器的可用范围。

不同于上下边界对称的约束条件，针对普适性更强的非对称状态约束条件，治（Tee）等[57]设计了非对称障碍 Lyapunov 函数：

$$V = \frac{q(s)}{p} \log \frac{k_b^p}{k_b^p - s^p} + \frac{1 - q(s)}{p} \log \frac{k_a^p}{k_a^p - s^p}, q(s) = \begin{cases} 1, s > 0 \\ 0, \text{其他} \end{cases} \tag{1.7}$$

式中：s为具有约束条件的输出变量；p为大于系统阶数n的偶数；k_a和k_b分别为非对称约束的上下边界值。

除了 Log-BLF 外，文献 [58] 针对全状态约束的高阶不确定非线性系统，设计了高阶系统的正切型 BLF（Tan-BLF），利用加幂积分方法设计了输出反馈控制策略，在参考信号较大的情况下，依然能保证系统在约束条件下取得良好的跟踪效果。针对任意切换规则下的非线性切换系统，文献 [59] 提出基于积分型 BLF（Integral-BLF）的自适应跟踪控制器，通过直接约束状态变量减少了虚拟控制器可行性分析的条件。

除了采用构造不同类型 BLF 的控制方法外，还有学者基于障碍函数的思想，将约束条件提前施加在状态变量上，以函数变换的方式进行状态重构，通过讨论重构后的变量有界问题，解决了原状态的约束问题。文献 [60] 针对时滞全状态非对称约束非线性系统的跟踪控制问题，使用双曲余切转换函数对误差变量进行转换，将原有系统的全状态非对称约束变量转换为新的无约束状态变量，为具有约束的非线性系统控制提供了新思路。

基于障碍函数思想的状态约束控制方法在智能无人系统中得到广泛应用，文献 [61] 针对多牵引 - 拖车移动编队问题，考虑队列及个体特有约束特性，综合使用障碍函数和状态变换的方法解决性能约束和可行性约束问题，设计了自适应约束队列跟踪控制算法，可满足编队过程中高精度、安全性和可行性要求。

上述文献从障碍函数入手，展开全状态约束非线性系统控制研究，然而基于障碍函数的方法需要初始状态满足特定条件，还需要对虚拟控制器和控制输入进行可行性条件论证。由于虚拟控制器中含有未定参数、系统函数和偏导数，采用离线优化分析的方法会带来巨大计算量，因此，如何依据系统的全状态约束条件，构造新型状态 / 误差变换函数，设计非对称障碍 Lyapunov 函数，在提升系统收敛性能的同时减少 / 去除控制器可行性条件，需要进一步深入研究。

2. 预设性能约束非线性系统控制

闭环系统的暂态性能主要指收敛过程中的超调量和收敛速率，随着控制理论与技术的发展，兼顾闭环系统的暂态和稳态性能显得日益重要。为降低系统误差收敛过程中的超调量，保证非线性系统的暂态性能，贝赫利亚里斯（Bechlioulis）等 [62] 首次提出预设性能控制方法，通过对跟踪误差施加指数型衰减约束边界，使其严格控制在预定性能边界函数范围内：

$$-\tau_1 \vartheta(t) < e(t) < \tau_2 \vartheta(t) \qquad (1.8)$$

式中：$e(t)$ 为系统跟踪误差；τ_1、τ_2 为预设边界增益常数；$\vartheta(t)$ 为指数型单调递减性能函数：

$$\vartheta(t) = (\vartheta_0 - \vartheta_\infty) e^{-\rho t} + \vartheta_\infty \qquad (1.9)$$

式中：$0 < \vartheta_\infty < \vartheta_0$ 和 $\rho > 0$ 为预设参数。

由性能函数可知：$\lim\limits_{t \to \infty} \vartheta(t) = \vartheta_\infty > 0$，$\vartheta_\infty$ 刻画了系统的稳态性能，系统稳态误差在 $(-\vartheta_\infty, \vartheta_\infty)$ 范围内，系统最大超调量的绝对值不超过 $\max\{\tau_1, \tau_2\} \vartheta_0$，系统收敛速度不低于 $\mathrm{e}^{-\rho t}$（指数收敛速度）。因此，预设性能控制方法可以确保跟踪误差或系统状态超调量小于设定值，且收敛速度不低于设定收敛速度。这种方法得到了广泛的关注。

采用预设性能控制方法开展控制策略设计时，性能函数对系统初始状态的取值范围提出了较高要求。为放宽对初始条件的限制，文献 [63] 针对状态不可测的时滞非线性系统的预设性能控制，采用时变放缩函数处理初始误差，基于降阶状态观测器设计输出反馈控制方案，放松了初始条件的要求。在预设性能控制方法框架下，系统不同的非线性特性会引发新的控制问题。针对执行器饱和引起跟踪误差增加，进而导致预设性能控制方法失效的问题，文献 [64] 根据执行器饱和性能调整预设性能，引入辅助补偿系统，设计非脆弱约束性能控制方案，保证了执行器饱和下跟踪误差的期望性能；针对高阶奇分数次非线性系统，文献 [65] 使用障碍函数将未知不确定性转换为有界未知项，并设计自适应律进行补偿，以类线性提取的方式克服了非仿射系统中虚拟和实际控制信号不能直接设计的难题，在预设性能控制框架下提出渐近稳定控制器；文献 [66] 则对预设性能约束的多智能体一致性问题开展研究，设计了基于输出反馈的自适应模糊控制器。

预设性能控制在实践中也具有广泛应用，文献 [67] 针对液压系统中速度、加速度、姿态和负载等约束特性，采用基于自适应律的拓展观测器消除系统不确定性，结合预设性能函数和 BLF 构造自适应反步控制器，提升了系统的动态性能和稳态精度。

已有文献使用基于预设性能函数的控制方法，在满足系统稳态性能的基础上，也对系统收敛速率和超调量进行了限定。然而针对不同控制 / 跟踪任务时，初始状态和误差各不相同，会使基于系统初始误差的预设性能控制效果大幅降低。因此，在具有未知初始误差的预设性能约束下，研究兼顾暂态性能和稳态性能的控制方法，尤其是满足既定控制性能的预设时间控制（Prescribed-Time Control，PTC）方法，富有挑战性且具有重要科学意义。

3. 漏斗函数约束非线性系统控制

全状态约束及指数性能指标约束分别以固定边界和收敛边界的形式对系统状态作出要求，漏斗函数约束条件的非单调边界函数更具有普适性。漏斗控制方法是由伊尔希曼（Ilchmann）等 [68] 提出的，通过给出预先设定的漏斗函数 $\mathcal{F}_\varphi$：

$$\mathcal{F}_\varphi = \left\{(t, e) \in R_+ \cdot R^m \mid \varphi(t) \| e(t) \| < 1\right\} \tag{1.10}$$

式中：$e(t)$ 为系统被控状态或者跟踪误差；$\varphi(t)$ 为具有如下性质的漏斗边界函数：

$$\mathcal{B} = \left\{ \varphi \in R^{1,\infty} \middle| \begin{array}{l} \varphi(0) = 0, \varphi(s) > 0, \forall s > 0 \\ \liminf_{s \to \infty} \varphi(s) > 0 \end{array} \right\} \quad (1.11)$$

利用漏斗函数特性构造时变增益的自适应控制器，根据差值变换 $\varphi(t)\| e(t)\|$ 自动调整控制增益，进而可确保系统状态或跟踪误差保持在预定漏斗内。根据控制要求选定边界漏斗函数，采用漏斗控制算法可实现系统状态或跟踪误差在非单调区域内运行。

不同于相对度为 1 或 2 的非线性系统，相对度较高 / 不稳定的系统更具有普适性，同时控制策略的设计难度也大幅增加。为了拓展漏斗控制的应用范围，文献 [69] 使用高阶增益观测器估计虚拟输出，将漏斗约束问题转换为虚拟输出稳定问题，保证了系统暂态和稳态性能；文献 [70] 使用 BLF 设计自适应输出反馈控制器，保证了跟踪误差在预定漏斗内，所提控制器不包含系统的先验知识，有效避免了对初始条件的依赖问题。

不同物理模型下的漏斗函数约束及控制策略设计也各有侧重，文献 [71] 融合非仿射非线性系统的暂态和稳态指标对漏斗函数进行改进，采用误差变换的方式将新变量嵌入自适应模糊框架，保证了系统输出跟踪误差在预设漏斗内；针对时变扰动下多智能体的一致性问题，文献 [72] 将预测误差引入神经网络的更新律中，实现了对未知非线性动态的精确估计，设计自适应控制方法，保证了跟踪误差满足预设漏斗约束；文献 [73] 基于采样规划技术和漏斗反馈控制方法，在求取规划空间安全路径基础上，设计底层漏斗控制算法，保证了系统状态在预设边界内，并采用六自由度机械臂验证了方法的有效性；文献 [74] 针对广义坐标下智能体的跟踪问题，利用漏斗控制器和漏斗预补偿器组成的动态输出反馈，将前馈控制器与反馈控制器结合开展控制器设计，保证了不确定性和外部干扰下系统的跟踪性能。

上述文献结合不同非线性特性构造多类漏斗函数控制方法，保证了系统状态在既定漏斗内，但系统性能的保障均是基于边界函数为同正或同负的假定，由于漏斗边界为时变非单调函数，会出现边界异号导致控制系数为零的情况。同时系统的高次相对阶也衍生出控制器的高阶次项，使得算法复杂度骤增。因此，如何放宽漏斗边界函数的符号限制，在不确定非线性系统中降低系统控制算法的复杂度，在此基础上提升非线性系统的收敛性能仍是一个开放性问题。

1.3　不确定系统逼近控制方法

1.3.1　自适应控制方法

在进行被控系统稳定性分析和控制器设计时，不确定性是不可避免的因素。系统中的不确定性一方面源于系统内部结构或参数的不确定性，另一方面源于被控系统的外部扰动或未建模不确定性。为了处理上述不确定性，自适应控制技术于 20 世纪 50 年代由麻省理工学院惠特克（Whitaker）教授提出，该方法利用系统状态 / 输出信息，通过在线调节估计控制器参数，克服系统不确定性的影响，进而实现期望控制目标[75]。随后，帕克斯（Parks）结合该方法和 Lyapunov 稳定性相关理论，提出使用自适应律来调整被控系统动态性能，进一步奠定了自适应控制理论基础[76]。

自适应控制方法依据是否需要进行辨识，分为间接和直接两种。间接方法需对自适应参数的辨识结果不断在线修正闭环控制策略；直接方法不需要进行参数辨识。由于不存在辨识过程，直接自适应在设计过程中结构简单，在控制过程中计算效率更高。此外，从结构方法上看，自适应控制方法又包含自校正控制、自适应鲁棒控制、自适应逆控制等。相较于参数固定的闭环控制器，自适应控制器对系统内外部干扰具有抑制作用，鲁棒性更强，目前已取得大量成果[77-86]。

针对非线性系统的自适应控制，按照不确定项是否满足线性化条件，可分为非线性可参数化的自适应控制和非线性不可参数化的自适应控制。非线性可参数化系统的不确定项要求满足线性参数化条件，被控对象的模型是严格已知的，未知参数关于已知非线性函数是线性的，即存在已知函数 $g(x_i)$ 和未知函数 $f(x_i)$，θ_i 是未知参数，系统未知不确定项满足条件 $f(x_i) \leq \theta_i g(x_i)$。由于系统参数未定，此类系统又称为具有参数不确定系统。针对此类系统的控制问题，需通过自适应律实现对未知参数的估计，通过反馈控制回路逐渐抵消不确定性影响。这种基于反步法的自适应控制技术，被证明适用于以严格反馈形式给定的被控系统[87]，已形成大量理论成果并进行了工程应用[88-90]。比如，文献 [88] 利用自适应反步法，针对具有硬约束的车辆主动悬架系统，选定悬架空间、动态轮胎载荷和执行器饱和度等系统参数条件为状态约束，设计基于加速度的稳定车辆姿态控制策略，保证了车身各方向运动轨迹趋于稳定，提高了乘坐舒适性。

不同于参数不确定系统，更多非线性系统存在着未知动态不确定性，不能采用非线性参数化的方法。为了处理此类不确定性，学者采用了近似逼近的思路，采用不同逼近方法在一定精度上近似表示未知不确定动态，主要分为利用神经网络进行逼近和利用模糊逻辑系统进行逼近。这两种针对未知光滑函数的逼近方法均具有"万能逼近性能"，即在有限神经元节点或者模糊规则作用下，逼近函数与原函数间误差可为任意精度。有学者在 20 世纪 90 年代提出自适应神经网络反步法，分别利用线性化参数和非线性参数神经网络设计出具有未知函数逼近能量的自适应控制器，并给出完整的证明方法。在此基础上，自适应神经网络控制得到长足发展，如文献 [89] 使用自适应神经网络逼近技术，调整网络权值，为具有多重时延的非线性系统设计自适应跟踪控制器；文献 [90] 为含有未知动态的严格反馈非线性系统设计了自适应神经网络控制器，保证了系统信号的有界性，同时避免了控制器的奇异性等。为保持神经网络逼近精度，需增加节点个数，然而单纯增加节点会造成学习效率下降，计算复杂度提升，因此学者们开始在逼近精度和逼近效率间进行取舍。文献 [91–94] 提出了基于不同控制策略的自适应神经网络方法，选取神经网络权值作为估计参数，在反步法迭代设计中减少参数调整量，在较大程度上提升了学习效率。除了采用神经网络逼近未知非线性项外，基于专家经验的模糊逻辑系统也是处理非参数线性化系统的有效手段，使用该方法的自适应反步设计方法称为自适应模糊设计。由于自适应模糊逼近具有万能逼近的性质，同时可以使用专家语言，有较好解释性，在近些年得到了充分发展和广泛应用，是本书使用的主要方法。

1.3.2 自适应模糊控制方法

模糊控制基于学者扎德（Zadeh）提出的模糊数学理论[95]，通过引入隶属度函数将人类自然语言的"属于"和"不属于"的程度转换为（0，1）集合中的数值，经过模糊运算，产生运算结果，由计算机进行输出。20 世纪 70 年代，英国工程师马丹尼（Mamdani）针对蒸汽机的控制问题，首次使用了模糊控制器[96]。之后，模糊控制方法受到学术界和工程界的一致关注，并在工业过程及电子电器领域得到应用。模糊控制融合诸多先进控制方法，产生了良好的控制效果，如模糊神经网络控制、自组织模糊控制和模糊滑模控制等。

不同于上述模糊控制方法，自适应模糊由于其鲁棒性强，能自主匹配未知不确定性，且具有自主调整能力而备受专家学者青睐。王（Wang）首次用魏尔斯特拉斯定理[81] 证明了模糊逻辑系统的万能逼近性能，即由模糊化、模糊知识库、模糊推理机以及解模糊化模块构成的模糊逻辑系统可实现连续有界函数的任意逼近[82]。之后，该学者系统性地阐述了模糊万能逼近定理及模糊基函数 (Fuzzy Basis Function, FBF) 的概念。模糊基函数逼近方法同径向基函数 (Radial Basis Function, RBF) 逼近方法类似，通过专家经验构造模糊规则库，并通过基函数与待定参数的初等运算来逼近系统未知函数。进一步，该学者提出基于模糊逻辑系统的自适应模糊控制策略，并用倒立摆模型验证了策略的有效性。在自适应模糊控制方法中，模糊逻辑系统用来近似替代被控系统未知函数；自适应技术调整模糊逻辑系统中的参数权重，不断在线修正逼近误差，提升系统逼近性能；反步法用来对具有n个子系统的严格反馈非线性系统开展控制器设计。在这几部分中，模糊思想集中体现在模糊逻辑系统（图1.1）中，该系统由模糊化、模糊知识库、模糊推理机和解模糊化四部分构成，每部分都可根据具体应用场景进行设定，比如，模糊化过程中的隶属度函数可选择三角隶属度函数、梯形隶属度函数或者高斯隶属度函数；模糊知识库基于专家经验制定 IF-THEN 规则；解模糊化方法则有最大值解模糊、重心解模糊和中心加权解模糊等方法[97]。

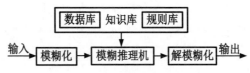

图 1.1　模糊逻辑系统示意图

随着自适应模糊控制方法的出现及完善，涌现出大量研究成果[98-131]。结合 T-S 型自适应模糊方法与小增益理论，文献 [98] 为具有非结构不确定性的非线性系统，设计出两种鲁棒自适应跟踪控制器，证明了所提方案的输入 - 状态稳定性，并通过电机摆锤、单连杆机器人等四个应用实例进行验证；文献 [99] 基于自适应模糊控制方法，通过构造模糊观测器，为一类严格反馈非线性系统设计了基于输出反馈的控制器；文献 [100] 采用并行补偿技术对模糊规则进行补偿，采用线性矩阵不等式方法凸规划技术，提出非线性系统的镇定设计方法，并在倒立摆上进行了仿真验证。更多地，文献 [102] 和文献 [103] 基于该方法，分别针对多输入多输出非线性系统和不确定互联大系统的控制问题，给出解决方案并进行了验证。

与严格反馈系统相比，非严格反馈系统具一般性，控制器设计也更复杂。由于非严格反馈系统第 i 阶子系统中包含全部状态变量，反步法无法直接应用。为此，文献 [104-106] 基于变量分离技术，利用模糊基函数性质，通过构造虚拟控制器，解决了不同形式的非严格反馈非线性系统的自适应模糊控制问题。在反步法设计过程中，由于反复对虚拟控制器进行迭代求导，导致计算复杂性增加，带来了"复杂度爆炸"（Explosion of Complexity）问题。为解决该问题，文献 [41] 首次提出动态面（Dynamic Surface Control，DSC）设计方法，通过引入一阶滤波器，让虚拟控制器通过该滤波器进行输出，以减少系统虚拟控制器求导次数，进而降低算法复杂度。文献 [106] 通过结合自适应模糊控制方法和动态面技术，将复杂求导计算转变为代数运算，为具有饱和非线性的随机系统设计抗饱和控制器，并降低了控制器的算法复杂度。

此外，自适应模糊设计方法还被用来处理具有不同或多重非线性特性的系统。针对输入时滞和输出约束同时存在的非线性系统，文献 [108] 设计补偿策略来抵消延迟，构造障碍函数确保输出在限制界内，设计了闭环系统有界的自适应模糊控制器；针对非线性系统饱和输入受限问题，文献 [109] 使用近似饱和函数替代技术，结合自适应模糊设计方法，开展了抗饱和控制研究；针对严格反馈切换非线性系统，文献 [110] 使用自适应模糊控制策略，引入切换模糊观测器估计未测量状态向量，设计了基于输出反馈的控制器；文献 [111] 通过引入随机小增益定理来补偿未建模动力学影响，将文献 [110] 的结果推广到具有任意切换参数的随机切换非线性系统。此外，自适应模糊控制还广泛应用到具有其他特性的非线性系统中，如时变输入延迟 [112-114]、未知控制方向 [115] 和未知死区 [116-117] 等。

自适应模糊方法不仅适用于连续系统，同样适用于离散系统 [118-123]。比如，文献 [118] 针对离散型非线性系统的动态不确定性，设计了模糊观测器，并在所设计观测器的基础上，使用自适应模糊设计方法，构造了基于输出反馈的闭环控制器；文献 [119] 则为不确定纯反馈系统设计了基于观测器的自适应模糊控制器。文献 [124] 使用自适应模糊策略和最优化力量，对一类严格反馈的离散大规模系统设计最优控制器。自适应模糊方法不仅在理论中有大量研究，在实际控制中也有着良好的效果；文献 [125] 采用策略回溯技术与自适应模糊控制器相结合的方法，研究了电驱动不确定机器人的跟踪问题；文献 [126] 为二自由度下肢外骨骼模型设计了基于自适应模糊方法的控制策略，以此来跟随人类的步行轨迹；对于动态未知的主动悬架系统，文献 [127] 通过模糊逻辑系统来逼近未知非线性函数后，设计了基于估计误差的自适应控制器，提高了悬架系统的瞬态响应性能，保证了悬架误差达到收敛。此外，自适应模糊方法还应用在决策过程 [128]、机器人遥操作系统 [129-130]、边缘检测 [131] 等方面。

1.4 收敛性能提升控制方法

随着控制理论与技术的发展，对非线性系统控制提出了更高要求，如何提升系统收敛性能，已成为近些年控制理论研究的热点。传统稳定性以 Lyapunov 第二法为基础，从能量耗散的角度描述系统稳态情况，侧重于无穷时刻的稳定性，对系统到达稳态的时间没有进行拓展分析。为提升系统收敛速率，定性 / 定量地描述系统收敛性能，国内外诸多学者结合非线性系统约束特性，开展了以有限时间控制方法、固定时间控制方法及预设时间控制方法为主的研究。

1.4.1 有限时间控制方法

在传统控制策略中，控制目标侧重于被控系统的稳态稳定。被控系统稳定性一般指在无穷时刻，被控系统状态能够逐渐趋于渐近稳定或稳定。在实际工业生产过程中，系统状态的收敛速度也同样重要。20 世纪 60 年代，有限时间控制的概念被提出来[132]，而直到 20 世纪 90 年代才有了突破性进展，该进展正是基于巴特（Bhat）等提出的齐次有限时间控制方法和有限时间 Lyapunov 稳定性理论。

齐次有限时间控制方法是为提升齐次系统收敛时间提出的。该方法设计形式简单，易于实现。在 21 世纪初，巴特（Bhat）等系统性地描述了有限时间稳定性与被控系统齐次度间的关联关系[133]，可具体表述为：若对于任意的 $\delta > 0$，存在 $(m_1, m_2, \cdots, m_n) \in \mathbb{R}^n$，$m_i > 0$，使得齐次系统中的向量函数 $f(x)$ 满足 $f_i(\delta^{m_1} x_1, \cdots, \delta^{m_n} x_n) = \delta^{m_{i+k}} f_i(x)$，$k \geq -\max\{m_i, i = 1, 2, \cdots, n\}$，则称 $f(x)$ 为关于 $(m_1, m_2, \cdots, m_n)$ 具有齐次度 k 的齐次系统；若被控系统是渐近稳定的且齐次度 $k < 0$，则被控系统输出在有限时间内收敛。基于该方法，学者们在不同的控制实践中取得诸多研究成果。在航天器姿态控制方面，文献 [134] 针对多航天器模型的姿态控制，在求取模型齐次度的基础上，设计了有限时间控制器，满足了航天器姿态轨迹跟踪的有限时间收敛性能；文献 [135] 在此基础上，考虑执行器动作过程中的饱和现象，设计了具有饱和特性的齐次姿态控制器；在机械臂的控制中，文献 [136] 针对单机械臂空间路径跟踪的有限时间要求，设计了饱和的齐次控制器，文献 [137] 将其结果拓展到多机械臂上，取得了良好的控制效果。然而，由于齐次有限时间控制方法需要系统存在一定的齐次度，对系统的模型有严格要求，限制了该方法进一步的理论研究及工程应用。

有限时间 Lyapunov 稳定性理论是巴特（Bhat）等针对双积分系统首次提出的，他们不仅给出连续全局有限时间控制器方案[138]，同样给出了有限时间稳定的判定准则[139]：针对存在有界外部干扰的非线性系统 $\dot{x}(t) = f(x(t)) + d(x(t))$，若在定义域 U 上存在正定且连续的函数 $V(x)$ 满足 $\dot{V} < -\alpha V(x)^p + \vartheta$，$0 < P < 1$，式中 α 为正常数，则包括系统在有限时间 T 内收敛到平衡点附近的领域内，邻域的界值为 $\{x | V(x) < [\vartheta(1-\theta)^{-1} \alpha^{-1}]^{1/p}\}$，收敛时间满足 $T \leqslant \dfrac{V(x_0)^{1-P}}{\alpha \theta (1-p)}$。式中 θ 为（0，1）集合中的任意常数。在该理论基础上，国内外学者进行了深入研究，取得了新进展：文献 [140] 结合加幂积分技术与带有积分形式的 Lyapunov 函数，为高阶非线性系统的有限时间控制问题提供了新的解决思路；文献 [141] 利用终端滑模理论设计滑模面，对空间航天器跟踪控制方法进行了研究；针对带有未建模动态随机系

统的有限时间控制问题，文献 [142] 针对一类严格反馈随机非线性系统，设计了基于事件触发的自适应控制器，在保证被控系统稳定性的同时降低了执行器动作频次；文献 [143] 提出一种连续控制律，保证了严格反馈随机非线性系统的全局有限时间稳定性；在给定非线性随机系统性能的情况下，文献 [144] 提出了一种自适应模糊跟踪控制策略，该策略能保证闭环非线性系统在概率上是半全局有限时间稳定的；文献 [145] 中提出了一种针对切换随机非线性不确定系统的有限时间自适应控制策略；文献 [146] 针对一类带有约束特性纯反馈非线性系统，提出了基于障碍函数的自适应模糊控制策略。有限时间控制方法在工程实践中也有广泛应用：文献 [147] 利用区间型模糊逻辑系统，针对吸气式高超声速飞行器跟踪问题，设计了自适应模糊有限时间控制策略，并在典型场景中验证了所设计方法的鲁棒性。

基于 Lyapunov 有限时间理论的控制方法衍生出丰硕的理论成果，得到了广泛的工程应用，但该方法仍存在不足之处，即有限时间控制方法收敛时间仅能定性地严格小于无穷，收敛时间依赖于系统初始状态，面对初始条件较宽泛的情况，收敛性能提升有限。

1.4.2 固定时间控制方法

固定时间控制方法指系统在控制器的作用下能够在预定时间内收敛至平衡点或者在预定时间内跟踪参考信号，固定时间稳定是更强约束的有限时间稳定。由有限时间稳定判据可得，系统收敛时间不仅取决于有限时间控制器的设计，还取决于系统的初始状态。为了放宽这一限制，得到准确可控收敛时间上界，在有限时间控制理论基础上，波利亚科夫（Polyakov）针对一类线性系统，使用基于反步法的非线性反馈策略，提出了固定时间控制器 [148]。之后基于固定时间控制方法得到了广泛应用，尤其在航空航天领域的航天器姿态控制 [149]、无人机协同控制 [150]、导航制导 [151-152] 等方面。

针对固定时间控制研究，安德里厄（Andrieu）等首次针对齐次系统提出了基于齐次性方法的固定时间控制 [153]。在该方法基础上，学者们开展了诸多研究 [154-157]：文献 [154] 研究了基于输出反馈的双积分系统固定时间控制方法；文献 [155] 设计了状态不可测的二阶齐次系统的反馈控制律；文献 [156] 通过对多智能体系统跟随者进行状态估计后，设计了固定时间一致性控制律。同有限时间控制方法类似，齐次性方法设计过程简单，但对系统本身齐次度要求高，限制了该方法适用范围。

针对固定时间 Lyapunov 稳定性理论的研究，波利亚科夫（Polyakov）在文献 [148] 的基础上，使用隐式 Lyapunov 函数来给出固定稳定的定义及控制方法，并在二阶倒立摆模型上进行了验证 [158]。此外，该学者还将固定时间控制理论应用于不同非线性特性的系统中，分别进行固定时间控制器设计与仿真研究 [159-164]。基于固定时间 Lyapunov 稳定性理论的强普适性，该理论已成为近些年研究的前沿。基于该理论，学者们通过采用不同技术手段进而实现被控系统在固定时间内收敛。一类是采用滑模控制方法的固定时间控制研究，比如，文献 [165] 和文献 [166] 通过使用非奇异固定时间终端滑模方法分别对一类非线性系统和二阶多智能体系统设计了固定时间控制器，在消除奇异性的同时保证了系统在固定时间内稳定，并进行了仿真验证。文献 [167] 及文献 [168] 分别针对带有执行器故障和饱和的航天器姿态跟踪问题设计了基于滑模面的固定时间控制器。此外，该方法还应用于多智能体系统的协调控制 [169] 和吸气式高超声速飞行器同步控制 [170] 等。尽管滑模控制有着良好的效果，而对于可控滑模面的设计并没有统一适用的准则，限制了滑模方法的拓展性。另一类固定时间控制方法是基于自适应神经网络或自适应模糊方法 [171–174]。比如，文献 [171] 针对一类非仿射非线性系统的控制问题，设计了满足固定时间稳定的自适应模糊控制器；文献 [172] 针对带有死区输入端的非线性互联系统，分别设计了有限时间和固定时间控制器，并进行了对比。此类方法无须针对被控系统特点设计特定滑模面，相较于滑模控制方法有良好的适应性。

在针对不同约束特性的非线性系统稳定问题研究中，由于固定时间 Lyapunov 判据中含有高阶幂次和分数幂次，不同非线性结构和特性在固定时间设计方法上差异较大。针对不确定参数洛伦兹系统的混沌抑制与镇定问题，文献 [173] 融合自适应反步法和固定时间稳定理论，设计自适应固定时间控制器来处理混沌控制问题。针对完全不确定切换系统收敛性能的提升问题，文献 [174] 提出了自适应模糊跟踪控制方法，保证输出信号在固定时间内跟踪到任意给定信号。针对具有执行器故障的二阶多智能体系统，文献 [175] 同时考虑部分失效及偏移故障，研究了有向通信拓扑下多智能体的实际固定时间一致性问题，提出了分布式自适应模糊容错控制方案，实现了对领导者的有效跟踪。

针对不同约束条件的固定时间控制问题，基于状态反馈的固定时间控制器控制效果跟非线性特性和约束条件密切相关，固定时间控制器需融合约束特性进行设计和分析。针对具有全状态约束的纯反馈互联非线性系统的固定时间控制问题，文献 [176] 基于 BLF 提出了分布式自适应模糊控制方案，确保闭环系统跟踪误差在固定时间内到达规定性能区域；文献 [177] 研究了预定边界约束非线性系统的实际固定时间跟踪问题，设计了基于误差变换的自适应模糊控制器，在初始条件未知的情况下可保证系统误差在固定时间内收敛；针对未知控制增益非线性系统的固定时间控制问题，文献 [178] 利用边界估计方法去除了控制律对控制增益下界的要求，设计基于事件触发的固定时间跟踪策略，在保证收敛性能的同时降低了网络资源消耗；文献 [179] 研究了时变约束和输入饱和下非线性系统的跟踪问题，构建平滑表征函数和辅助信号系统，解决了输入振幅和速率不对称饱和问题，基于时变 BLF 设计自适应模糊控制方案，实现了闭环系统固定时间收敛；文献 [180] 针对具有跟踪误差约束的多连杆机器人的固定时间跟踪问题，提出了基于性能函数的误差转换机制，将转换误差限制在正定区间内，设计不依赖初始状态的无奇异自适应固定时间控制器，保证了系统的稳定性和瞬态性能。

依据被控系统特性和约束条件开展的固定时间控制方法，较有限时间控制方法收敛性能有较大幅度提升，且解除了收敛时间上界函数与初始状态的依赖关系。但固定时间方法的控制信号源于系统状态及输出，控制器结构确定造成系统收敛性能调整受限，适应性存在局限。此外，由于在设计过程中提升了控制器的幂次，使得在部分系统受限情况下的控制效果难以达到预期。

1.4.3　预设时间控制方法

为提升被控系统收敛时间的灵活性，实现收敛时间上界任意设定的目标，近些年，学者们尝试开展预设时间稳定控制的研究。预设时间控制方法可在人为设定的收敛时间内控制闭环系统稳定，同时可调整该收敛时间以满足不同控制需求。学者们尝试改变控制器结构，以状态/输出反馈结构的控制器为基础，在闭环回路中引入动态反馈时间函数，实现了预设时间控制。

预设时间控制理论在非线性系统稳定性方面的研究：文献 [181] 给出了自治系统的 Lyapunov 预设时间稳定概念及充分条件；文献 [182] 针对线性系统的不可测状态，以标准形式设计具有预设时间性能的观测器，可在预设时间内精确估计系统状态；文献 [183] 则针对非线性系统的控制问题，使用自适应反步法，给出具有不确定参数非线性系统的预设时间稳定条件，实现了收敛时间的任意设定；文献 [184] 将预设时间控制方法拓展至随机非线性系统，给出了随机依概率预设时间稳定条件及相应的逆最优定理。

预设时间控制理论在多智能体一致性方面的研究：文献 [185] 通过构造二阶连续偏导的光滑时变辅助函数，提出基于相邻状态的时变函数的预设时间方法，实现了有向图下二阶多智能体双向一致性跟踪；文献 [186] 讨论了有向拓扑和有界外部扰动下多智能体的输出一致性问题，通过设计分布式预设时间观测器来估计领导者轨迹，利用平滑时变缩放函数构建分布式跟踪控制律，保证系统在到达阶段和滑动阶段的稳定性，不存在奇点问题。

预设时间控制在智能无人控制系统方面的研究：文献 [187] 研究了具有惯性不确定性、外部干扰和状态约束的刚性航天器姿态自适应模糊预设时间踪控制问题，通过设计二次分式控制器，在不使用分段函数的情况下，避免了预设时间方案中对虚拟控制信号进行微分引起的奇异性问题；文献 [188] 研究了具有动态领导者的多欧拉 - 拉格朗日系统预设时间双边一致性问题，通过设计分布式预设时间观测器来估计各跟随者的期望速度，结果显示系统的观测时间、滑动时间和到达时间都可以根据任务要求进行提前预设。

上述文献针对不同系统进行了预设时间稳定控制器设计以及相关稳定性证明，给出了预设时间控制概念、控制要求和部分控制定理，并在物理系统中进行了验证。固定时间控制方法可量化系统的收敛时间，但系统输入较大[189-190]，与之相比，预设时间控制方法的收敛时间可预先设定，控制器构造不涉及分数阶次状态，具有复杂度低、灵活性高、适应性强等特点，控制器更易实现（表1.1）。然而，目前关于预设时间控制理论尚未完全形成，设计方法无统一规范准则，针对约束条件的非线性预设时间控制研究鲜有涉及，尤其是以动态函数为边界约束条件的预设时间控制尚未有实质性进展，因此，开展时变约束非线性系统的预设时间控制研究很有必要。

值得注意的是，国外文献中关于预设时间控制方法的名称尚不统一，比如，Predefined-time（文献 [181, 186–188]）、Prescribed-time（文献 [182–184]）、Preset-Time（文献 [185]）以及 Prescribed Settling Time 等，在上述表述中均包含有"预定 / 预设 / 提前设置"的含义。目前预设时间控制方法大都采用具有预设时间的动态函数，在非线性系统闭环控制中寻求适当切入点，进而影响其状态稳定性。但具体的设计方法的差异性较大：一类是通过设计加速函数进行状态变换，将预设时间融入加速函数内，采用坐标变换的方式重构误差系统；一类是在状态反馈回路中引入动态时间函数，通过在控制器中设计同预设时间的相关项，使其满足设定时间内稳定的要求；一类是在虚拟控制器中引入动态时间函数，再采用自适应反步法在设计中引入预设时间，达到预设时间稳定的目的。此外，尽管都是预设时间性能函数，但在非线性系统设计的函数构造过程中，动态函数的设计框架也各有不同。因此，如何恰当评估状态约束对系统收敛性能的影响，探寻不同预设时间函数间的性能差异，对约束状态设计对应的动态变换方法，构建匹配的时间函数反馈回路，需要进一步深入探索。

表1.1 非线性系统收敛性能提升控制方法

项目	传统稳定控制	有限时间控制	固定时间控制	预设时间控制
收敛时间上界	无穷远处	存在上界	上界可知	最小上界可调
控制理论依据	Lyapunov 第二法	有限时间稳定理论	固定时间稳定理论	动态预设时间稳定理论
收敛性能特点	稳态性能为主	定性获取收敛时间	同初态无关的定量值	预设时间函数设定
初始状态关系	不考虑	相关	无关	无关
控制器特点	易实现	依赖给定初始状态	控制器阶次高，系统输入大	设计灵活，适应性强

综上所述，已有时变约束非线性系统的控制理论取得了良好的控制效果，且在部分实际非线性系统中展开了应用，但仍存在对初始条件的要求，需要分析虚拟控制器的可行性条件，依赖边界符号的假设等问题。同时不确定非线性系统中存在的外部干扰、状态不可测以及多输入多输出结构均给控制策略设计的复杂度带来挑战。

第 2 章　本书所需知识

2.1　随机系统

如果被控系统的随机参数满足高斯分布则称为Itô型随机系统，该系统以随机微分方程的形式表现出来，其求解过程是一个连续 Markov 过程[191]。由于随机微分方程包含随机不确定过程，相应的积分值不能取在区间上的任意点，通常的 Riemann 积分规则是无法适用的[192]。为了研究Itô型随机系统的稳定性问题，需要引入相关随机微积分内容。

本章研究的随机系统以Itô型随机微分方程的形式给出：

$$\mathrm{d}x = f(x,u)\mathrm{d}t + g(x)\mathrm{d}\omega \tag{2.1}$$

式中：$x \in \mathbb{R}^n$、$u \in \mathbb{R}^m$ 分别为系统的状态和输入；$f(x,u)$ 和 $g(x)$ 为连续光滑函数，且满足 $f(0)=0$，$g(0)=0$；ω 为定义在完全概率密度空间 $(\mathbb{S},\mathbb{F},\mathbb{P})$ 上的标准独立 r 维的维纳过程，该随机过程存在有界期望协方差，即 $\mathbb{E}\{\mathrm{d}\omega \cdot \mathrm{d}\omega^\mathrm{T}\} = \vartheta^\mathrm{T}(t)\vartheta(t)$。

假设函数 $g(x)$ 为有界函数，则可得到 $G^\mathrm{T}(x)\vartheta\vartheta^\mathrm{T}G(x) \leqslant \bar{\vartheta}\bar{\vartheta}^\mathrm{T}$，其中 $G(x)=[g_1(x),\cdots,g_n(x)]^\mathrm{T}$，$\bar{\vartheta}$ 是有界函数随机过程相乘的上界。

由于 Riemann 微积分规则不适应于随机系统，因此引入随机系统的无穷小算子来分析随机非线性系统。随机系统无穷小算子具体定义如下。

定义 2.1（无穷小算子） 对于随机系统式（2.1），若存在正定函数 $V(x)$，则定义 $\mathcal{L}V(x)$ 为关于 $V(x)$ 的无穷小算子，$\mathcal{L}V(x)$ 表示如下：

$$\mathcal{L}V(x) = \frac{\partial V(x)}{\partial x}f(x) + \frac{1}{2}Tr\left\{g^\mathrm{T}(x)\frac{\partial^2 V(x)}{\partial x^2}g(x)\right\} \tag{2.2}$$

式中：$V(x) \in C^2$ 为待定 Lyapunov 函数。

2.2　Lyapunov 稳定性

2.2.1　稳定性分类

在被控系统运行中，稳定性是首要因素。稳定性一般指系统平衡点的稳定性，对于自治系统 $\dot{x}=f(x)$ 而言，系统的平衡点即为方程 $f(x)=0$ 的实数根；对于非自治系统 $\dot{x}=f(x,t)$，如果 $f(t,0)=0$，$\forall t \geqslant 0$，则原点是系统的平衡点。

对于自治系统，若系统初始状态在平衡点邻域内，随着时间推进，最终趋向于该平衡点，则该平衡点是渐近稳定的；若系统状态最终收敛于另一跟系统初始状态相关的平衡点邻域内，则该平衡点是 Lyapunov 意义下的稳定(也称为稳定)，否则该平衡点是不稳定的。对于被控非自治系统，在控制器持续激励作用下，根据系统初始状态从平衡点附近到达区域不同，稳定性定义与自治系统类似。具体系统平衡点稳定性如图 2.1 所示。

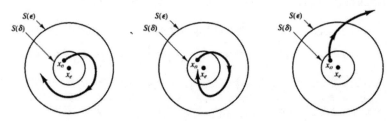

图 2.1　系统平衡点稳定性示意图

下面，用 $\epsilon-\delta$ 语言来描述系统稳定性。

考虑非自治非线性系统：

$$\dot{x}=f(x,t) \tag{2.3}$$

式中：$f:D\times[0,+\infty)\to\mathbb{R}^n$ 为定义在包含原点的紧集 D 上的非线性函数，对于 x 满足局部 Lipschitz 条件。

Lipschitz 条件是函数一致连续的充分条件，它要求函数在有限区间中不能有超过线性数量级的增长。下面给出 Lipschitz 条件以及系统解的存在性定理，具体定义如下。

定义 2.2（Lipschitz 条件）　假设 D 为平面区域，$f(x)$ 是定义在 D 上的函数，如果存在常数 $k>0$ 使得对于所有 $x_1\in D$ 和 $x_2\in D$：

$$|f(x_1)-f(x_2)|\leqslant k|x_1-x_2| \tag{2.4}$$

则称函数 $f(x)$ 在 D 中满足局部 Lipschitz 条件，k 为 Lipschitz 常数。

引理 2.1（解的存在性定理） 假设函数$f(t,x)$在时间t上分段连续，且满足 Lipschitz 条件，则对于任意$x \in \{x \in R^n | \|x - x_0\| \leqslant r\}$以及$\forall t \in [t_0, t_1]$，存在$\delta > 0$，使状态方程$\dot{x} = f(t,x)$，$x(t_0) = x_0$在区间$[t_0, t_0 + \delta]$内存在唯一解。

定义 2.3（稳定） 对于非自治非线性系统式（2.3），假设系统存在平衡点$x = 0$，若对于每个$\epsilon > 0$，都存在$\delta = \delta(\epsilon) > 0$满足：$\|x(0)\| < \delta \Rightarrow \|x(0)\| < \epsilon, \forall t \geqslant 0$，则该平衡点是稳定的。

定义 2.4（渐近稳定） 对于非自治非线性系统式（2.3），如果系统平衡点是稳定的，且δ满足：$\|x(0)\| < \delta \Rightarrow \lim\limits_{t \to \infty} x(t) = 0$，则该平衡点是渐近稳定的。

由定义 2.3 可知，Lyapunov 意义下的稳定（也称为稳定）是有界的结果，由于本书使用模糊逻辑系统逼近未知非线性函数，不可避免地会产生逼近误差，本书关于稳定性的结论均为 Lyapunov 意义下的稳定。

2.2.2　非线性系统 Lyapunov 稳定性

本节以 Lyapunov 第二法为基础，引入相关 Lyapunov 稳定性定理。首先，定义如下函数[177]。

定义 2.5（K类函数） 若存在连续光滑函数$f(x):[0,a) \to [0,\infty)$满足严格单调递增条件，且有$f(0) = 0$，则$f(x)$属于$K$类函数。

定义 2.6（K_∞类函数） 若存在连续光滑函数$f(x):[0,a) \to [0,\infty)$满足严格单调递增条件，且有$f(0) = 0$，当$x \to \infty$时，$f(x) \to \infty$，则$f(x)$属于$K_\infty$类函数。

定义 2.7（KL类函数） 对于连续函数$g(r,s):[0,a) \times [0,\infty) \to [0,\infty)$，如果对于每个固定自变量$s$，函数$g(r,s)$都是关于$r$的$K$类函数；同时对于固定自变量$r$，函数$g(r,s)$是关于$s$的递减函数；则当$s \to \infty$时，函数$g(r,s) \to 0$，函数$g(r,s)$属于$KL$类函数。

在上述定义的基础上，引入非线性系统 Lyapunov 稳定性相关引理，该引理基于 Lyapunov 第二法（直接法），通过构造正定标量函数——Lyapunov 函数以及判定 Lyapunov 函数导数（或无穷小算子）特性，进而判定被控系统的稳定性。

引理 2.2（Lyapunov 稳定性定理） 对于非自治非线性系统式（2.3），若存在定义在U上的关于该系统的正定标量连续函数$V(x)$，该函数的导数$\dot{V}(x)$连续负定，则该系统平衡点是渐近稳定的。

2.2.3 随机非线性系统 Lyapunov 稳定性

对于随机系统式（2.1），假设状态初值为x_0，$x(t,x_0)$表示满足系统初值x_0的解。随机非线性系统的收敛时间定义为$T(x_0,\omega)=\inf\{T \geqslant 0 \mid x(t,x_0)=0, t>T\}$。不同于确定性非线性系统，随机系统的随机项是满足概率分布的独立增量过程，因此随机系统稳定性是定义在概率分布下的依概率稳定，其定义如下[178]。

定义 2.8 随机系统依概率稳定 假设对于任意初值$x_0 \in \Omega$，随机非线性系统的解存在，同时对于任意$\varepsilon \in (0,1)$和$r>1$，存在常数$\delta(\varepsilon,r)>0$使得系统解的概率满足条件$P\{|x(t,x_0)<\delta|\}>1-\varepsilon$，则随机系统依概率稳定。

随机系统以随机微分方程的形式给出，不存在 Lyapunov 函数的导数，关于随机系统相关稳定性定理均以无穷小算子的形式给出。

引理 2.3 对于随机系统式（2.1），若存在正定C^2类函数$V(x)$及其无穷小算子$\mathcal{L}V(x)$，K_∞类函数$\kappa_1(x)$、$\kappa_2(x)$，满足下列不等式：

$$\kappa_1(\|x\|) \leqslant V(x) \leqslant \kappa_2(\|x\|) \tag{2.5}$$

$$\mathcal{L}V(x) \leqslant -cV(x)+D \tag{2.6}$$

式中：$c>0$、$D>0$为常数。

则该随机系统为半全局依概率稳定。

2.3 非线性系统稳定时间提升相关理论

2.3.1 非线性系统有限时间稳定理论

上述 Lyapunov 稳定性定理描述的是系统稳态性能的问题，指被控系统在时间趋于无穷时，被控系统能够逐步到达稳定状态。而在实际系统中，被控系统有限时间收敛性能更具有实践意义，下面给出有限时间稳定的定义。

定义 2.9 有限时间稳定 假设一闭环系统是渐近稳定的，且存在一个连续函数$T(x)$，对于任意系统初始状态$x_0 \in U$，当$t \in [0,T(x_0)]$时，存在$x(t,x_0) \in \Omega$，且$\lim\limits_{t \to T(t_0)} x(t,x_0)=0$；当$t>T(x_0)$时，有$x(t,x_0)=0$，则系统是有限时间稳定的。

若系统初始状态在预定紧集$x_0 \in U$内，在该初始状态下的稳定性是半全局稳定；当系统初始状态属于$x_0 \in R^n$时，则为全局稳定。本书考虑系统初始状态在有限集集合内，初始状态无穷大的情形不在本书讨论范围。另外，本书在处理非匹配不确定性中，采用自适应模糊方法对其进行逼近，相应地产生了逼近误差，因此，本书稳定性结果均为Lyapunov意义下的稳定，下面仅给出Lyapunov意义下稳定的相关引理。

引理 2.4 （Lyapunov 有限时间稳定定理） 对于非自治非线性系统式（2.3），若存在定义在U上的正定连续函数$V(x)$，该函数的导数$\dot{V}(x)$在定义域内连续，且存在常数$c>0$、$D>0$、$0<\theta<1$以及$0<\eta<1$，满足：

$$\dot{V}(x) \leqslant -cV^{\eta}(x) + D \tag{2.7}$$

则被控系统状态可在有限时间$t > T(t, x_0)$内收敛到紧集Ω内，该紧集为：

$$\Omega = \left\{ V(x) \leqslant \left(\frac{D}{c(1-\theta)} \right)^{\frac{1}{\eta}} \right\} \tag{2.8}$$

对于系统给定初始状态x_0而言，系统的收敛时间上界满足：

$$T \leqslant \frac{V(x_0)^{1-\eta}}{c\theta(1-\eta)} \tag{2.9}$$

2.3.2 随机非线性系统有限时间稳定理论

定义 2.10 （随机系统有限时间稳定） 考虑定义在紧集U上的随机系统：$dx = f(x,u)dt + g(x)d\omega$。对于系统初始状态$x(t_0, \omega) = x_0$，若当系统收敛时间概率满足：$P\{T_s = T(t, x_0) < \infty\} = 1$，即有限时间区间范围内，存在正常数$\varepsilon$，使得系统状态满足$\mathbb{E}[\|x(t)\|] \leqslant \varepsilon$，则称该随机系统是半全局有限时间依概率稳定（Semi-Globally Finite-time Stable in Probability，SGFSP）。

根据Lyapunov有限时间稳定定理，通过讨论非线性系统正定Lyapunov函数的导数来确定系统的有限时间收敛性能。对于随机系统而言，系统状态是随机变量，不存在黎曼微积分下的导数，因此关于随机系统稳定性的描述，均利用无穷小算子替代Lyapunov函数来表达。

引理 2.5 （随机系统有限时间稳定定理） 对于随机系统式（2.1），若$f(0)$，$g(0)$在t内一致最终有界，且存在正定C^2类函数$V(x)$及其无穷小算子$\mathcal{L}V(x)$，K_∞类函数$\kappa_1(x)$、$\kappa_2(x)$满足不等式：

$$\kappa_1\left(\|x\|\right) \leqslant V(x) \leqslant \kappa_2\left(\|x\|\right)$$

$$\mathcal{L}V(x) \leqslant -cV^{\eta}(x) + D$$

式中：$c > 0$、$D > 0$、$0 < \eta < 1$为常数。

则随机系统为半全局有限时间依概率稳定，被控系统平衡点能在和系统初始状态相关的有限时间间隔$T_s = T(t, x_0) \leqslant \dfrac{V(x(t_0))}{c(1-\eta)} < \infty$内，收敛到紧集$(0, \varepsilon)$内。

2.3.3　固定时间稳定理论

由有限时间稳定定理的收敛时间函数可得，系统的收敛时间不仅与控制器参数相关，还与系统初始状态$V(x(t_0))$相关。此外，有限时间控制方法仅确保被控系统的收敛时间不在无穷远处，不适用于对时间收敛要求较高的情形，由此产生了基于 Lyapunov 稳定性理论的固定时间稳定定理。

引理 2.6 **固定时间稳定定理**　对于非线性系统$\dot{x} = f(t, x)$，$x(t_0) = x_0$，$f(0)$在t内一致最终有界，且存在正定C^2类函数$V(x)$，若其导数满足下列不等式，则该系统在固定时间内是稳定的：

$$\dot{V}(x) \leqslant -\alpha V^p(x) - \beta V^q(x) + D \tag{2.10}$$

式中：$\alpha > 0$、$\beta > 0$为系统正定参数；$p > 1$、$0 < q < 1$为函数次幂；$D > 0$。

该固定时间的收敛时间上界满足：

$$T \leqslant T_{\max} = \frac{1}{\alpha\eta(1-p)} + \frac{1}{\beta\eta(q-1)} \tag{2.11}$$

非线性系统稳定状态余集为：

$$x \in \left\{ V(x) \leqslant \min\left(\left(\frac{D}{\alpha(1-\eta)}\right)^{\frac{1}{p}}, \left(\frac{D}{\beta(1-\eta)}\right)^{\frac{1}{q}} \right) \right\} \tag{2.12}$$

式中：$0 < \eta < 1$。

2.3.4　预设时间稳定理论

定义 2.11[33]　考虑以下非线性系统：

$$\dot{x}(t) = f(x, t) \tag{2.13}$$

式中：$x \in \mathbb{R}^n$为系统状态向量；$f(x, t): \mathbb{R}^n \to \mathbb{R}^n$为非线性函数向量，原点是一个平衡点。

如果对于任何正常数ε和T_l，所有$t > T_l$都满足条件$\|x\| \le \varepsilon$，则可以认为原点具有实际的预设时间稳定性。T_l为预定义时间，ε为预定义的精度。

引理 2.7[37] 如果 Lyapunov 函数V满足：

$$\dot{V} \le -\frac{\pi}{\tau T_l}(V^{1-\frac{\tau}{2}} + V^{1+\frac{\tau}{2}}) + b \qquad (2.14)$$

式中：$0 < \tau < 1, b > 0, T_l > 0$是正常数。

则定义 2.11 中的系统在提前设定的时间$2T_l$内预设时间稳定。

2.4 其他必备的控制相关知识

2.4.1 模糊逻辑系统

模糊逻辑系统（Fuzzy Logic Systems，FLSs）主要用来逼近非线性系统中未知不确定项，它能够以任意精度逼近定义在紧集上的非线性连续函数。由于模糊逻辑系统良好的逼近性能和基于专家规则的可描述性，被广泛应用于控制理论与工程中。模糊逻辑系统由四部分构成：模糊化、模糊知识库、模糊推理机和解模糊化。其中，模糊知识库中包含一系列 IF-THEN 模糊规则，模糊规则形式如下（以第l条规则为例）。

R^l：如果x_1在F_1^l中，且x_2在F_2^l中，……，x_n在F_n^l中，那么y在G^l中，$l = 1, \cdots, N$。

其中$x = [x_1, \cdots, x_n]^T$、y分别是模糊逻辑系统输入和输出，$\mu_{F_i^l}(x_i)$、$\mu_{G^l}(y)$分别是模糊集F_i^l及G^l的隶属度函数，N是模糊规则的数量。

选取如下高斯型隶属度函数：

$$\mu_{F_i^l}(x_i) = \exp\left(\frac{-(x_i - l_j)^T(x_i - l_j)}{\eta_j^T \eta_j}\right) \qquad (2.15)$$

通过使用单值模糊器、乘积推理机和中心平均解模糊器，模糊系统输出可以表示为：

$$y(x) = \frac{\sum_{l=1}^{N} \overline{y}_l \prod_{i=1}^{n} \mu_{F_i^l}(x_i)}{\sum_{l=1}^{N} \prod_{i=1}^{n} \mu_{F_i^l}(x_i)} \qquad (2.16)$$

式中：$\bar{y}_l = \max_{y \in \mathbb{R}} \mu_{G^l}(y)$。

定义如下模糊基函数（fuzzy basis functions，FBF）：

$$\varphi_l = \frac{\prod\limits_{i=1}^{n} \mu_{F_i^l}(x_i)}{\sum\limits_{l=1}^{N} \prod\limits_{i=1}^{n} \mu_{F_i^l}(x_i)} \tag{2.17}$$

通过构造模糊基函数，模糊逻辑系统可以表示为：

$$y(x) = \theta^{\mathrm{T}} \varphi(x) \tag{2.18}$$

式中：$\theta^{\mathrm{T}} = [\bar{y}_1, \cdots, \bar{y}_N] = [\theta_1, \cdots, \theta_N]$、$\varphi(x) = [\varphi_1(x), \cdots, \varphi_N(x)]^{\mathrm{T}}$。

上述模糊逻辑系统能够以任意精度逼近非线性连续函数，接下来引入模糊逼近定理来进一步描述逼近性能及逼近误差。

引理 2.8 （模糊逼近定理） 由模糊逻辑系统的逼近性能可知，对于定义在紧集 Ω 上的任意连续函数 $f(x)$ 以及任意给定正常数 ε，存在模糊逻辑系统和最佳理想参数 θ^*，使得下式成立：

$$\sup_{x \in \Omega} |f(x) - \theta^{*\mathrm{T}} \varphi(x)| \leqslant \varepsilon \tag{2.19}$$

上式中理想参数 θ^* 和渐近误差 ε 可写作：

$$\theta^* = \mathrm{argmin}_{\theta \in \Omega} \{\sup_{\bar{x} \in U} |f(\bar{x} \mid \theta) - f(\bar{x})|\} \tag{2.20}$$

$$\varepsilon = f(\bar{x}) - f(\bar{x} \mid \theta^*) \tag{2.21}$$

式中：渐近误差 ε 满足条件：$|\varepsilon| \leqslant \varepsilon^*$。

为了进一步使用自适应模糊方法进行设计和分析，本书定义 $\tilde{\theta}$ 为理想参数 θ^* 及其估计值 θ 间的误差，即 $\tilde{\theta} = \theta^* - \theta$。

2.4.2　径向基神经网络

径向基神经网络（Radial Basis Function Neural Network，RBFNN）是一种前馈神经网络，常用于函数逼近、分类和时间序列预测等任务，它的主要特点是使用径向基函数作为激活函数。

引理 2.9 　应用径向基神经网络来近似未知函数 $\Psi(X): \mathbb{R}^n \to \mathbb{R}$，表示为：

$$\Psi_{nn}(X) = W^{\mathrm{T}} \zeta(X) \tag{2.22}$$

式中：输入向量 $X \in \Omega_X \subset \mathbb{R}^q$；权重向量 $W = [W_1, \cdots, W_h]^T \in \mathbb{R}^h, \hbar > 1$ 为径向基神经网络节点

编号；基函数向量为 $\zeta(X) = [\zeta_1(X), \cdots, \zeta_h(X)]^T \in \mathbb{R}^h, \zeta_i(X)(1 \leqslant i \geqslant \hbar)$ 被选为高斯函数：

$$\zeta_i(X) = \exp\left[-\frac{(X - \mu_i)^T (X - \mu_i)}{\eta^2}\right] \tag{2.23}$$

式中：$\mu_i = [\mu_i 1, \cdots, \mu_{iq}]^T$ 为中心值；η 为高斯函数的宽度。

若 $\Psi(X)$ 是紧集 Ω_X 上的连续函数，则对于任何 $\varrho > 0$，存在一个径向基神经网络 $\boldsymbol{W}^{*T}\zeta(X)$，

使得：

$$\Psi(X) = \boldsymbol{W}^{*T}\zeta(X) + \epsilon(X), \forall X \in \Omega_X \tag{2.24}$$

式中：W^* 为理想的权重向量，W^* 为：

$$W^* = \arg\min_{W \in \mathbf{R}^h}\left\{\sup_{X \in \Omega_X}\left|\Psi(X) - W^T\zeta(X)\right|\right\} \tag{2.25}$$

式中：$\epsilon(X)$ 为近似误差，满足 $|\epsilon(X)| < \varrho$。

引理 2.10　假设 $\zeta(X) = [\zeta_1(X), \cdots, \zeta_h(X)]^T$ 是径向基神经网络的基函数向量，$X = [X_1, \cdots, X_n]^T$

表示输入向量。对于任何正整数 $s \leqslant n$，设 $X_s = [X_1, \cdots, X_s]^T$，则下式成立：

$$\|\zeta(X)\|^2 \leqslant \|\zeta(X_s)\|^2 \tag{2.26}$$

2.4.3　障碍 Lyapunov 函数

在控制工程实践中，由于被控系统物理或性能的限制，系统状态存在大小量级限制，

称之为状态约束。状态约束根据约束范围可分为系统输出约束、部分状态约束和全状态

约束；根据限制值的大小，可分为对称值状态约束和非对称值状态约束。本书研究的是对

称约束值下的全状态约束，即 $|x_j| < k_{cj}$。障碍 Lyapunov 函数是处理状态约束的有效工具，

其定义如下。

定义 2.12[180]　对于定义在包含原点的开区域 Ω 上的系统式（2.3），障碍 Lyapunov 函数

$V(x)$ 是定义在 Ω 上的正定光滑函数，在定义域内存在一阶连续偏导数的函数。此类函数具

有如下性质：当系统状态变量 x 靠近开区域 Ω 的边缘时，函数 $V(x)$ 的值趋于无穷大，即当

$x \to \infty$ 时，$V(x) \to \infty$；对于系统的平衡点而言，函数 $V(x)$ 有界，即 $V(x) < b, b$ 为正常数。图 2.2

为障碍 Lyapunov 函数示意图。

满足障碍 Lyapunov 函数条件的类型有多种，以含有对称约束值的系统为例，函数

$\log \dfrac{k_b^{2p}}{k_b^{2p}-z^{2p}}$、$\displaystyle\int_0^{z^i} \dfrac{\delta k_{ci}^2}{k_c^2-(\delta+\alpha_{i-1})^2}d\delta$ 等均可作为障碍 Lyapunov 函数进行系统的稳定性分析与

控制器设计。

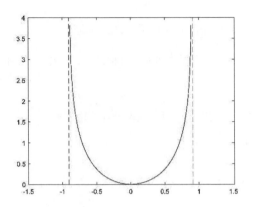

图 2.2　障碍 Lyapunov 函数示意图

引理 2.11[196]　对于障碍 Lyapunov 函数 $\log \dfrac{k_b^{2p}}{k_b^{2p}-z^{2p}}$ 而言，下列不等式成立：

$$\log \frac{k_b^{2p}}{k_b^{2p}-x^{2p}} < \frac{k_b^{2p}}{k_b^{2p}-z^{2p}} \tag{2.27}$$

式中：k 是任意正常数；p 是奇数次幂；z 是满足 $|z| < k_b$ 的任意实数。

2.5　必备的数学知识

引理 2.12[193]　（杨不等式，Young's inequality）对于任意实数 x、y，以及任意正常数 a、b、c，下列不等式成立：

$$|x|^a |y|^b \leqslant \frac{ac}{a+b}|x|^{a+b} + \frac{bc^{\frac{-a}{b}}}{a+b}|y|^{a+b} \tag{2.28}$$

若将上式中 c 取值为 $c=1$，则有：

$$|x|^a |y|^b \leqslant \frac{a}{a+b}|x|^{a+b} + \frac{b}{a+b}|y|^{a+b} \tag{2.29}$$

引理 2.13[189] 对于任意实数 $m \in \mathbb{R}$，以及常数 $\eta \in [0,1]$，下列不等式成立：

$$(|m_1| + \cdots + |m_n|)^{\eta} \leqslant |m_1|^{\eta} + \cdots + |m_n|^{\eta} \quad (2.30)$$

式中：$i = 1, \cdots, n$。

引理 2.14[189] 对于任意给定常数 $m \in \mathbb{R}$ 以及正常数 κ，下列不等式成立：

$$0 \leqslant |m| < \frac{m^2}{(m^2 + \kappa^2)^{\frac{1}{2}}} + \kappa \quad (2.31)$$

引理 2.15[194] 对于任意实数 $m \in \mathbb{R}$ 以及常数 $n > 0$，下列不等式成立：

$$0 \leqslant |m| - m \tanh(\frac{m}{n}) < \beta n \quad (2.32)$$

式中：$\tanh(\cdot)$ 为双曲正切函数；$\beta = 0.2785$。

引理 2.16[195] 函数 ψ_1、ψ_2 为实函数，对于任意给定正奇数 p，下列不等式成立：

$$|\psi_1^p - \psi_2^p| \leqslant p|\psi_1 - \psi_2||\psi_1^{p-1} + \psi_2^{p-1}| \quad (2.33)$$

引理 2.17[196] 对于 Lyapunov 函数 $V(x)$ 及常数 $0 < \eta < 1$，下列不等式成立：

$$V^{\eta}(x) = V^{\eta}(x)1^{1-\eta} \leqslant V(x) + (1-\eta)\beta^{\frac{-\eta}{1-\eta}} \quad (2.34)$$

式中：$\beta = \eta^{-1}$。

引理 2.18[189] （柯西-施瓦茨不等式，Cauchy–Schwarz inequality）对于任意正常数 m_i 以及有限项 n，下列不等式成立：

$$\left(\sum_{i=1}^{n} m_i\right)^2 \leqslant n \sum_{i=1}^{n} m_i^2 \quad (2.35)$$

引理 2.19[189] 假设 $V(t)$ 是定义在 $t \in [0, t_f]$ 上的正定 Lyapunov 函数，$N(\zeta)$ 是定义在 $t \in [0, t_f]$ 上的 Nussbaum 类函数，$g(x(\tau))$ 是定义在 $I_- = [l^-, 0)$ 和 $I_+ = (0, l^+]$ 上的一时变函数，如果下列不等式成立，则函数 $V(t)$，$\zeta(t)$ 和 $\int_0^t g(x(\tau))N(\zeta)\dot{\zeta}\mathrm{d}\tau$ 在定义 $t \in [0, t_f]$ 上均有界。

$$V(t) \leqslant c_0 + \mathrm{e}^{-c_1 t}\int_0^t g(x(\tau))N(\zeta)\dot{\zeta}\mathrm{e}^{c_1\tau}\mathrm{d}\tau + \mathrm{e}^{-c_1 t}\int_0^t \dot{\zeta}\mathrm{e}^{c_1\tau}\mathrm{d}\tau, \forall t \in [0, t_f) \quad (2.36)$$

式中：c_0、c_1 为正常数。

2.6　本章小结

　　本章给出了阅读本书所需的预备知识，包括随机系统的相关定义以及部分 Lyapunov 稳定性定理、有限时间稳定的定义和判定准则、模糊逻辑系统的基本知识和定理、障碍 Lyapunov 函数的性质以及本书应用到的不等式放缩定理等。本章内容对所研究的被控对象和所使用的主要方法进行了简单描述，之后的各章将给出具体的控制器分析和设计方法。

第 3 章　全状态约束纯反馈非线性系统控制方法

3.1　本章引言

在实际控制过程中，由于物理特性、安全因素或者性能指标等要求，系统状态需要满足一定限制条件，以确保被控系统在暂态或者稳态运行过程中限定于某个范围内，比如机械臂运行过程中，自身机械杆、关节角度以及末端位置都会限定在特定范围内等。因此，本章开展具有状态约束特性的非线性系统控制问题研究，具有重要理论意义和实践应用价值。

针对状态约束的严格反馈非线性系统控制问题，学者们展开了系统性研究。学者治（Tee）和格（Ge）针对具有输出约束的非线性系统，在文献 [197] 中提出具有非对称形式的障碍 Lyapunov 函数，在控制器设计过程中增加了灵活性的同时进一步证明了该函数比二次 Lyapunov 函数对初始条件的限制更少；之后，针对全状态约束的非线性系统，文献 [198] 使用障碍 Lyapunov 函数来保证系统所有状态均在限制界内；为了更好地描述系统不同状态间的约束特性，文献 [199] 针对部分状态约束非线性系统，在分析系统初始状态和控制参数的可行性条件基础上，证明了该算法在满足状态约束条件的同时可实现系统的渐近稳定，此外还建立了确保可行性的充分性条件，与完全状态约束问题相比，部分状态约束问题的可行性条件得到了放宽；在上述文献基础上，文献 [200] 提出了积分形式的障碍 Lyapunov 函数，该函数混合了原始状态约束和状态误差约束，同纯基于误差的函数相比减少了保守性，同时可行性条件明显放宽，通过仿真验证了系统输出跟踪误差指数递减函数，所有状态始终保持在约束状态空间中且系统状态和控制输入是有界的。

相较于上述文献中的严格反馈非线性系统而言，纯反馈形式的系统更具有一般性，同时，系统的收敛速率也是值得关注的问题。因此，本章在全状态约束研究基础上，探讨具有纯反馈非线性系统的稳定性及有限时间控制问题。首先，利用中值定理将纯反馈系统方程转换为严格反馈形式的状态空间方程。其次，使用模糊逻辑系统逼近未知非线性不确定项，构造障碍 Lyapunov 函数满足状态约束需求，通过使用自适应反步法，设计满足系统状态约束的控制器。进一步，为了解决反步法带来的计算"复杂度爆炸"问题，在虚拟控制器中加入一阶滤波器，使用动态面控制技术降低算法复杂度。最后，利用 Lyapunov 有限时间稳定理论，设计有限时间稳定控制器。本章采用自适应模糊方法对具有约束的非线性系统的控制问题开展研究，为该方法在随机非线性系统上的使用奠定基础，也为实际具有约束的物理系统的控制方法提供了理论依据。

3.2 全状态约束非线性系统自适应模糊控制

3.2.1 全状态纯反馈非线性系统结构描述

本小节考虑的非线性系统为如下带全状态约束纯反馈系统：

$$\begin{cases} \dot{x}_i = f_i(\bar{x}_i, x_{i+1}) + d_i(t), & i = 1, 2, \cdots, n-1 \\ \dot{x}_n = f_n(\bar{x}_n, u(t-\tau)) + d_n(t), \\ y = x_1 \end{cases} \tag{3.1}$$

式中：$\bar{x}_i = [x_1, x_2, \cdots, x_i]^{\mathrm{T}} \in \mathbb{R}^i, i = 1, 2, \cdots, n, (x = \bar{x}_n)$ 为状态向量，$u(t) \in \mathbb{R}$，$y(t) \in \mathbb{R}$ 以及 $d_i(t) \in \mathbb{R}$ 分别为系统输入、可测输出和有界未知干扰信号；此外，干扰信号满足条件 $|d_i(t)| \le d_{iM}$，d_{iM} 为已知正常数。$f_i(\bar{x}_i, x_{i+1})$ 是未知光滑非线性函数。τ 代表常输入延迟，y_d 是已知需跟踪的参考信号。

在实际中，系统状态由于存在物理约束或者为了满足特定要求往往存在一定限制，在此不妨假设系统状态的限制为：$|x_i| \le k_{ci}, i = 1, 2, \cdots, n$，其中 k_{ci} 为正常数。本节目标是通过设计自适应控制器满足给定状态约束的同时，输出误差在 0 附近。

首先，为解决输入延迟问题，引入如下帕德近似（Pade approximation）：

$$L\{u(t-\tau)\} = \exp(-\tau s) L\{u(t)\} = \frac{\exp(-\tau s/2)}{\exp(\tau s/2)} L\{u(t)\} \approx \frac{(1-\tau s)}{(1+\tau s)} L\{u(t)\} \tag{3.2}$$

式中：$L\{u(t)\}$ 为 $u(t)$ 的拉普拉斯变换（Laplace transform）。

$$\frac{1-\tau s/2}{1+\tau s/2} L\{u(t)\} = L\{\chi(t)\} - L\{u(t)\} \tag{3.3}$$

通过使用拉普拉斯反变换，可得

$$\dot{\chi} = -\frac{2}{\tau}\chi + \frac{4}{\tau}u(t) \tag{3.4}$$

通过定义 $\lambda = 2/\tau$，原系统的第 n 个方程可以表示为：

$$\begin{cases} \dot{x}_n = f_n\left(\overline{x}_n, \chi(t) - u(t)\right) + d_n(t) \\ \dot{\chi}(t) = -\lambda\chi(t) + 2\lambda u(t) \end{cases} \tag{3.5}$$

为了便于系统分析及控制器设计，引入以下假设：

假设 3.1　对于本小节的纯反馈系统，假设函数 $g_i(\overline{x}_i, x_{i+1})$ 符号已知，且存在未知正常数 g_{i0} 和 g_{i1} 使得 $g_{i0} \leqslant |g_i(\cdot)| \leqslant g_{i1}, \forall x \in \Omega_x \subset \mathbb{R}^n$。不失一般性地，假设 $g_{i0} \leqslant g_i(\cdot), \forall x \in \Omega_x \subset \mathbb{R}^n$，其中 $g_i(\overline{x}_i, x_{i+1}) = \dfrac{\partial f_i(\overline{x}_i, x_{i+1})}{\partial x_{i+1}}, i = 1, 2, \cdots, n$。

假设 3.2　对于给定信号 y_d，假设存在已知正常数 A_0 使得 $|y_d| \leqslant A_0 \leqslant k_{c1}$，同时存在紧集 $\Omega_0 = \{[y_d, \dot{y}_d, \ddot{y}_d]^{\mathrm{T}} : y_d^2 + \dot{y}_d^2 + \ddot{y}_d^2 \leqslant C_0\}$，其中 C_0 为正常数。

[注]：自文献 [16] 提出自适应反步设计方法后，该方法已成为处理具有下三角形式严格反馈非线性系统强有力工具。对于一个含有多个子系统的非线性系统而言，每一次使用中间虚拟控制器进行迭代，就需要对之前所有的控制器进行求导（二阶、三阶……），因此在最后一步中，所设计的实际控制器存在多项复杂连续偏导，由于对虚拟控制器反复迭代求导，使计算复杂度显著增加，称为"复杂度爆炸"问题。为解决该问题，文献 [41] 首次提出动态面设计方法，引入惯性一阶低通滤波器，让虚拟控制器通过该滤波器进行输出，减少系统虚拟控制器求导次数，降低了算法复杂度。该方法得到了广泛应用，比如，文献 [91] 在构造模糊观测器基础上，使用动态面技术，为多输入多输出非线性系统设计了复杂度较低的基于输出反馈的控制策略。因此，本章引入动态面控制技术，用以降低控制器设计算法复杂度。

3.2.2　自适应反步控制策略设计

基于自适应反步法的控制器设计，总共包含 $n+1$ 个步骤。

在进行控制器设计之前，引入如下坐标变换：

$$\begin{cases} z_1 = x_1 - w_1 \\ z_i = x_i - w_i, i = 1, 2, \cdots, n \\ z_{n+1} = \chi(t) - u(t) - \alpha_n \end{cases} \tag{3.6}$$

式中：$w_1 = y_d$ 为系统的参考信号；w_i 和 α_i 为动态面的滤波输入。

在前 n 步中，需要设计不同的虚拟控制器 α_i，为解决系统输入延迟问题，在第 $n+1$ 步中，将设计好的控制器 v 通过一低通滤波器，得到真实控制器 u。具体步骤如下。

步骤 1：构造被控系统输出误差 z_1，其导数为：

$$\dot{z}_1 = f_1(x_1, x_2) + d_1(t) - \dot{w}_1 \tag{3.7}$$

由假设 3.1 可知 $\partial f_1(x_1, x_2)/\partial x_2 > g_{10} > 0, \forall (x_1, x_2) \in \mathbb{R}^2$，通过定义 $v_1 = -w_1$，则有：

$$\frac{\partial f_1(x_1, x_2) + v_1}{\partial x_2} > g_{10} > 0 \tag{3.8}$$

由引理 2.1 可知存在理想光滑输入 α_1^* 满足条件：

$$f_1(x_1, \alpha_1^*) + v_1 = 0 \tag{3.9}$$

通过使用中值定理可知，存在一常数 $\lambda_1(0 < \lambda_1 < 1)$ 满足条件：

$$f_1(x_1, x_2) = f_1(x_1, \alpha_1^*) + g_{1\lambda_1}(x_2 - \alpha_1^*) \tag{3.10}$$

式中：$g_{1\lambda_1} = g_1(x_1, x_{2\lambda_1})$，$x_{2\lambda_1} = \lambda_1 x_2 + (1 - \lambda_1)\alpha_1^*$。

将式（3.10）代入式（3.7）中，可得：

$$\dot{z}_1 = g_{1\lambda_1}(x_2 - \alpha_1^*) + d_1(t) \tag{3.11}$$

设计第一步障碍 Lyapunov 函数如下：

$$V_{z1} = \frac{1}{2g_{1\lambda_1}} \ln\left(\frac{k_{b1}^2}{k_{b1}^2 - z_1^2}\right) \tag{3.12}$$

式中：$k_{b1} = k_{c1} - A_0$，A_0 为期望轨迹 y_d 的边界。

于是可得式（3.12）的导数为：

$$\dot{V}_{z1} = \frac{1}{g_{1\lambda_1}}\left(\frac{z_1 \dot{z}_1}{k_{b1}^2 - z_1^2}\right) - \frac{\dot{g}_{1\lambda_1}}{2g_{1\lambda_1}^2} \ln\left(\frac{k_{b1}^2}{k_{b1}^2 - z_1^2}\right) \tag{3.13}$$

将式（3.11）代入式（3.13），可得：

$$\dot{V}_{z1} = \frac{z_1(x_2 - \alpha_1^*)}{k_{b1}^2 - z_1^2} + \frac{1}{g_{1\lambda_1}}\frac{z_1 d_1(t)}{k_{b1}^2 - z_1^2} - \frac{\dot{g}_{1\lambda_1}}{2g_{1\lambda_1}^2} \ln\left(\frac{k_{b1}^2}{k_{b1}^2 - z_1^2}\right) \tag{3.14}$$

通过引理 2.8 可知，α_1^* 可以用模糊逻辑系统表示：

$$\alpha_1^*(Z_1) = W_1^T \xi_1(Z_1) + \varepsilon_1(Z_1) \tag{3.15}$$

式中：$Z_1 = [x_1, \dot{w}_1]^T \in \mathbb{R}^2$ 为未知函数 $\alpha_1^*(x_1, \dot{w}_1)$ 的参数向量；渐近误差 ε_1 满足 $|\varepsilon_1| \leqslant \varepsilon_1^*$，$\varepsilon_1^*$ 为待定正常数。

将式（3.15）代入式（3.14），可得：

$$\dot{V}_{z1} = \frac{z_1(z_2 + e_2 + \alpha_1)}{k_{b1}^2 - z_1^2} + \frac{1}{g_{1\lambda_1}} \frac{z_1 d_1(t)}{k_{b1}^2 - z_1^2} - \frac{z_1 \alpha_1^*}{k_{b1}^2 - z_1^2} - \frac{\dot{g}_{1\lambda_1}}{2g_{1\lambda_1}^2} \ln\left(\frac{k_{b1}^2}{k_{b1}^2 - z_1^2}\right) \tag{3.16}$$

式中：$e_2 = w_2 - \alpha_1$，$x_2 = z_2 + e_2 + \alpha_1$。

使用引理 2.12，可得：

$$-\frac{z_1 \alpha_1^*}{k_{b1}^2 - z_1^2} \leqslant \left|\frac{z_1}{k_{b1}^2 - z_1^2}\right| \left(|W_1^{\mathrm{T}} \xi_1| + |\varepsilon_1|\right) \leqslant \frac{z_1^2 \|W_1\|^2 \xi_1^{\mathrm{T}} \xi_1}{2a_1^2(k_{b1}^2 - z_1^2)^2} + \frac{a_1^2}{2} + \left|\frac{z_1}{k_{b1}^2 - z_1^2}\right| \varepsilon_1^* \tag{3.17}$$

式中：a_1 为待设计正常数。

将式（3.16）代入式（3.17），则有：

$$\dot{V}_{z1} \leqslant \frac{z_1(z_2 + e_2)}{k_{b1}^2 - z_1^2} + \frac{z_1 \alpha_1}{k_{b1}^2 - z_1^2} + \frac{1}{g_{10}} \left|\frac{z_1}{k_{b1}^2 - z_1^2}\right| |d_1(t)| + \frac{z_1^2 \|W_1\|^2 \xi_1^{\mathrm{T}} \xi_1}{2a_1^2(k_{b1}^2 - z_1^2)^2} \tag{3.18}$$

式中：$\delta_1^* = \dfrac{d_{1\mathrm{M}}}{g_{10}} + \varepsilon_1^*$，$\theta_1 = \dfrac{\|W_1\|^2}{2a_1^2}$。

使用引理 2.12 可得：

$$\frac{z_1 e_2}{k_{b1}^2 - z_1^2} \leqslant \frac{z_1^2}{(k_{b1}^2 - z_1^2)^2} + \frac{e_2^2}{4} \tag{3.19}$$

将式（3.19）代入式（3.18），则有：

$$\begin{aligned}
\dot{V}_{z1} \leqslant{} & \frac{z_1 z_2}{k_{b1}^2 - z_1^2} + \frac{z_1 \alpha_1}{k_{b1}^2 - z_1^2} + \frac{z_1^2 \theta_1 \xi_1^{\mathrm{T}} \xi_1}{(k_{b1}^2 - z_1^2)^2} + \frac{z_1^2}{(k_{b1}^2 - z_1^2)^2} + \frac{e_2^2}{4} \\
& + \left|\frac{z_1}{k_{b1}^2 - z_1^2}\right| \delta_1^* + \frac{a_1^2}{2} + \mu_1(\Gamma_1)
\end{aligned} \tag{3.20}$$

式中：$\mu_1(\Gamma_1)$ 为正连续函数，且该函数满足：$\left|\dfrac{\dot{g}_{1\lambda_1}}{2g_{1\lambda_1}^2} \ln(\dfrac{k_{b1}^2}{k_{b1}^2 - z_1^2})\right| \leqslant \mu_1(\Gamma_1)$。

于是，第 1 个虚拟控制器 α_1 和自适应律设计如下：

$$\alpha_1 = -K_1 z_1 - \frac{z_1 \hat{\theta}_1 \xi_1^{\mathrm{T}} \xi_1}{k_{b1}^2 - z_1^2} - \hat{\delta}_1 \tanh\left(\left(\frac{z_1}{k_{b1}^2 - z_1^2}\right)/\upsilon_1\right) - \frac{z_1}{k_{b1}^2 - z_1^2} \tag{3.21}$$

$$\dot{\hat{\delta}}_1 = \gamma_1 \frac{z_1}{k_{b1}^2 - z_1^2} \tanh\left(\left(\frac{z_1}{k_{b1}^2 - z_1^2}\right)/\upsilon_1\right) - \sigma_1 \gamma_1 \hat{\delta}_1 \tag{3.22}$$

$$\dot{\hat{\theta}}_1 = \beta_1 \frac{z_1^2 \xi_1^{\mathrm{T}} \xi_1}{k_{b1}^2 - z_1^2} - \sigma_1 \beta_1 \hat{\theta}_1 \tag{3.23}$$

式中：$K_1 > 0$，$\beta_1 > 0$，$\gamma_1 > 0$，$\sigma_1 > 0$，$\upsilon_1 > 0$为待设计正参数；$\hat{\theta}_1$和$\hat{\delta}_1$分别为θ_1和δ_1^*的估计值。

若选取$\hat{\theta}_1(0) > 0$，$\hat{\delta}_1(0) > 0$，则有$\hat{\theta}_1(t) > 0$，$\hat{\delta}_1(t) > 0$，$\forall t > 0$。

考虑如下障碍 Lyapunov 函数：

$$V_1 = \frac{1}{2g_{1\lambda_1}} \ln\left(\frac{k_{b1}^2}{k_{b1}^2 - z_1^2}\right) + \frac{1}{2\gamma_1} \tilde{\delta}_1^2 + \frac{1}{2\beta_1} \tilde{\theta}_1^2 \tag{3.24}$$

式中：$\tilde{\delta}_1 = \delta_1^* - \hat{\delta}_1$，$\tilde{\theta}_1 = \theta_1 - \hat{\theta}_1$为估计误差。

式（3.24）的导数为：

$$\dot{V}_1 \leqslant \frac{z_1 z_2}{k_{b1}^2 - z_1^2} + \frac{z_1 \alpha_1}{k_{b1}^2 - z_1^2} + \frac{z_1^2 \theta_1 \xi_1^{\mathrm{T}} \xi_1}{(k_{b1}^2 - z_1^2)^2} + \frac{z_1^2}{(k_{b1}^2 - z_1^2)^2} + \frac{e_2^2}{4} + \left|\frac{z_1}{k_{b1}^2 - z_1^2}\right| \delta_1^*$$
$$+ \frac{a_1^2}{2} + \mu_1(\Gamma_1) - \frac{1}{\gamma_1} \tilde{\delta}_1 \dot{\hat{\delta}}_1 - \frac{1}{\beta_1} \tilde{\theta}_1 \dot{\hat{\theta}}_1 \tag{3.25}$$

将系统方程代入式（3.25）中，可以得到：

$$\dot{V}_1 \leqslant \frac{z_1 z_2}{k_{b1}^2 - z_1^2} - \frac{K_1 z_1^2}{k_{b1}^2 - z_1^2} + \frac{z_1^2 \theta_1 \xi_1^{\mathrm{T}} \xi_1}{(k_{b1}^2 - z_1^2)^2} + \frac{z_1^2}{(k_{b1}^2 - z_1^2)^2} + \frac{e_2^2}{4}$$
$$+ \left|\frac{z_1}{k_{b1}^2 - z_1^2}\right| \delta_1^* + \frac{a_1^2}{2} + \mu_1(\Gamma_1)$$
$$\leqslant -\frac{K_1 z_1^2}{k_{b1}^2 - z_1^2} + \frac{z_1 z_2}{k_{b1}^2 - z_1^2} + \frac{e_2^2}{4} + \frac{a_1^2}{2} + \mu_1(\Gamma_1) + \sigma_1(\tilde{\theta}_1 \hat{\theta}_1 + \tilde{\delta}_1 \hat{\delta}_1)$$
$$+ \delta_1^*\left(\left|\frac{z_1}{k_{b1}^2 - z_1^2}\right| - \frac{z_1}{k_{b1}^2 - z_1^2} \tanh\left((\frac{z_1}{k_{b1}^2 - z_1^2})/\upsilon_1\right)\right) \tag{3.26}$$

使用引理 2.15 放缩上式的最后一项，可以得到：

$$\delta_1^*\left(\left|\frac{z_1}{k_{b1}^2 - z_1^2}\right| 0 \frac{z_1}{k_{b1}^2 - z_1^2} \tanh\left((\frac{z_1}{k_{b1}^2 - z_1^2})/\upsilon_1\right)\right) \leqslant 0.2785 \delta_1^* \upsilon_1 \tag{3.27}$$

使用引理 2.12，则有：

$$\sigma_1(\tilde{\theta}_1 \hat{\theta}_1 + \tilde{\delta}_1 \hat{\delta}_1) \leqslant \sigma_1\left(\frac{\delta_1^* + \theta_1^2}{2}\right) - \sigma_1\left(\frac{\tilde{\delta}_1^2 + \tilde{\theta}_1^2}{2}\right) \tag{3.28}$$

将式（3.27）、式（3.28）代入式（3.26）中，可得：

$$\dot{V}_1 \leqslant -\frac{K_1 z_1^2}{k_{b1}^2 - z_1^2} + \frac{z_1 z_2}{k_{b1}^2 - z_1^2} + \frac{e_2^2}{4} + \frac{a_1^2}{2} - \sigma_1\left(\frac{\tilde{\delta}_1^2 + \tilde{\theta}_1^2}{2}\right)$$
$$+ \mu_1(\Gamma_1) + 0.2785 \delta_1^* \upsilon_1 + \sigma_1\left(\frac{\delta_1^* + \theta_1^2}{2}\right) \tag{3.29}$$

为了克服计算"复杂度爆炸"的问题，引入如下低通滤波器：

$$\begin{cases} \tau_2 \dot{w}_2 + w_2 = \alpha_1 \\ w_2(0) = \alpha_1(0) \end{cases} \tag{3.30}$$

式中：α_1 为输入；w_2 为输出；τ_2 为滤波器待设计参数。

由于 $e_2 = w_2 - \alpha_1$，可得：

$$\dot{e}_2 = \frac{-e_2}{\tau_2} - \dot{\alpha}_1 \tag{3.31}$$

因此，虚拟控制器 α_1 导数的上界可写作：

$$|\dot{\alpha}_1| = \left| \dot{e}_2 + \frac{e_2}{\tau_2} \right| \leqslant \phi_2(\Psi_2) \tag{3.32}$$

式中：$\Psi_2 = [z_1, z_2, e_2, \hat{\theta}_1, \hat{\delta}_1, y_\mathrm{d}, \dot{y}_\mathrm{d}, \ddot{y}_\mathrm{d}] \in \mathbb{R}^8$，$\phi_2(\Psi_2)$ 为正连续函数。

由式（3.31）和式（3.32）可得：

$$e_2 \dot{e}_2 = \frac{-e_2^2}{\tau_2} - e_2 \dot{\alpha}_1 \leqslant \frac{-e_2^2}{\tau_2} + |e_2| \Psi_2 \leqslant \frac{-e_2^2}{\tau_2} + e_2^2 + \frac{\Psi_2^2}{4} \tag{3.33}$$

步骤 $i(i = 2, \cdots, n-1)$：本步采用与步骤 1 类似的处理方法，可以得到 z_i 的导数为：

$$\dot{z}_i = f_i(\overline{x}_i, x_{i+1}) + d_i(t) - \dot{w}_i \tag{3.34}$$

由假设 3.1 可得 $\partial f_i(\overline{x}_i, x_{i+1})/\partial x_i + 1 > g_{i0} > 0, \forall(\overline{x}_i, x_{i+1}) \in \mathbb{R}^{i+1}$，通过定义变量 $v_i = -w_i$，可以得到：

$$\frac{\partial f_1(\overline{x}_i, x_{i+1}) + v_i}{\partial x_{i+1}} > g_{i0} > 0 \tag{3.35}$$

由引理 2.1 可知，存在一理想输入 $x_{i+1} = \alpha_i^*(\overline{x}_i, v_i)$，$\forall(\overline{x}_i, v_i) \in \mathbb{R}^{i+1}$，使得下式成立：$f_i(\overline{x}_i, \alpha_i^*) + v_i = 0$。

通过使用中值定理可知，存在 $\lambda_i(0 < \lambda_i < 1)$ 满足：

$$f_i(\overline{x}_i, x_{i+1}) = f_i(\overline{x}_i, \alpha_i^*) + g_{i\lambda_i}(x_{i+1} - \alpha_i^*) \tag{3.36}$$

式中：$g_{i\lambda_i} = g_i(\overline{x}_i, x_{i+1,\lambda_i}), x_{i+1,\lambda_i} = \lambda_i x_{i+1} + (1-\lambda_i)\alpha_i^*$。

将式（3.36）代入式（3.34），则有：

$$\dot{z}_i = g_{i\lambda_i}(x_{i+1} - \alpha_i^*) + d_i(t) \tag{3.37}$$

本步定义障碍 Lyapunov 函数如下:

$$V_{zi} = \frac{1}{2g_{i\lambda_i}} \ln\left(\frac{k_{bi}^2}{k_{bi}^2 - z_i^2}\right) \tag{3.38}$$

式中: $k_{bi} = k_{ci} - \rho_i$, ρ_i 为 DSC 变量 w_i 的上界。

对式 (3.38) 求导可得:

$$\dot{V}_{zi} = \frac{1}{g_{i\lambda_i}}\left(\frac{z_i \dot{z}_i}{k_{bi}^2 - z_i^2}\right) - \frac{\dot{g}_{i\lambda_i}}{2g_{i\lambda_i}^2} \ln\left(\frac{k_{bi}^2}{k_{bi}^2 - z_i^2}\right) \tag{3.39}$$

将式 (3.6) 代入式 (3.39),可以得到:

$$\dot{V}_{zi} = \frac{z_i(x_{i+1} - \alpha_i^*)}{k_{bi}^2 - z_i^2} + \frac{1}{g_{i\lambda_i}} \frac{z_i d_i(t)}{k_{bi}^2 - z_i^2} - \frac{\dot{g}_{i\lambda_i}}{2g_{i\lambda_i}^2} \ln\left(\frac{k_{bi}^2}{k_{bi}^2 - z_i^2}\right) \tag{3.40}$$

通过引理 2.8 可知,α_i^* 可以使用模糊逻辑系统进行逼近:

$$\alpha_i^*(Z_i) = \boldsymbol{W}_i^{\mathrm{T}} \xi_i(Z_i) + \varepsilon_i(Z_i) \tag{3.41}$$

式中: $\boldsymbol{Z}_i = [\bar{x}_i, \dot{w}_i]^{\mathrm{T}} \in \mathbb{R}^{i+1}$ 为函数 $\alpha_i^*(\bar{x}_i, \dot{w}_i)$ 的参数向量;逼近误差 ε_i 满足 $|\varepsilon_i| \leqslant \varepsilon_i^*$。

将式 (3.41) 代入式 (3.40),得到:

$$\dot{V}_{zi} = \frac{z_i(z_{i+1} + e_{i+1} + \alpha_i)}{k_{bi}^2 - z_i^2} + \frac{1}{g_{i\lambda_i}} \frac{z_i d_i(t)}{k_{bi}^2 - z_i^2} - \frac{z_i \alpha_i^*}{k_{bi}^2 - z_i^2} - \frac{\dot{g}_{i\lambda_i}}{2g_{i\lambda_i}^2} \ln\left(\frac{k_{bi}^2}{k_{bi}^2 - z_i^2}\right) \tag{3.42}$$

式中: $e_{i+1} = w_{i+1} - \alpha_i$, $x_{i+1} = z_{i+1} + e_{i+1} + \alpha_i$。

使用引理 2.12,可得:

$$\begin{aligned}
-\frac{z_i \alpha_i^*}{k_{bi}^2 - z_i^2} &\leqslant \left|\frac{z_i}{k_{bi}^2 - z_i^2}\right|\left(|\boldsymbol{W}_i^{\mathrm{T}} \xi_1| + |\varepsilon_i|\right) \\
&\leqslant \frac{z_i^2 \|W_i\|^2 \xi_i^{\mathrm{T}} \xi_i}{2a_i^2(k_{bi}^2 - z_i^2)^2} + \frac{a_i^2}{2} + \left|\frac{z_i}{k_{bi}^2 - z_i^2}\right|\varepsilon_i^*
\end{aligned} \tag{3.43}$$

式中: $a_i > 0$ 为待设计参数。

将式 (3.43) 代入式 (3.42),得到:

$$\begin{aligned}
\dot{V}_{zi} &\leqslant \frac{z_i(z_{i+1} + e_{i+1})}{k_{bi}^2 - z_i^2} + \frac{z_i \alpha_i}{k_{bi}^2 - z_i^2} + \frac{1}{g_{i0}}\left|\frac{z_i}{k_{bi}^2 - z_i^2}\right||d_i(t)| + \frac{z_i^2 \|W_i\|^2 \xi_i^{\mathrm{T}} \xi_i}{2a_i^2(k_{bi}^2 - z_i^2)^2} \\
&\quad + \frac{a_i^2}{2} + \left|\frac{z_i}{k_{bi}^2 - z_i^2}\right|\varepsilon_i^* - \frac{\dot{g}_{i\lambda_i}}{2g_{i\lambda_i}^2} \ln\left(\frac{k_{bi}^2}{k_{bi}^2 - z_i^2}\right) \\
&\leqslant \frac{z_i(z_{i+1} + e_{i+1})}{k_{bi}^2 - z_i^2} + \frac{z_i \alpha_i}{k_{bi}^2 - z_i^2} + \frac{z_i^2 \theta_i \xi_i^{\mathrm{T}} \xi_i}{(k_{bi}^2 - z_i^2)^2} + \left|\frac{z_i}{k_{bi}^2 - z_i^2}\right|\delta_i^* \\
&\quad + \frac{a_i^2}{2} - \frac{\dot{g}_{i\lambda_i}}{2g_{i\lambda_i}^2} \ln\left(\frac{k_{bi}^2}{k_{bi}^2 - z_i^2}\right)
\end{aligned} \tag{3.44}$$

式中：$\delta_i^* = \dfrac{d_{iM}}{g_{i0}} + \varepsilon_i^*$，$\theta_i = \dfrac{\|W_i\|^2}{2a_i^2}$。

使用引理 2.12，可得：

$$\frac{z_i e_{i+1}}{k_{bi}^2 - z_i^2} \leqslant \frac{z_i^2}{(k_{bi}^2 - z_i^2)^2} + \frac{e_{i+1}^2}{4} \tag{3.45}$$

将式（3.45）代入式（3.44），则有：

$$\begin{aligned}
\dot{V}_{zi} \leqslant & \frac{z_i z_{i+1}}{k_{bi}^2 - z_i^2} + \frac{z_i \alpha_i}{k_{bi}^2 - z_i^2} + \frac{z_i^2 \theta_i \xi_i^T \xi_i}{(k_{bi}^2 - z_i^2)^2} + \frac{z_i^2}{(k_{bi}^2 - z_i^2)^2} \\
& + \frac{e_{i+1}^2}{4} + \left| \frac{z_i}{k_{bi}^2 - z_i^2} \right| \delta_i^* + \frac{a_i^2}{2} + \mu_i(\Gamma_i)
\end{aligned} \tag{3.46}$$

式中：$\mu_i(\Gamma_i)$ 为正连续函数，$\Gamma_i = [\bar{z}_i, y_d, \dot{y}_d]^T \in \mathbb{R}^{i+2}$，$\bar{z}_i = [z_1, z_2, \cdots, z_i]^T$ 满足 $\left| \dfrac{\dot{g}_{i\lambda_i}}{2g_{i\lambda_i}^2} \ln\left(\dfrac{k_{bi}^2}{k_{bi}^2 - z_i^2}\right) \right|$

$\leqslant \mu_i(\Gamma_i)$。

为使 Lyapunov 函数的导数式（3.46）满足稳定性条件，设计虚拟控制器 α_i 和自适应律为：

$$\alpha_i = -K_i z_i - \frac{z_i \hat{\theta}_i \xi_i^T \xi_i}{k_{bi}^2 - z_i^2} - \hat{\delta}_i \tanh\left(\left(\frac{z_i}{k_{bi}^2 - z_i^2}\right) / \upsilon_i \right) - \frac{(k_{bi}^2 - z_i^2) z_{i-1}}{k_{b(i-1)}^2 - z_{i-1}^2} - \frac{z_i}{k_{bi}^2 - z_i^2} \tag{3.47}$$

$$\dot{\hat{\delta}}_i = \gamma_i \frac{z_i}{k_{bi}^2 - z_i^2} \tanh\left(\left(\frac{z_i}{k_{bi}^2 - z_i^2}\right) / \upsilon_i \right) - \sigma_i \gamma_i \hat{\delta}_i \tag{3.48}$$

$$\dot{\hat{\theta}}_i = \beta_i \frac{z_i^2 \xi_i^T \xi_i}{k_{bi}^2 - z_i^2} - \sigma_i \beta_i \hat{\theta}_i \tag{3.49}$$

式中：$K_i > 0$，$\beta_i > 0$，$\gamma_i > 0$，$\sigma_i > 0$，$\upsilon_i > 0$ 为待设计参数；$\hat{\theta}_i$ 和 $\hat{\delta}_i$ 分别为 θ_i 和 δ_i^* 的估计值。

设计待定 Lyapunov 函数如下：

$$V_i = \frac{1}{2g_{i\lambda_i}} \ln\left(\frac{k_{bi}^2}{k_{bi}^2 - z_i^2}\right) + \frac{1}{2\gamma_i} \tilde{\delta}_i^2 + \frac{1}{2\beta_i} \tilde{\theta}_i^2 \tag{3.50}$$

式中：$\tilde{\delta}_i = \delta_i^* - \hat{\delta}_i$，$\tilde{\theta}_i = \theta_i - \hat{\theta}_i$。

式（3.50）的导数为：

$$\begin{aligned}
\dot{V}_i \leqslant & \frac{z_i z_{i+1}}{k_{bi}^2 - z_i^2} + \frac{z_i \alpha_i}{k_{bi}^2 - z_i^2} + \frac{z_i^2 \theta_i \xi_i^T \xi_i}{(k_{bi}^2 - z_i^2)^2} + \frac{z_i^2}{(k_{bi}^2 - z_i^2)^2} + \frac{e_{i+1}^2}{4} + \left| \frac{z_i}{k_{bi}^2 - z_i^2} \right| \delta_i^* \\
& - \frac{1}{\gamma_i} \tilde{\delta}_i \dot{\hat{\delta}}_i - \frac{1}{\beta_i} \tilde{\theta}_i \dot{\hat{\theta}}_i + \frac{a_i^2}{2} + \mu_i(\Gamma_i)
\end{aligned} \tag{3.51}$$

进一步进行不等式放缩，可得：

$$
\begin{aligned}
\dot{V}_i &\leq \frac{z_i z_{i+1}}{k_{bi}^2 - z_i^2} - \frac{K_i z_i^2}{k_{bi}^2 - z_i^2} + \frac{z_i^2 \theta_i \xi_i^{\mathrm{T}} \xi_i}{(k_{bi}^2 - z_i^2)^2} + \left| \frac{z_i}{k_{bi}^2 - z_i^2} \right| \delta_i^* + \frac{a_i^2}{2} + \mu_i(\Gamma_i) \\
&\quad + \frac{z_i^2}{(k_{bi}^2 - z_i^2)^2} + \frac{e_{i+1}^2}{4} \\
&\leq -\frac{K_i z_i^2}{k_{bi}^2 - z_i^2} + \delta_i^* \left(\left| \frac{z_i}{k_{bi}^2 - z_i^2} \right| - \frac{z_i}{k_{b1}^{i+1} - z_i^2} \tanh\left((\frac{z_i}{k_{bi}^2 - z_i^2}) / \upsilon_i \right) \right) \\
&\quad + \sigma_i(\tilde{\theta}_i \hat{\theta}_i + \tilde{\delta}_i \hat{\delta}_i) + \frac{e_{i+1}^2}{4} + \frac{a_i^2}{2} + \mu_i(\Gamma_i) + \frac{z_i z_{i+1}}{k_{bi}^2 - z_i^2}
\end{aligned}
\tag{3.52}
$$

通过引理 2.15 可得：

$$
\delta_i^* \left(\left| \frac{z_i}{k_{bi}^2 - z_i^2} \right| - \frac{z_i}{k_{bi}^2 - z_i^2} \tanh\left((\frac{z_i}{k_{bi}^2 - z_i^2}) / \upsilon_i \right) \right) \leq 0.2785 \delta_i^* \upsilon_i
\tag{3.53}
$$

通过使用引理 2.12，则有：

$$
\sigma_i(\tilde{\theta}_i \hat{\theta}_i + \tilde{\delta}_i \hat{\delta}_i) \leq \sigma_i \left(\frac{\delta_i^* + \theta_i^2}{2} \right) - \sigma_i \left(\frac{\tilde{\delta}_i^2 + \tilde{\theta}_i^2}{2} \right)
\tag{3.54}
$$

将式（3.53）、式（3.54）代入式（3.52），则有：

$$
\begin{aligned}
\dot{V}_i &\leq -\frac{K_i z_i^2}{k_{bi}^2 - z_i^2} + \frac{z_i z_{i+1}}{k_{bi}^2 - z_i^2} + \frac{e_{i+1}^2}{4} + \frac{a_i^2}{2} - \sigma_i \left(\frac{\tilde{\delta}_i^2 + \tilde{\theta}_i^2}{2} \right) \\
&\quad + \mu_i(\Gamma_i) + 0.2785 \delta_i^* \upsilon_i + \sigma_i \left(\frac{\delta_i^* + \theta_i^2}{2} \right)
\end{aligned}
\tag{3.55}
$$

使用 DSC 技术，引进如下动态面：

$$
\begin{cases}
\tau_{i+1} \dot{w}_{i+1} + w_{i+1} = \alpha_i \\
w_{i+1}(0) = \alpha_i(0)
\end{cases}
\tag{3.56}
$$

式中：α_i 为动态面输入；w_{i+1} 为动态面输出；τ_{i+1} 为待设计参数。

由于 $e_{i+1} = w_{i+1} - \alpha_i$，可得：

$$
\dot{e}_{i+1} = \frac{-e_{i+1}}{\tau_{i+1}} - \dot{\alpha}_i
\tag{3.57}
$$

由此可得虚拟控制器 α_i 的导数界值为：

$$
|\dot{\alpha}_i| = \left| \dot{e}_{i+1} + \frac{e_{i+1}}{\tau_{i+1}} \right| \leq \phi_{i+1}(\Psi_{i+1})
\tag{3.58}
$$

式中：$\Psi_{i+1} = [\bar{z}_{i+1}, \bar{e}_{i+1}, \bar{\hat{\theta}}_i, \bar{\hat{\delta}}_i, y_d, \dot{y}_d, \ddot{y}_d] \in \mathbb{R}^{4i+3}$，$\phi_{i+1}(\Psi_{i+1})$ 为正连续函数。

将式（3.58）代入式（3.57），则有：

$$e_{i+1}\dot{e}_{i+1} = \frac{-e_{i+1}^2}{\tau_{i+1}} - e_{i+1}\dot{\alpha}_i \leq \frac{-e_{i+1}^2}{\tau_{i+1}} + |e_{i+1}| \Psi_{i+1} \leq \frac{-e_{i+1}^2}{\tau_{i+1}} + e_{i+1}^2 + \frac{\Psi_{i+1}^2}{4} \quad (3.59)$$

步骤 n：首先求得 z_n 的导数为：

$$\dot{z}_n = f_n\left(\bar{x}_n, \chi(t) - u(u)\right) + d_n(t) - \dot{w}_n \quad (3.60)$$

与 $n-1$ 步类似可得：

$$\dot{z}_n = g_{n\lambda_n}\left(\chi(t) - u(t) - \alpha_n^*\right) + d_n(t) \quad (3.61)$$

式中：$g_{n\lambda_n} = g_n(\bar{x}_n x_{n+1,\lambda_n})$，$x_{n+1,\lambda_n} = \lambda_n\left(\chi(t) - u(t)\right) + (1-\lambda_i)\alpha_n^*$。

本步选取如下障碍 Lyapunov 函数：

$$V_n = \frac{1}{2g_{n\lambda_n}}\ln\left(\frac{k_{bn}^2}{k_{bn}^2 - z_n^2}\right) + \frac{1}{2\gamma_n}\tilde{\delta}_n^2 + \frac{1}{2\beta_n}\tilde{\theta}_n^2 \quad (3.62)$$

式中：$k_{bn} = k_{cn} - \rho_n$，ρ_n 为 DSC 变量 w_n 的上界，$\tilde{\theta}_n = \theta_n - \hat{\theta}_n$，$\tilde{\delta}_n = \delta_n^* - \hat{\delta}_n$，$\gamma_n > 0$，$\beta_n > 0$ 为待设计参数。

求取式（3.62）的导数，进而可得：

$$\begin{aligned}
\dot{V}_n \leq{}& \frac{z_n z_{n+1}}{k_{bn}^2 - z_n^2} + \frac{z_n \alpha_n}{k_{bn}^2 - z_n^2} + \frac{z_n^2 \theta_n \xi_1^{\mathrm{T}} \xi_1}{(k_{bn}^2 - z_n^2)^2} + \left|\frac{z_1}{k_{b1}^2 - z_1^2}\right| \delta_1^* + \frac{a_n^2}{2} \\
&+ \mu_n(\Gamma_n) - \frac{1}{\gamma_n}\tilde{\delta}_n \dot{\hat{\delta}}_n - \frac{1}{\beta_n}\tilde{\theta}_n \dot{\hat{\theta}}_n
\end{aligned} \quad (3.63)$$

式中：$z_{n+1} = \chi(t) - u(t) - \alpha_n$，$\delta_n^* = \dfrac{d_{nM}}{g_{n0}} + \varepsilon_n^*$，$\theta_n = \dfrac{\|W_n\|^2}{2a_n^2}$，$a_n > 0$ 为待设计参数，$\mu_n(\Gamma_n)$ 为正定

的连续函数，该函数满足条件 $\left|\dfrac{\dot{g}_{n\lambda_n}}{2g_{n\lambda_n}^2}\ln\left(\dfrac{k_{bn}^2}{k_{bn}^2 - z_n^2}\right)\right| \leq \mu_n(\Gamma_n)$，$\Gamma_n = [\bar{z}_n, y_d, \dot{y}_d]^{\mathrm{T}} \in \mathbb{R}^{n+2}$。

本步设计虚拟控制器 α_n 和自适应律如下：

$$\alpha_n = -K_n z_n - \frac{z_n \hat{\theta}_n \xi_n^{\mathrm{T}} \xi_n}{k_{bn}^2 - z_n^2} - \hat{\delta}_n \tanh\left(\left(\frac{z_n}{k_{bn}^2 - z_n^2}\right)/\upsilon_n\right) - \frac{(k_{bn}^2 - z_n^2)z_{n-1}}{k_{b(n-1)}^2 - z_{n-1}^2} \quad (3.64)$$

$$\dot{\hat{\delta}}_n = \gamma_n \frac{z_n}{k_{bn}^2 - z_n^2}\tanh\left(\left(\frac{z_n}{k_{bn}^2 - z_n^2}\right)/\upsilon_n\right) - \sigma_n \gamma_n \hat{\delta}_n \quad (3.65)$$

$$\dot{\hat{\theta}}_n = \beta_n \frac{z_n^2 \xi_n^{\mathrm{T}} \xi_n}{k_{bn}^2 - z_n^2} - \sigma_n \beta_n \hat{\theta}_n \quad (3.66)$$

式中：$K_i > 0$，$\sigma_i > 0$，$\upsilon_i > 0$为待设计参数。

结合式（3.29）、式（3.33）、式（3.55）、式（3.59）和式（3.63），可以得到：

$$\dot{V}_n \leq -\frac{K_n z_n^2}{k_{bn}^2 - z_n^2} + \frac{z_n z_{n+1}}{k_{bn}^2 - z_n^2} + \frac{a_n^2}{2} - \sigma_n \left(\frac{\tilde{\delta}_n^2 + \tilde{\theta}_n^2}{2}\right) + \mu_n(\Gamma_n)$$
$$+ 0.2785 \delta_n^* \upsilon_n + \sigma_n \left(\frac{\delta_n^* + \theta_n^2}{2}\right) \tag{3.67}$$

步骤$n+1$：通过选取 Lyapunov 函数V_{n+1}为$V_{n+1} = 1/2\, z_{n+1}^2$，可以得到：

$$\dot{V}_{n+1} = z_{n+1} \left(\dot{\chi}(t) - \dot{u}(t) - \dot{\alpha}_n\right) \tag{3.68}$$

将式（3.5）和式（3.6）代入式（3.68），可以得到：

$$\dot{V}_{n+1} = z_{n+1} \left(-\lambda\chi(t) + (2\lambda + \kappa)u(t) - v - \dot{\alpha}_n\right) \tag{3.69}$$

通过将控制器设计为$v = -K_{n+1} z_{n+1} + \lambda\chi(t) - (2\lambda + \kappa)u(t) + \dot{\alpha}_n$，可以得到$\dot{V}_{n+1} = -K_{n+1} z_{n+1}^2$，式中，$K_{n+1} > 0$。

进一步，需要通过使用 Lyapunov 稳定性定理来分析系统半全局最终一致有界性，在控制器保证系统输出误差能收敛到 0 附近的邻域的基础上，系统状态不违反的限制条件。因此，选取如下总 Lyapunov 函数：

$$V = \sum_{i=1}^{n} V_i + V_{n+1} + \frac{1}{2}\sum_{i=2}^{n} e_i^2 \tag{3.70}$$

由于系统变换状态在区间$|z_i| < k_{bi}$满足：$\ln\left(\frac{k_{bi}^2}{k_{bi}^2 - z_i^2}\right) \leq \frac{z_i^2}{k_{bi}^2 - z_i^2}$，因此可得：

$$\dot{V} \leq -\sum_{i=1}^{n} \frac{K_i z_i^2}{k_{bi}^2 - z_i^2} + \sum_{i=2}^{n} \frac{e_i^2}{4} + \sum_{i=1}^{n} \frac{a_i^2}{2} + 0.2785\delta_i^* \upsilon_i + \sigma_i \frac{\delta_i^* + \theta_i^2}{2} + \mu_i \Gamma_i$$
$$- \sum_{i=1}^{n}\left(\sigma_i \frac{\tilde{\delta}_i^2 + \tilde{\theta}_i^2}{2}\right) + \sum_{i=2}^{n}\left(-\frac{e_{i+1}^2}{\tau_{i+1}} + e_{i+1}^2 + \frac{\phi_i(\Psi_i)^2}{4}\right)$$
$$= -\sum_{i=1}^{n} \frac{K_i z_i^2}{k_{bi}^2} - z_i^2 - \sum_{i=1}^{n}\sigma_i\left(\frac{\tilde{\delta}_i^2 + \tilde{\theta}_i^2}{2}\right) + \sum_{i=2}^{n}\left((\frac{5}{4} - \frac{1}{\tau_i})e_i^2\right) + \sum_{i=2}^{n}\frac{\phi_i \Psi_i^2}{4} \tag{3.71}$$
$$+ \sum_{i=1}^{n}\left(\frac{a_i^2}{2} + \mu_i\Gamma_i + 0.2785\delta_i^* \upsilon_i + \sigma_i \frac{\delta_i^* + \theta_i^2}{2}\right)$$

通过定义紧集$\Omega_i = \{[\bar{z}_i^{\mathrm{T}}, \bar{e}_i^{\mathrm{T}}, \bar{\tilde{\theta}}_i^{\mathrm{T}}, \bar{\tilde{\delta}}_i^{\mathrm{T}}]^{\mathrm{T}} : V_i \leq \varpi\} \subset \mathbb{R}^{4i-1}$，$i = 1, 2, \cdots, n$，并且将待定参数选取为$1/\tau_{i+1} = 5/4 + c_2$，$\eta = \min_{i=1,\cdots,n}\{c_1, c_2, \sigma_i\gamma_i, \sigma_i\beta_i, K_{n+1}\}$，那么对于任意正常数$c_1$及$c_2$，可以得到：

$$\dot{V} \leq -\eta V + D \tag{3.72}$$

由引理 2.2 可得，被控系统半全局一致最终有界。在此基础上，进一步讨论系统状态的约束问题。

将式（3.72）两侧同乘以 $e^{\eta t}$ 后积分可得：

$$V_t \leqslant \left(V(0) - \frac{D}{\eta}\right)e^{-\eta t} + \frac{D}{\eta} \tag{3.73}$$

由于 $V_i \leqslant V$，可得：

$$\frac{k_{bi}^2}{k_{bi}^2 - z_i^2} \leqslant e^{2\left(V(0) - \frac{D}{\eta}\right)e^{-\eta t} + 2\frac{D}{\eta}} \tag{3.74}$$

$$|z_i| \leqslant k_{bi}\sqrt{1 - e^{-2\left(V(0) - \frac{D}{\eta}\right)e^{-\eta t} - 2\frac{D}{\eta}}} \tag{3.75}$$

$$|\tilde{\theta}_i| \leqslant \sqrt{2\beta_i\left(V(0) - \frac{D}{\eta}\right)e^{-\eta t} + 2\beta_i\frac{D}{\eta}} \tag{3.76}$$

$$|\tilde{\delta}_i| \leqslant \sqrt{2\gamma_i\left(V(0) - \frac{D}{\eta}\right)e^{-\eta t} + 2\gamma_i\frac{D}{\eta}} \tag{3.77}$$

$$|x_i| \leqslant |z_i| + |w_i| \leqslant k_{bi} + \rho_i = k_{ci} \tag{3.78}$$

由式（3.73）~式（3.78）可知，系统的状态在预定范围内，系统状态满足限制条件。

3.3 仿真验证

本节选取的具有时延非线性系统的数值仿真模型如下：

$$\begin{cases} \dot{x}_1 = 0.2x_1 + 10x_2 \\ \dot{x}_2 = 0.6e^{-x_1^4 x_2^2} + (10 + 0.5e^{-x_2^2})u(t-\tau) + 0.4\sin(t-\tau) \\ y = x_1 \end{cases} \tag{3.79}$$

式中：时间延迟 τ 选取为 0.01s；期望参考信号为 $y_d = 1.5\sin t + \cos t$；系统状态变量 x_1 和 x_2 的限制条件为 $|x_1| \leqslant k_{c1} = 3.8$，$|x_2| \leqslant k_{c2} = 6$。

自适应控制器及参数自适应律设计如下：

$$\alpha_1 = -K_1 z_1 - \frac{z_1\hat{\theta}_1\xi_1^{\text{T}}(Z_1)\xi_1(Z_1)}{k_{b1}^2 - z_1^2} - \hat{\delta}_1\tanh\left(\left(\frac{z_1}{k_{b1}^2 - z_1^2}\right)/\upsilon_1\right) - \frac{z_1}{k_{b1}^2 - z_1^2} \tag{3.80}$$

$$\alpha_2 = -K_2 z_2 - \frac{z_2 \hat{\theta}_2 \xi_2^{\mathrm{T}}(Z_2) \xi_2(Z_2)}{k_{b2}^2 - z_2^2} - \hat{\delta}_2 \tanh\left(\left(\frac{z_2}{k_{b2}^2 - z_2^2}\right)/\upsilon_2\right) - \frac{z_1(k_{b2}^2 - z_2^2)}{k_{b1}^2 - z_1^2} \qquad (3.81)$$

$$v = -K_{n+1} z_{n+1} + \lambda \chi(t) - (2\lambda + \kappa) u(t) + \dot{\alpha}_n \qquad (3.82)$$

$$\dot{\hat{\delta}}_1 = \gamma_1 \frac{z_1}{k_{b1}^2 - z_1^2} \tanh\left(\left(\frac{z_1}{k_{b1}^2 - z_1^2}\right)/\upsilon_1\right) - \sigma_1 \gamma_1 \hat{\delta}_1 \qquad (3.83)$$

$$\dot{\hat{\theta}}_1 = \beta_1 \frac{z_1 \xi_1^{\mathrm{T}}(Z_1) \xi_1(Z_1)}{k_{b1}^2 - z_1^2} - \sigma_1 \beta_1 \hat{\theta}_1 \qquad (3.84)$$

$$\dot{\hat{\delta}}_2 = \gamma_2 \frac{z_2}{k_{b2}^2 - z_2^2} \tanh\left(\left(\frac{z_2}{k_{b2}^2 - z_2^2}\right)/\upsilon_2\right) - \sigma_2 \gamma_2 \hat{\delta}_2 \qquad (3.85)$$

$$\dot{\hat{\theta}}_2 = \beta_2 \frac{z_2 \xi_2^{\mathrm{T}}(Z_2) \xi_2(Z_2)}{k_{b2}^2 - z_2^2} - \sigma_2 \beta_2 \hat{\theta}_2 \qquad (3.86)$$

本节中设计控制器参数及自适应律参数如下：$K_1 = 5$，$\beta_1 = 10$，$\beta_2 = 10$，$\sigma_1 = 10$，$\sigma_2 = 8$，$\gamma_1 = 10$，$\gamma_2 = 10$，$\upsilon_1 = \upsilon_2 = 0.1$，$k_{b1} = 2$，$k_{b2} = 5$。

系统仿真结果如图 3.1～图 3.4 所示。图 3.1 为系统参考信号 y_d、输出信号 y 以及状态约束界值 k_{c1}、$-k_{c1}$。输出信号实现了对参考信号的跟踪，并且始终保持在预定约束界内。图 3.2 为系统状态 x_2 及其状态约束界值 k_{c2}、$-k_{c2}$。图 3.3 为转换变量 z_1 和 z_2 及其对应界值 k_{b1} 和 k_{b2}。系统各状态均为有界变量，且不超出限制界值范围。图 3.4 为各自适应参数的变化情况。由仿真图可知，在时延情况下，所设计控制器能使系统输出跟踪参考信号，系统所有状态也均为有界变量。

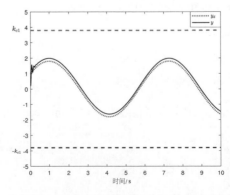

图 3.1　系统参考信号 y_d、输出信号 y 以及状态约束界值 k_{c1}、$-k_{c1}$

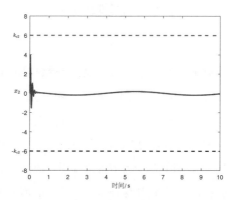

图 3.2　系统状态x_2及其界值k_{c2}、$-k_{c2}$

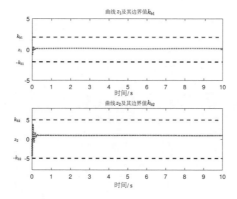

图 3.3　转换变量z_1、z_2及其对应界值k_{b1}、k_{b2}

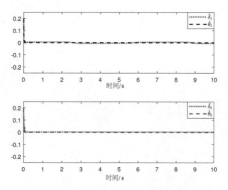

图 3.4　系统自适应律曲线

3.4　本章小结

本章研究了全状态约束下的纯反馈非线性系统跟踪控制问题，设计对数型障碍 Lyapunov 函数来处理全状态约束问题，利用模糊逻辑系统逼近控制器设计过程中的未知非线性函数，引入一阶滤波器降低计算复杂度，采用误差变换技术，开发了基于反步法的自适应模糊控制器，在不违反全状态约束的情况下保证了系统的稳定性。

然而，该控制策略只能保证时间趋于无穷时跟踪误差收敛，而实际工程往往期望跟踪误差能够在有限的时间内收敛。如何在保证全状态约束的前提下进一步提升系统的收敛速率，是第 4 章的主要研究内容。

第 4 章 全状态约束非线性系统有限时间控制方法

第 3 章研究了具有状态约束纯反馈非线性系统的控制问题，所设计的控制策略可同时满足系统的状态约束条件以及系统的稳定性，但该控制策略理论上在无穷远处才能使被控系统趋于稳定。为提升带有全状态约束非线性系统的收敛速率，在第 3 章研究内容的基础上，本章将进一步讨论带有全状态约束的非线性系统的有限时间控制问题。

4.1 全状态约束非线性系统描述及状态变换

本章所考虑的带有全状态约束的非线性系统模型如下：

$$\begin{cases} \dot{x}_1 = f_1(x_1, x_2) + d_1(t) \\ \quad\quad\quad \vdots \\ \dot{x}_i = f_i(\overline{x}_i, x_{i+1}) + d_i(t) \\ \quad\quad\quad \vdots \\ \dot{x}_n = f_n(\overline{x}_n, u(t)) + d_n(t) \\ y = x_1 \end{cases} \tag{4.1}$$

式中：$\overline{x}_i = [x_1, x_2, \cdots, x_i]^T \in \mathbb{R}^n$，$i = 1, 2, \cdots, n$，为系统状态向量；$y(t)$ 为系统输出；$y_d(t)$ 为系统有界参考信号；$f_i(\overline{x}_i)$ 为未知光滑函数；$u(t)$ 和 $d_i(t)$ 为定义在实数集上的系统输入和干扰信号。

假设 4.1 假设系统状态可测且系统干扰信号有界，即满足 $|d_i(t)| \le D_i$，D_i 为未知正常数。

本章所设计控制器的控制目标是系统输出在有限时间内跟踪参考信号 $y_d(t)$，同时系统状态变量在预定界内，即 $|x_i| \le k_{ci}$，k_{ci} 是预设正常数。

假设 4.2 对于式（4.1）中给出的纯反馈非线性系统，定义 g_i 为 $g_i = \partial f_i(\overline{x}_i, x_{i+1}) / \partial x_{i+1}$，不失一般性地，假设 $0 < g_{i0} < g_i < g_{i1}$，$i = 1, \cdots, n-1$，其中 g_{i0} 和 g_{i1} 是未知正常数。

定义跟踪误差如下：

$$z_1 = x_1 - y_d \tag{4.2}$$

为了保证跟踪误差z_1在有限时间内收敛到预设任意小的界内，进行如下坐标变换：

$$z_1 = \mu(t)\zeta(\kappa(t)) \tag{4.3}$$

式中：$\kappa(t)$为变换后的误差信号；$\mu(t)$为有限时间稳定函数；$\zeta(\kappa(t)) \in (-1,1)$为单调递增的光滑$k_\infty$函数且满足$\lim\limits_{\kappa(t)\to -\infty}\zeta(\kappa(t)) = -1$，$\lim\limits_{\kappa(t)\to +\infty}\zeta(\kappa(t)) = 1$。在本节中将$\zeta(\kappa(t))$选作$\dfrac{2}{\pi}\arctan(\kappa(t))$。

由定义 2.9 以及引理 2.4 可知，函数$\mu(t)$满足如下特征：

$$\mu(t) = \begin{cases} \mu_{T_0} + (\mu_0^\lambda - \lambda\tau t)^{\frac{1}{\lambda}}, t \in [t_0, T_0) \\ \mu_{T_0}, t \in [T_0, +\infty) \end{cases} \tag{4.4}$$

式中：$\mu_{T_0} > 0$，$\tau > 0$，$0 < \lambda < 1$为待设计参数。

由上式易得$\mu(0) = \mu_{T_0} + \mu_0$，$T_0 = \mu_0^\lambda / \lambda\tau$。

由于函数$\mu(t)$具备有限时间稳定特性，即$\lim\limits_{t\to T_0}\mu(t) = \mu_{T_0}$，则系统输出误差需满足$|z_1| \leq \mu_{T_0}$，$t \geq T_0$。

使用中值定理，系统式（4.1）可转换为如下形式：

$$\begin{cases} \dot{x}_1 = f_1(x_1, 0) + g_1 x_2 + d_1(t) \\ \quad\vdots \\ \dot{x}_i = f_i(\overline{x}_i, 0) + g_i x_{i+1} + d_i(t) \\ \quad\vdots \\ \dot{x}_n = f_n(\overline{x}_n, 0) + g_n u(t) + d_n(t) \\ y = x_1 \end{cases} \tag{4.5}$$

由式（4.3）可以得到z_1的导数为：

$$\dot{z}_1 = \dot{\mu}(t)\Psi(\kappa) + \mu(t)\frac{\partial\Psi(\kappa(t))}{\partial\kappa(t)}\dot{\kappa}(t) \tag{4.6}$$

通过变量替换$\Phi(t) = -\dfrac{\dot{\mu}(t)\Psi(\kappa(t))}{\mu(t)\partial\Psi(\kappa(t))/\partial\kappa(t)}$和$\varphi(t) = \dfrac{1}{\mu(t)\partial\Psi(\kappa(t))/\partial\kappa(t)}$，上式可变为：

$$\dot{\kappa}(t) = \Phi(t) + \varphi(t)\dot{z}_1 \tag{4.7}$$

由系统方程式（4.5）可得z_1的导数的另一种表达形式：

$$\dot{z}_1 = f_1(x_1,0) + g_1 x_2 + d_1(t) - \dot{y}_d \tag{4.8}$$

将式（4.6）和式（4.8）代入式（4.7）中，可得：

$$\dot{\kappa}(t) = \Phi(t) + \varphi(t)\big(f_1(x_1,0) + g_1 x_2 + d_1(t) - \dot{y}_d\big) \tag{4.9}$$

结合系统方程和式（4.9），得到如下变换后的系统方程：

$$\begin{cases} \dot{\kappa}(t) = \Phi(t) + \varphi(t)\big(f_1(x_1,0) + g_1 x_2 + d_1(t) - \dot{y}_d\big) \\ \dot{x}_i = f_i(\overline{x}_i,0) + g_i x_{i+1} + d_i(t) \\ \quad\quad\vdots \\ \dot{x}_n = f_n(\overline{x}_n,0) + g_n u(t) + d_n(t) \\ y = x_1 \end{cases} \tag{4.10}$$

4.2　自适应模糊有限时间控制器设计

本节利用反步法，设计自适应模糊控制器，总共包含 n 个步骤。具体步骤如下。

步骤 1：通过定义 Lyapunov 函数为 $V_{e1} = \dfrac{1}{2}\kappa(t)^2$，可得其导数为：

$$\dot{V}_{e1} = \kappa(t)\Phi(t) + \kappa(t)\varphi(t)\big(f_1(x_1,0) + g_1(z_2 + \alpha_1) + d_1(t) - \dot{y}_d\big) \tag{4.11}$$

式中：$z_2 = x_2 - \alpha_1$，α_1 为虚拟控制器。

由于 $f_1(x_1,0)$ 是未知光滑函数，可利用模糊逻辑系统进行逼近，进而得到：

$$f_1(x_1,0) = W_1^{\mathrm{T}} S_1(x_1) + \varepsilon_1 \tag{4.12}$$

将式（4.12）代入式（4.11）可得：

$$\dot{V}_{e1} = \kappa(t)\Phi(t) + \kappa(t)\varphi(t)\big(W_1^{\mathrm{T}} S_1(x_1) + \varepsilon_1 + g_1(z_2 + \alpha_1) + d_1(t) - \dot{y}_d\big) \tag{4.13}$$

通过使用引理 2.12，下列不等式成立：

$$\kappa(t)\varphi W_1^{\mathrm{T}} S_1(x_1) \leqslant \frac{g_{10}\kappa(t)^2 \varphi^2 \|W_1\|^2 S_1^{\mathrm{T}} S_1}{2a_1^2} + \frac{a_1^2}{2g_{10}} \tag{4.14}$$

$$-\kappa(t)\varphi \dot{y}_d \leqslant \frac{g_{10}\kappa(t)^2 \varphi^2 (\dot{y}_d)^2}{2} + \frac{1}{2g_{10}} \tag{4.15}$$

$$\kappa(t)\varphi g_1 z_2 \leqslant \frac{g_{20}\kappa(t)^2 \varphi^2 z_2^2}{2} + \frac{g_{11}^2}{2g_{20}} \tag{4.16}$$

$$\kappa(t)\Phi \leqslant \frac{g_{10}\kappa(t)^2\Phi^2}{2} + \frac{1}{2g_{10}} \tag{4.17}$$

$$\kappa(t)\varphi(\varepsilon_1 + d_1) \leqslant g_{10}\kappa(t)^2\varphi^2 + \frac{\varepsilon_1^2 + D_1^2}{2g_{10}} \tag{4.18}$$

定义 Lyapunov 函数为 $V_1 = V_{e1} + \frac{g_{10}}{2\beta_1}\tilde{\theta}_1^2$ 并结合上述不等式可得：

$$\begin{aligned}
\dot{V}_1 &= \kappa(t)\Phi(t) + \kappa(t)\varphi(t)\left(W_1^{\mathrm{T}}S_1(Z_1) + \varepsilon_1 + g_1(z_2 + \alpha_1) + d_1(t) - \dot{y}_d\right) - \frac{g_{10}}{\beta_1}\tilde{\theta}_1\dot{\hat{\theta}}_1 \\
&\leqslant \kappa(t)\varphi(t)g_1\alpha_1 + \frac{g_{10}\kappa(t)^2\varphi^2\|W_1\|^2 S_1^{\mathrm{T}}S_1}{2a_1^2} + \frac{g_{10}\kappa(t)^2\varphi^2(\dot{y}_d)^2}{2} + \frac{g_{10}\kappa(t)^2\Phi^2}{2} \\
&\quad + g_{10}\kappa(t)^2\varphi^2 + \frac{g_{20}\kappa(t)^2\varphi^2 z_2^2}{2} + \frac{g_{11}^2}{2g_{20}} + \frac{1}{g_{10}} + \frac{a_1^2}{2g_{10}} + \frac{\varepsilon_1^2 + D_1^2}{2g_{10}} - \frac{g_{10}}{\beta_1}\tilde{\theta}_1\dot{\hat{\theta}}_1
\end{aligned} \tag{4.19}$$

本步中的虚拟控制器 α_1 和自适应律 $\hat{\theta}_1$ 可设计为：

$$\alpha_1 = -\frac{K_1\kappa(t)}{\varphi} - \frac{\hat{\theta}_1\kappa(t)\varphi S_1^{\mathrm{T}}S_1}{2a_1^2} - \frac{\kappa(t)\varphi\phi_1}{2} - \kappa(t)\varphi - \frac{\kappa(t)\Phi^2}{2\varphi} \tag{4.20}$$

$$\dot{\hat{\theta}}_1 = \frac{\beta_1\kappa(t)^2\varphi^2 S_1^{\mathrm{T}}S_1}{2a_1^2} - \beta_1\sigma_1\hat{\theta}_1 \tag{4.21}$$

式中：$\phi_1 = (\dot{y}_d)^2$，β_1，a_1，K_1，σ_1 为待设计正参数。

将虚拟控制器和自适应律代入式（4.19）中，则有：

$$\begin{aligned}
\dot{V}_1 &\leqslant \kappa(t)\varphi g_1\left(-\frac{K_1\kappa(t)}{\varphi} - \frac{\hat{\theta}_1\kappa(t)\varphi S_1^{\mathrm{T}}S_1}{2a_1^2} - \frac{\kappa(t)\varphi\phi_1}{2} - \kappa(t)\varphi - \frac{\kappa(t)\Phi^2}{2\varphi}\right) \\
&\quad + \frac{1}{2}\left(g_{10}\kappa(t)^2\varphi^2(\dot{y}_d)^2 + g_{20}\kappa(t)^2\varphi^2 z_2^2 + g_{10}\kappa(t)^2\Phi^2\right) \\
&\quad + g_{10}\kappa(t)^2\varphi^2 + \frac{a_1^2 + \varepsilon_1^2 + D_1^2 + 2}{2g_{10}} + \frac{g_{10}\kappa(t)^2\varphi^2\|W_1\|^2 S_1^{\mathrm{T}}S_1}{2a_1^2} \\
&\quad - \frac{g_{10}}{\beta_1}\tilde{\theta}_1\left(\frac{\beta_1\kappa(t)^2\varphi^2 S_1^{\mathrm{T}}S_1}{2a_1^2} - \beta_1\sigma_1\hat{\theta}_1\right) + \frac{g_{11}^2}{2g_{20}} \\
&\leqslant -K_1 g_{10}\kappa(t)^2 + \frac{g_{20}\kappa(t)^2\varphi^2 z_2^2}{2} - g_{10}\sigma_1\frac{\tilde{\theta}_1^2}{2} + \Gamma_1
\end{aligned} \tag{4.22}$$

式中，$\Gamma_1 = \frac{g_{11}^2}{2g_{20}} + \frac{1}{g_{10}} + \frac{a_1^2}{2g_{10}} + \frac{\varepsilon_1^2 + D_1^2}{2g_{10}} + g_{10}\sigma_1\frac{\theta_1^{*2}}{2}$。

步骤 i：由系统方程式（4.5）可得：

$$\dot{z}_i = f_i(\bar{x}_i, 0) + g_i x_{i+1} - \dot{\alpha}_{i-1} + d_i(t) \tag{4.23}$$

式中：$z_i = x_i - \alpha_{i-1}$。

选取积分型障碍 Lyapunov 函数如下：

$$V_{zi} = \int_0^{z_i} \frac{\sigma k_{ci}^2}{k_{ci}^2 - (\sigma + \alpha_{i-1})^2} \mathrm{d}\sigma \qquad (4.24)$$

本节选取同文献 [180] 类似的积分型障碍 Lyapunov 函数，该函数与常规 BLF 仅是误差构成不同，其同时包含系统初始状态约束和误差项，可直接用来设计带有状态约束的控制器，正定 IBLF 中的 $|\alpha_{i-1}|$ 是满足条件 $|\alpha_{i-1}| \le A_{i-1} < k_{ci}$ 的正定可微函数。

将式（4.23）代入 $\dot{V}_{zi}$ 中可得：

$$\begin{aligned}
\dot{V}_{zi} &= \frac{\partial V_{zi}}{\partial z_i} \dot{z}_i + \frac{\partial V_{zi}}{\partial \alpha_{i-1}} \dot{\alpha}_{i-1} \\
&= \frac{k_{ci}^2 z_i}{k_{ci}^2 - x_i^2} \left(f_i(\overline{x}_i, 0) + g_i x_{i+1} - \dot{\alpha}_{i-1} + d_i(t) \right) + \frac{\partial V_{zi}}{\partial \alpha_{i-1}} \dot{\alpha}_{i-1} \\
&= k_{zi} \left(W_i^{\mathrm{T}} S_i(\overline{x}_i) + \varepsilon_i + g_i(z_{i+1} + \alpha_i) - \dot{\alpha}_{i-1} + d_i(t) \right) + \frac{\partial V_{zi}}{\partial \alpha_{i-1}} \dot{\alpha}_{i-1}
\end{aligned} \qquad (4.25)$$

式中：$k_{zi} = \dfrac{k_{ci}^2 z_i}{k_{ci}^2 - x_i^2}$，$z_{i+1} = x_{i+1} - \alpha_i$，$\alpha_i$ 为虚拟控制器。

式（4.25）采用了与步骤 1 中同样的方法来逼近函数 $f_i(\overline{x}_i, 0) = W_i^{\mathrm{T}} S_i(\overline{x}_i) + \varepsilon_i$。

式（4.25）中的最后一项可写作：

$$\begin{aligned}
\frac{\partial V_{zi}}{\partial \alpha_{i-1}} \dot{\alpha}_{i-1} &= \dot{\alpha}_{i-1} z_i \left(\frac{k_{ci}^2}{k_{ci}^2 - x_i^2} - \int_0^1 \frac{k_{ci}^2}{k_{ci}^2 - (\tau z_i + \alpha_{i-1})^2} \mathrm{d}\tau \right) \\
&= \dot{\alpha}_{i-1} z_i \left(\frac{k_{ci}^2}{k_{ci}^2 - x_i^2} - \frac{k_{ci}}{2z_i} \ln \frac{(k_{ci} + z_i + \alpha_{i-1})(k_{ci} - \alpha_{i-1})}{(k_{ci} - z_i - \alpha_{i-1})(k_{ci} + \alpha_{i-1})} \right) \\
&= \frac{k_{ci}^2 \dot{\alpha}_{i-1} z_i}{k_{ci}^2 - x_i^2} - \dot{\alpha}_{i-1} z_i \rho_{i-1}
\end{aligned} \qquad (4.26)$$

式中：$\rho_{i-1} = \dfrac{k_{ci}}{2z_i} \ln \dfrac{(k_{ci} + z_i + \alpha_{i-1})(k_{ci} - \alpha_{i-1})}{(k_{ci} - z_i - \alpha_{i-1})(k_{ci} + \alpha_{i-1})}$。

将式（4.25）、式（4.26）代入式（4.24）中，得到：

$$\dot{V}_{zi} = k_{zi} \left(W_i^{\mathrm{T}} S_i(\overline{x}_i) + \varepsilon_i + g_i(z_{i+1} + \alpha_i) + d_i(t) \right) - \dot{\alpha}_{i-1} z_i \rho_{i-1} \qquad (4.27)$$

式中：$\dot{\alpha}_{i-1} = \displaystyle\sum_{j=1}^{i-1} \frac{\partial \alpha_{i-1}}{\partial x_j} \left(W_j^{*\mathrm{T}} S_j(\overline{x}_j) + \varepsilon_j + g_j x_{j+1} + d_j \right) + \sum_{j=0}^{i-1} \frac{\partial \alpha_{i-1}}{\partial y_{\mathrm{d}}^{(j)}} y_{\mathrm{d}}^{(j+1)} + \sum_{j=0}^{i-1} \frac{\partial \alpha_{i-1}}{\partial \mu^{(j)}} \mu^{(j+1)} + \sum_{j=1}^{i-1} \frac{\partial \alpha_{i-1}}{\partial \hat{\theta}_j} \dot{\hat{\theta}}_j$

通过定义 $\theta_i^* = \max\left\{\|W_1\|^2, \|W_2\|^2, \cdots, \|W_i\|^2\right\}$，并使用引理 2.12，可得到以下不等式成立：

$$k_{zi}W_i^{\mathrm{T}}S_i(\bar{x}_i) \leqslant \frac{g_{i0}k_{zi}^2\theta_i^*S_i^{\mathrm{T}}S_i}{2a_i^2} + \frac{a_i^2}{2g_{i0}} \tag{4.28}$$

$$k_{zi}g_iz_{i+1} \leqslant \frac{g_{(i+1)0}k_{zi}^2z_{i+1}^2}{2} + \frac{g_{i1}^2}{2g_{(i+1)0}} \tag{4.29}$$

$$k_{zi}(\varepsilon_i + d_i) \leqslant g_{i0}k_{zi}^2 + \frac{\varepsilon_i^{*2} + D_i^2}{2g_{i0}} \tag{4.30}$$

$$-z_i\rho_{i-1}\sum_{j=1}^{i-1}\frac{\partial\alpha_{i-1}}{\partial x_j}g_jx_{j+1} \leqslant \frac{g_{i0}z_i^2\rho_{i-1}^2}{2}\sum_{j=1}^{i-1}\left\|\frac{\partial\alpha_{i-1}}{\partial x_j}x_{j+1}\right\|^2 + \frac{1}{2g_{i0}}\sum_{j=1}^{i-1}g_{j1}^2 \tag{4.31}$$

$$-z_i\rho_{i-1}\sum_{j=1}^{i-1}\frac{\partial\alpha_{i-1}}{\partial x_j}(\varepsilon_j + d_j) \leqslant g_{i0}z_i^2\rho_{i-1}^2\sum_{j=1}^{i-1}\left(\frac{\partial\alpha_{i-1}}{\partial x_j}\right)^2 + \frac{\sum_{j=1}^{i-1}(\varepsilon_j^{*2} + D_j^2)}{2g_{i0}} \tag{4.32}$$

$$-z_i\rho_{i-1}\sum_{j=1}^{i-1}\frac{\partial\alpha_{i-1}}{\partial y_{\mathrm{d}}^{(j)}}y_{\mathrm{d}}^{(j+1)} \leqslant \frac{g_{i0}z_i^2\rho_{i-1}^2}{2}\sum_{j=1}^{i-1}\left\|\frac{\partial\alpha_{i-1}}{\partial y_{\mathrm{d}}^{(j)}}y_{\mathrm{d}}^{(j+1)}\right\|^2 + \frac{i}{g_{i0}} \tag{4.33}$$

$$-z_i\rho_{i-1}\sum_{j=1}^{i-1}\frac{\partial\alpha_{i-1}}{\partial\mu^{(j)}}\mu^{(j+1)} \leqslant \frac{g_{i0}z_i^2\rho_{i-1}^2}{2}\sum_{j=1}^{i-1}\left\|\frac{\partial\alpha_{i-1}}{\partial\mu^{(j)}}\mu^{(j+1)}\right\|^2 + \frac{i}{2g_{i0}} - z_i\rho_{i-1}\sum_{j=1}^{i-1}\frac{\partial\alpha_{i-1}}{\partial\hat{\theta}_j}\dot{\hat{\theta}}_j$$
$$\leqslant \frac{g_{i0}z_i^2\rho_{i-1}^2}{2}\sum_{j=1}^{i-1}\left\|\frac{\partial\alpha_{i-1}}{\partial\hat{\theta}_j}\dot{\hat{\theta}}_j\right\|^2 + \frac{i-1}{2g_{i0}} \tag{4.34}$$

通过选取 Lyapunov 函数为 $V_i = V_{i-1} + V_{zi} + \frac{g_{i0}}{2\beta_i}\tilde{\theta}_i^2$，并对 Lyapunov 函数进行求导，可以得到：

$$\dot{V}_i = \dot{V}_{i-1} + k_{zi}\left(W_i^{\mathrm{T}}S_i(\bar{x}_i) + \varepsilon_i + g_i(z_{i+1} + \alpha_i) + d_i(t)\right)$$
$$-\dot{\alpha}_{i-1}z_i\rho_{i-1} - \frac{g_{i0}}{\beta_i}\tilde{\theta}_i\dot{\hat{\theta}}_i \tag{4.35}$$

为使 Lyapunov 函数可导，可将虚拟控制器 α_i 设计如下：

$$\alpha_i = -K_iz_i - \frac{k_{z(i-1)}^2z_i}{2}\left(\frac{k_{ci}^2 - x_i^2}{k_{ci}^2}\right) - \phi_i - \frac{\hat{\theta}_iH_i}{2a_i^2} \tag{4.36}$$

式中：ϕ_i 和 H_i 的表达式如下：

$$
\phi_i = k_{zi} + \frac{z_i \rho_{i-1}^2}{2} \sum_{j=1}^{i-1} \left\| \frac{\partial \alpha_{i-1}}{\partial x_j} x_{j+1} \right\|^2 \left(\frac{k_{ci}^2 - x_i^2}{k_{ci}^2} \right) + z_i \rho_{i-1}^2 \sum_{j=1}^{i-1} \left(\frac{\partial \alpha_{i-1}}{\partial x_j} \right)^2
$$

$$
\times \left(\frac{k_{ci}^2 - x_i^2}{k_{ci}^2} \right) + \frac{z_i \rho_{i-1}^2}{2} \sum_{j=1}^{i-1} \left\| \frac{\partial \alpha_{i-1}}{\partial y_{\mathrm{d}}^{(j)}} y_{\mathrm{d}}^{(j+1)} \right\|^2 \left(\frac{k_{ci}^2 - x_i^2}{k_{ci}^2} \right) + \frac{z_i \rho_{i-1}^2}{2} \tag{4.37}
$$

$$
\times \sum_{j=1}^{i-1} \left\| \frac{\partial \alpha_{i-1}}{\partial \mu^{(j)}} \mu^{(j+1)} \right\|^2 \left(\frac{k_{ci}^2 - x_i^2}{k_{ci}^2} \right) + \frac{z_i \rho_{i-1}^2}{2} \sum_{j=1}^{i-1} \left\| \frac{\partial \alpha_{i-1}}{\partial \hat{\theta}_j} \dot{\hat{\theta}}_j \right\| \left(\frac{k_{ci}^2 - x_i^2}{k_{ci}^2} \right)
$$

$$
H_i = z_i \rho_{i-1}^2 \sum_{j=1}^{i-1} \left\| \frac{\partial \alpha_{i-1}}{\partial x_j} S_j(\overline{x}_j) \right\|^2 \left(\frac{k_{ci}^2 - x_i^2}{k_{ci}^2} \right) + k_{zi} S_i^{\mathrm{T}} S_i \tag{4.38}
$$

由于 ϕ_i 是由系统状态 x_i、前 $i-1$ 步中的虚拟控制器 α_{i-1}、参考信号 y_{d} 和自适应律 θ_i 构成的，因此 ϕ_i 可在控制器设计过程中使用。

由式（4.35）、式（4.36）可得自适应律 $\hat{\theta}_i$ 如下：

$$
\dot{\hat{\theta}}_i = \frac{\beta_i k_{zi} H_i}{2 a_i^2} - \beta_i \sigma_i \hat{\theta}_i \tag{4.39}
$$

式中：a_i，β_i，σ_i 为待设计正参数。

将式（4.28）、式（4.34）、式（4.36）、式（4.39）代入式（4.35）中，可得：

$$
\begin{aligned}
\dot{V}_i \leq{}& \dot{V}_{i-1} + \frac{g_{(i+1)0} k_{zi}^2 z_{i+1}^2}{2} + \frac{g_{i0} \theta_i^* H_i k_{zi}}{2 a_i^2} + g_{i0} k_{zi} \phi_i + k_{zi} g_{i0} \alpha_i + \frac{a_i^2}{2 g_{i0}} \\
&+ \frac{1}{2 g_{i0}} \sum_{j=1}^{i-1} g_{j1}^2 + \frac{4i-1}{2 g_{i0}} - g_{i0} \tilde{\theta}_i \left(\frac{k_{zi} H_i}{2 a_i^2} - \sigma_i \hat{\theta}_i \right) + \frac{g_{i1}^2}{2 g_{(i+1)0}} \\
&+ \frac{1}{2 g_{i0}} \sum_{j=1}^{i-1} (\varepsilon_j^{*2} + D_j^2) \\
\leq{}& \dot{V}_{i-1} + \frac{g_{(i+1)0} k_{zi}^2 z_{i+1}^2}{2} - K_i k_{zi} z_i g_{i0} - \frac{g_{i0} k_{z(i-1)}^2 z_i^2}{2} - g_{i0} \sigma_i \frac{\tilde{\theta}_i^2}{2} + \Gamma_i
\end{aligned} \tag{4.40}
$$

式中：$\Gamma_i = \dfrac{g_{i1}^2}{2 g_{(i+1)0}} + \dfrac{a_i^2}{2 g_{i0}} + \dfrac{1}{2 g_{i0}} \displaystyle\sum_{j=1}^{i-1} (\varepsilon_j^{*2} + D_j^2) + \dfrac{4i-1}{2 g_{i0}} + \dfrac{1}{2 g_{i0}} \displaystyle\sum_{j=1}^{i-1} g_{j1}^2 + g_{i0} \sigma_i \dfrac{\theta_i^{*2}}{2}$。

假设在第 $i-1$ 步中如下不等式成立：

$$
\dot{V}_{i-1} \leq \frac{g_{i0} k_{z(i-1)}^2 z_i^2}{2} - K_1 g_{10} e(t)^2 - \sum_{j=2}^{i-1} K_j k_{zj} z_j g_{j0} - \sum_{j=1}^{i-1} g_{j0} \sigma_j \frac{\tilde{\theta}_j^2}{2} + \sum_{j=1}^{i-1} \Gamma_j \tag{4.41}
$$

最后，将式（4.41）代入式（4.40）中，可以得到：

$$\dot{V}_i \leqslant \frac{g_{(i+1)0}k_{zi}^2 z_{i+1}^2}{2} - K_1 g_{10}\kappa(t)^2 - \sum_{j=2}^{i} K_j k_{zj} z_j g_{j0} - \sum_{j=1}^{i} g_{j0}\sigma_j \frac{\tilde{\theta}_j^2}{2} + \sum_{j=1}^{i} \Gamma_j \qquad (4.42)$$

步骤 n：由系统方程可得：

$$\dot{z}_n = f_n(\overline{x}_n, 0) + g_n u - \dot{\alpha}_{n-1} + d_n(t) \qquad (4.43)$$

式中：$z_n = x_n - \alpha_{n-1}$，α_{n-1} 为上一步中的虚拟控制器。

本步骤中同样使用模糊逻辑系统来逼近未知函数 $f_n(\overline{x}_n, 0) = W_n^{\mathrm{T}} S_n(\overline{x}_n) + \varepsilon_n$，$\varepsilon_n$ 满足 $|\varepsilon_n| \leqslant \varepsilon_n^*$。

选取障碍 Lyapunov 函数如下：

$$V_n = V_{n-1} + \int_0^{z_n} \frac{\sigma k_{cn}^2}{k_{cn}^2 - (\sigma + \alpha_{n-1})^2}\mathrm{d}\sigma + \frac{g_{n0}}{\beta_n}\tilde{\theta}_n^2 \qquad (4.44)$$

式中：β_n 为待设计正参数。

由于 $\partial f(\overline{x}_n, u)/\partial u$ 符号未知，因此产生了未知控制方向的问题。为了解决此问题，采用适当放松假设 3.1 条件限制，即：$0 < g_{n0} < |g_n| < g_{n1}$。由引理 2.16，可将系统控制输入 u 设计如下：

$$\begin{aligned} u &= N(\zeta)\left(K_n z_n + \frac{k_{z(n-1)}^2 z_n}{2}\left(\frac{k_{cn}^2 - x_n^2}{k_{cn}^2}\right) + \phi_n + \frac{\hat{\theta}_n H_n}{2a_n^2} \right)\dot{\zeta} \\ &= K_n k_{zn} z_n + \frac{k_{z(n-1)}^2 k_{zn} z_n}{2} + \frac{k_{zn}\hat{\theta}_n H_n}{2a_n^2} + k_{zn}\phi_n \end{aligned} \qquad (4.45)$$

式中：$N(\zeta)$ 为 Nussbaum 类函数。

ϕ_n 和 H_n 的表达式具体如下：

$$\begin{aligned} \phi_n &= k_{zn} + \frac{z_n\rho_{n-1}^2}{2}\sum_{j=1}^{n-1}\left\|\frac{\partial\alpha_{n-1}}{\partial x_j}x_{j+1}\right\|^2\left(\frac{k_{cn}^2 - x_n^2}{k_{cn}^2}\right) + z_n\rho_{n-1}^2\sum_{j=1}^{n-1}\left(\frac{\partial\alpha_{n-1}}{\partial x_j}\right)^2\left(\frac{k_{cn}^2 - x_n^2}{k_{cn}^2}\right) \\ &\quad + \frac{z_n\rho_{n-1}^2}{2}\sum_{j=1}^{n-1}\left\|\frac{\partial\alpha_{n-1}}{\partial y_d^{(j)}}y_d^{(j+1)}\right\|^2\left(\frac{k_{cn}^2 - x_n^2}{k_{cn}^2}\right) + \frac{z_n\rho_{n-1}^2}{2}\sum_{j=1}^{n-1}\left\|\frac{\partial\alpha_{n-1}}{\partial\mu^{(j)}}\mu^{(j+1)}\right\|^2 \\ &\quad \times\left(\frac{k_{cn}^2 - x_n^2}{k_{cn}^2}\right) + \frac{z_n\rho_{n-1}^2}{2}\sum_{j=1}^{n-1}\left\|\frac{\partial\alpha_{n-1}}{\partial\hat{\theta}_j}\dot{\hat{\theta}}_j\right\|^2\left(\frac{k_{cn}^2 - x_n^2}{k_{cn}^2}\right) \end{aligned} \qquad (4.46)$$

$$H_n = z_n\rho_{n-1}^2\sum_{j=1}^{n-1}\left\|\frac{\partial\alpha_{n-1}}{\partial x_j}S_j(\overline{x}_j)\right\|^2\left(\frac{k_{cn}^2 - x_n^2}{k_{cn}^2}\right) + k_{zn}S_n^{\mathrm{T}}S_n \qquad (4.47)$$

式中：$\rho_{n-1} = \dfrac{k_{cn}}{2z_n} \ln \dfrac{(k_{cn} + z_n + \alpha_{n-1})(k_{cn} - \alpha_{n-1})}{(k_{cn} - z_n - \alpha_{n-1})(k_{cn} + \alpha_{n-1})}$，$k_{zn} = \dfrac{k_{cn}^2 z_n}{k_{cn}^2 - x_n^2}$。

控制律 $\hat{\theta}_n$ 设计如下：

$$\dot{\hat{\theta}}_n = \frac{\beta_n k_{zn} H_n}{2a_n^2} - \beta_n \sigma_n \hat{\theta}_n \tag{4.48}$$

进一步，将所设计控制器和自适应律代入 Lyapunov 函数中求导数，可得：

$$\begin{aligned}
\dot{V}_n \leqslant &-K_1 g_{10} \kappa(t)^2 - \sum_{j=2}^{n-1} K_j g_{j0} V_{zj} + (N(\zeta) g_n + 1)\dot{\zeta} - K_n V_{zn} \\
&- \sum_{j=1}^{n-1} g_{j0} \sigma_j \frac{\tilde{\theta}_j^2}{2} - \sigma_n \frac{\tilde{\theta}_n^2}{2} + \sum_{j=1}^{n} \Gamma_j
\end{aligned} \tag{4.49}$$

式中：$\Gamma_n = \dfrac{a_n^2}{2g_{n0}} + \dfrac{1}{2g_{n0}} \sum_{j=1}^{i-1} (\varepsilon_j^{*2} + D_j^2) + \dfrac{1}{2g_{n0}} \sum_{j=1}^{n-1} g_{j1}^2 + \dfrac{4n-1}{2g_{n0}} + g_{n0} \sigma_n \dfrac{\theta_n^{*2}}{2}$。

由于区间 $|(\sigma + \alpha_{i-1})| < k_{ci}$ 内不等式 $\displaystyle\int_0^{z_i} \dfrac{\sigma k_{ci}^2}{k_{ci}^2 - (\sigma + \alpha_{i-1})^2} \mathrm{d}\sigma \leqslant \dfrac{k_{ci}^2 z_i^2}{k_{ci}^2 - x_i^2}$，$i = 2, \cdots, n$，成立。选

取 $\eta = \min\{2K_1 g_{10}, K_{i+1} g_{(i+1)0}, \sigma_j \beta_j, \frac{1}{2} \sigma_n \beta_n K_n, i = 1, \cdots, n-2, j = 1, \cdots, n-1\}$，$\rho = \displaystyle\sum_{j=1}^{n} \Gamma_j$，式（4.49）

可写作：

$$\dot{V}_n \leqslant (N(\zeta) g_n + 1)\dot{\zeta} - \eta V_n + \rho \tag{4.50}$$

将式（4.50）两侧同时求积分，可得：

$$V_n(t) \leqslant V_n(0) + \int_0^t \mathrm{e}^{\eta(\tau - t)} (N(\zeta) g_n + 1)\dot{\zeta} \mathrm{d}\tau + \frac{\rho}{\eta} \tag{4.51}$$

若取系统状态的初值 $|x_i(0)| < k_{ci}, |\alpha_{i-1}| < k_{ci}, i = 2, \cdots, n$，则 V_0 是有界的。由引理 2.19 及

式（4.51）可得 $V_n(t)$ 和 $\zeta(t)$ 有界，进一步可得 $V_n(t)$ 是有界的：$\forall t > 0, |x_i| < k_{ci}, i = 2, \cdots, n$。由

此，被控系统所有状态的半全局是一致有界的。通过选取合适的 $\mu(t)$ 参数，确保满足条件

$A_0 + \mu(0) < k_{c1}$，即 $\forall t > 0, |x_1| < k_{c1}$。在上述条件下，系统输出误差 z 可在有限时间 T_0 内收敛到

预定界 μ_{T_0} 内，同时整个系统状态满足限制条件。

4.3 仿真验证

4.3.1 数值仿真验证

数值仿真例子如下：

$$\begin{cases} \dot{x}_1 = 0.1x_1 + x_2 + d_1(t) \\ \dot{x}_2 = 0.1x_1x_2 - 0.2x_1 + (1+x_1^2)u(t) + d_2(t) \\ y = x_1 \end{cases} \quad (4.52)$$

式中：x_1 和 x_2 为系统状态变量；系统外部干扰为 $d_1(t) = 0.5\cos t$ 和 $d_2 = 0.5\cos(10t)$；参考跟踪信号为 $y_d = 2\cos t$；系统状态约束为 $|x_1| < 3.2$，$|x_2| < 8$。

由于系统是二阶的，因此 $0 < \lambda < 1/2$，参数 λ 选取为 $\lambda = 0.3$。为了确保 $\mu(0) + A_0 < k_{c1}$，$\mu(t)$ 的参数选定为 $\tau = 1$，$\mu_0 = 1$，$\mu_{T_0} = 0.05$。由此可得 $T_0 = \mu_0^\lambda / (\lambda\tau) = 3.33\mathrm{s}$，$\mu(0) + A_0 = 3.05 < k_{c1}$，即在控制器作用下，$\forall t > 3.33\mathrm{s}$，系统误差 $z_1 \leqslant 0.05$。具体控制器 α_1、u、$\dot{\hat{\theta}}_1$、$\dot{\hat{\theta}}_2$ 分别设计如下：

$$\alpha_1 = -\frac{K_1\kappa(t)}{\varphi} - \frac{\hat{\theta}_1\kappa(t)\varphi S_1(x_1)^{\mathrm{T}} S_1(x_1)}{2a_1^2} - \frac{\kappa(t)\varphi(\dot{y}_d)^2}{2} - \kappa(t)\varphi - \frac{\kappa(t)\Phi^2}{2\varphi} \quad (4.53)$$

$$u = -K_2 z_2 - \frac{\kappa(t)^2\varphi^2 z_2}{2}\left(\frac{k_{c2}^2 - x_2^2}{k_{c2}^2}\right) - \phi_2 - \frac{\hat{\theta}_2 H_2}{2a_2^2} \quad (4.54)$$

$$\dot{\hat{\theta}}_1 = \frac{\beta_1\kappa(t)^2\varphi^2 S_1(x_1)^{\mathrm{T}} S_1(x_1)}{2a_1^2} - \beta_1\sigma_1\hat{\theta}_1 \quad (4.55)$$

$$\dot{\hat{\theta}}_2 = \frac{\beta_2 k_{z_2} H_2}{2a_2^2} - \beta_2\sigma_2\hat{\theta}_2 \quad (4.56)$$

式中：ϕ_2 和 H_2 控制器参数选择为 $K_1 = 6.4$，$K_2 = 3.2$，$\beta_1 = \beta_2 = 5$，$\sigma_1 = \sigma_2 = 5$；系统初始参数选择为 $x_1(0) = 2.5$，$x_2(0) = 0.1$，$\hat{\theta}_1 = \hat{\theta}_2 = 0.2$。

数值仿真结果如图 4.1 ~ 图 4.2 所示。图 4.1 为系统输出误差 z_1 和其预定界值。图 4.2 上半部分是系统状态变量（实线）x_1 及其约束界值（虚线）k_{c1}，下半部分是系统状态变量（实线）x_2 和其约束界值（虚线）k_{c2}。仿真图像显示，系统输出跟踪误差可在 2s 内收敛到 0 附近的邻域内，系统状态及转换后的系统状态能保持在预定的限制界内，满足了状态约束的要求。

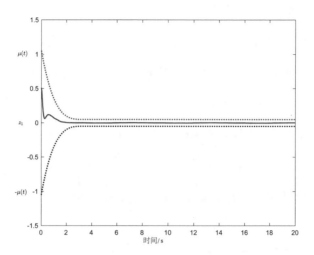

图 4.1 系统输出误差 z_1 和其预定界值

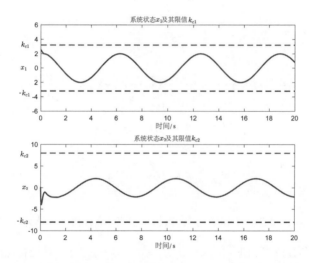

图 4.2 系统状态变量 x_1、x_2 和其约束界值 k_{c1}、k_{c2}

4.3.2 倒立摆模型仿真验证

本小节使用倒立摆模型进行仿真，倒立摆模型如图 4.3 所示，模型方程如下：

$$\begin{cases} \dot{x}_1 = x_2 + d_1(t) \\ \dot{x}_2 = \dfrac{g\sin x_1 - \dfrac{mlx_2^2\cos x_1 \sin x_1}{m+m_c}}{l\left(\dfrac{4}{3} - \dfrac{m\cos^2 x_1}{m+m_c}\right)} + \dfrac{\dfrac{\cos x_1}{m+m_c}}{l\left(\dfrac{4}{3} - \dfrac{m\cos^2 x_1}{m+m_c}\right)}u + d_2(t) \\ y = x_1 \end{cases} \tag{4.57}$$

式中：x_1为倒立摆角度；x_2为倒立摆角加速度。

倒立摆系统相关参数如下：重力加速度为$g=9.8\ \mathrm{m/s^2}$，质点质量为$m_c=1\ \mathrm{kg}$，杆的

质量为$m=0.1\ \mathrm{kg}$，杆的长度为$l=0.5\ \mathrm{m}$，期望参考信号为$y_d=\sin t$。外部干扰信号为

$d_1(t)=0.05\cos t$和$d_2(t)=0.05\cos(10t)$。

系统状态x_1和x_2的约束条件分别为$|x_1|<1.2$，$|x_2|<3.5$。系统的阶数为2，为了避免所

设计控制器的奇异性，选取$\lambda=0.3$，$\mu(t)$的参数选取为$\mu_{T_0}=0.01$，$\mu_0=1$，$\tau=1$以确保

$\mu(0)+A_0<k_{c1}$。由此可得：$T_0=\mu_0^\lambda/(\lambda\tau)=3.33\mathrm{s}$，$\mu_0+A_0=3.01<k_{c1}$。系统控制器与自适应

律设计如下：

$$\alpha_1=-\frac{K_1\kappa(t)}{\varphi}-\frac{\hat{\theta}_1\kappa(t)\varphi S_1(x_1)^\mathrm{T}S_1(x_1)}{2a_1^2}-\frac{\kappa(t)\varphi(\dot{y}_d)^2}{2}-\kappa(t)\varphi-\frac{e(t)\Phi^2}{2\varphi}\tag{4.58}$$

$$u=N(\zeta)\left(K_2z_2+\frac{\kappa(t)^2\varphi^2z_2}{2}\left(\frac{k_{c2}^2-x_2^2}{k_{c2}^2}\right)+\phi_2+\frac{\hat{\theta}_2H_2}{2a_2^2}\right)\tag{4.59}$$

$$\dot{\zeta}=K_2k_{z2}z_2+\frac{\kappa(t)^2\varphi^2k_{z2}z_2}{2}\left(\frac{k_{c2}^2-x_2^2}{k_{c2}^2}\right)+k_{z2}\phi_2+\frac{k_{z2}\hat{\theta}_2H_2}{2a_2^2}\tag{4.60}$$

$$\dot{\hat{\theta}}_1=\frac{\beta_1\kappa(t)^2\varphi^2S_1(x_1)^\mathrm{T}S_1(x_1)}{2a_1^2}-\beta_1\sigma_1\hat{\theta}_1\tag{4.61}$$

$$\dot{\hat{\theta}}_2=\frac{\beta_2k_{z2}H_2}{2a_2^2}-\beta_2\sigma_2\hat{\theta}_2\tag{4.62}$$

式中：$N(\zeta)=\mathrm{e}^{\zeta^2}\cos(\pi/2\,\zeta)$，$\phi_2$和$H_2$与系统设计的控制律有相同表达方式。

系统控制器参数选择如下：$K_1=5.8$，$K_2=10$，$\beta_1=\beta_2=5$。系统初始参数设定如下：

$x_1(0)=0.01\ \mathrm{rad}$，$x_2(0)=0.1\ \mathrm{rad/s}$，$\hat{\theta}_1=\hat{\theta}_2=0.2$，$\zeta(0)=0.8$。

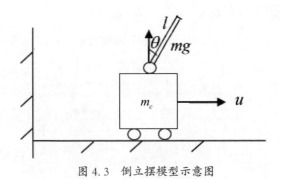

图4.3　倒立摆模型示意图

本小节仿真结果如图 4.4 ~图 4.6 所示。图 4.4 为系统输出误差 z_1 及其界值。图 4.5 为系统状态变量 x_1、x_2 及其约束界值 k_{c1}、k_{c2}。图 4.6 为闭环系统输入信号 u。仿真结果显示，所有的被控系统状态均能保持在预定的约束边界内，系统输出可以短时间内迅速跟踪参考信号，系统输出误差始终保持在约束的界值内。仿真结果验证了所设计的自适应模糊控制器的有效性，在保证系统稳定的同时，满足系统所有状态的约束条件。

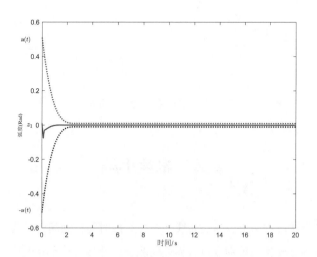

图 4.4 系统输出误差 z_1 及其界值

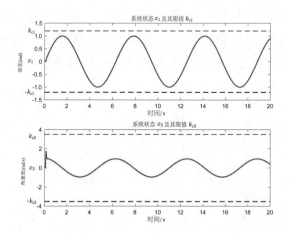

图 4.5 系统状态变量 x_1、x_2 及其约束界值 k_{c1}、k_{c2}

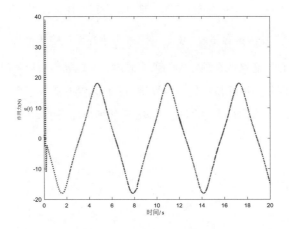

图 4.6　闭环系统输入信号 u

4.4　本章小结

　　本章研究了全状态约束下的受扰非线性系统有限时间控制问题,基于时空转换技术将有限时间收敛问题转换为辅助变量有界性问题,设计具有动态异构特质的有限时间稳定函数,构造积分型障碍 Lyapunov 函数约束系统状态,采用反步递归设计,提出了有限时间跟踪控制器,在满足全状态约束条件的前提下保证了系统在有限时间内稳定。

　　然而,该控制方案考虑的被控系统模型较为理想,无法确保随机噪声污染下高阶系统的稳定性。如何在保证高阶随机非线性系统鲁棒性的同时预设系统的暂态和稳态性能指标,是第 5 章的主要研究内容。

第 5 章　高阶随机非线性系统控制方法

5.1　本章引言

第 4 章研究了具有全状态约束的非线性系统稳定性及有限时间控制问题，通过使用自适应模糊反步法，分别设计了稳定控制器和有限时间稳定控制器，取得了良好控制效果。然而在诸多物理场景中，非线性系统中存在随机噪声不可避免，会急剧降低系统控制品质。因此，本章针对受白噪声干扰的随机非线性系统的控制问题，开展稳定性及有限时间稳定研究。

随机非线性系统是指具备一定非线性特性且在系统运行过程中存在随机白噪声干扰的系统，该系统对物理模型的描述更准确，同时控制器设计的复杂度也随之增加。高阶随机系统是形式更加一般的随机非线性系统，当高阶系统的阶次选取为 1 时，高阶系统即转换为常规非线性系统。高阶非线性系统由于其普适性受到学者关注，由于高阶系统的状态方程不满足反馈线性化条件，基于反馈线性化的方法不适用，同时阶次的增加也为控制器的设计带来了困难，针对高阶随机系统的稳定性分析及有限时间控制问题充满挑战。

针对高阶非线性系统的控制问题，钱（Qian）通过增加幂次积分的方式来处理系统中的高阶项，降低了对系统反馈线性化以及系统仿射的假设要求。基于所提加幂积分方法，该学者进一步针对高阶非线性系统的控制问题，分别设计了基于状态反馈控制器和基于输出反馈控制器[201-202]。针对随机高阶非线性系统的控制问题，学者解学军（Xue X）通过构造具有分数阶次控制器，在文献 [52] 与文献 [55] 中分别设计了基于状态反馈和基于输出反馈的闭环控制器。此外，文献 [203] 通过寻求非线性项的上界，针对高阶非线性系统渐近稳定问题，使用自适应反步法设计了连续控制器。文献 [204] 在具有严格幂阶约束条件下解决了高阶系统状态反馈控制问题，进一步，文献 [205] 放宽了幂阶约束条件限制，并在较弱条件下设计了稳定的自适应状态反馈控制器。

上述关于高阶系统的研究方法主要集中在加幂积分和齐次占优两种，通过设计分数阶次反馈控制器，用以镇定高次非线性系统。然而，这些系统中均假设非线性因素有界且上界已知，通过在控制器中使用已有上界来处理。本章中，使用自适应模糊逻辑系统来逼近未知非线性因素，可适用于未知非线性动态有界且上界未知的非线性系统，进一步利用 Lyapunov 有限时间稳定来提升系统的收敛速率，在控制器设计过程中融入设计预设性能指标，可使被控系统有限时间稳定，且满足暂态性能指标要求。

5.2　高阶随机非线性系统自适应模糊控制方法

5.2.1　高阶严格反馈随机非线性系统控制问题描述

本小节考虑如下高阶严格反馈随机非线性系统：

$$\begin{cases} dx_1 = \left(x_2^{p_1} + f_1(x_1) + \Delta_1(x)\right)dt + g_1^T(x)d\omega \\ \quad\quad\vdots \\ dx_{n-1} = \left(x_n^{p_{n-1}} + f_{n-1}(\overline{x}_{n-1}) + \Delta_{n-1}(x)\right)dt + g_{n-1}^T(x)d\omega \\ dx_n = \left(u^{p_n} + f_n(x) + \Delta_n(x)\right)dt + g_n^T(x)d\omega \\ y = x_1 \end{cases} \quad (5.1)$$

式中：$\overline{x}_i = [x_1, x_2, \cdots, x_i]^T \in \mathbb{R}^i$，$x = \overline{x}_n$，$i = 1, 2, \cdots, n$ 为系统状态向量；u 和 y 分别为系统输入和输出；p_i 为系统奇整数次幂。

系统外部有界干扰 $\Delta(x)$ 满足 $|\Delta(x)| \leqslant \overline{\Delta}$，$\overline{\Delta}$ 为未知正常数。ω 是概率密度空间 $(\mathbb{S}, \mathbb{F}, \mathbb{P})$ 上 r 维独立标准维纳过程，且存在有界方差 $\mathbb{E}\{d\omega \cdot d\omega^T\} = \vartheta^T(t)\vartheta(t)$，$G^T(x)\vartheta\vartheta^T G(x) \leqslant \overline{\vartheta}\,\overline{\vartheta}^T$，$G(x) = [g_1(x), \cdots, g_n(x)]^T$，$g_i(x)$ 是已知光滑连续非线性函数，ϑ 是函数与有界方差相乘的已知上界。$f_i(\overline{x}_i)$ 是满足局部 Lipschitz 条件的未知函数。

假设 5.1　假设系统跟踪参考信号 $r(t)$ 及其 n 阶偏导有界，即 $|r(t)| \leqslant r_1$。

假设 5.2　系统状态变量 x_i 限制条件为 $|x_i| \leqslant \tau_i$，τ_i 是正常数，假设 $r_1 < \tau_1$。

5.2.2　自适应模糊控制器设计

本小节将依据反方法进行设计，包含 n 个步骤。首先，引入如下坐标变换：

$$\begin{cases} \xi_1 = y - r(t) \\ \xi_i = x_i - \alpha_{i-1}, i = 2, \cdots, n \end{cases} \quad (5.2)$$

式中：$\alpha_{i-1}, i = 2, \cdots, n$ 为虚拟控制器。

定义 $p = \max\{p_1, \cdots, p_n\}$ 及 $\rho_i = p - p_i + 2$。

步骤 1：依据系统方程式（5.1）可得：

$$\mathrm{d}\xi_1 = \left(x_2^{p_1} + f_1(x_1) + \Delta_1(x) - \dot{r}(t)\right)\mathrm{d}t + g_1^{\mathrm{T}}(x)\mathrm{d}\omega \tag{5.3}$$

设计如下 Lyapunov 函数：

$$V_1 = \frac{1}{\rho_1} \ln \frac{\kappa_1^{\rho_1}}{\kappa_1^{\rho_1} - \xi_1^{\rho_1}} + \frac{1}{2\eta_1}\tilde{\theta}_1^{\mathrm{T}}\tilde{\theta}_1 \tag{5.4}$$

式中：η_1 为待设计正参数；$\kappa_1 = \tau_1 - r_1$，$\tilde{\theta}_1 = \theta_1 - \theta_1^*$ 为系统估计误差向量。

通过使用定义 2.1 的无穷小算子 $\mathcal{L}$，则有：

$$\mathcal{L}V_1 = \frac{\xi_1^{\rho_1-1}}{\kappa_1^{\rho_1} - \xi_1^{\rho_1}}\left(x_2^{p_1} + f_1(x_1) + \Delta_1(x) - \dot{r}(t)\right) - \frac{1}{\eta_1}\tilde{\theta}_1^{\mathrm{T}}\dot{\theta}_1 + \frac{\xi_1^{\rho_1-2}}{2(\kappa_1^{\rho_1} - \xi_1^{\rho_1})^2}$$
$$\times\left((\rho_1-1)\kappa_1^{\rho_1} - (\rho_1-2)\xi_1^{\rho_1}\right)g_1^{\mathrm{T}}\vartheta(t)^{\mathrm{T}}\vartheta(t)g_1 \tag{5.5}$$

通过使用引理 2.12，可得到下列不等式：

$$\frac{\xi_1^{\rho_1-1}}{\kappa_1^{\rho_1} - \xi_1^{\rho_1}}\Delta_1(x) \leqslant \frac{\xi_1^{2\rho_1-2}}{2(\kappa_1^{\rho_1} - \xi_1^{\rho_1})^2} + \frac{1}{2}\bar{\Delta}_1^2 \tag{5.6}$$

$$\frac{\xi_1^{\rho_1-2}}{2(\kappa_1^{\rho_1} - \xi_1^{\rho_1})^2}\left((\rho_1-1)\kappa_1^{\rho_1} - (\rho_1-2)\xi_1^{\rho_1}\right)g_1^{\mathrm{T}}\vartheta(t)^{\mathrm{T}}\vartheta(t)g_1$$
$$\leqslant \frac{\xi_1^{2\rho_1-4}}{8(\kappa_1^{\rho_1} - \xi_1^{\rho_1})^4}\left((\rho_1-1)\kappa_1^{\rho_1} - (\rho_1-2)\xi_1^{\rho_1}\right)^2 + \frac{1}{2}(\bar{\vartheta}^{\mathrm{T}}\bar{\vartheta})^2 \tag{5.7}$$

将上述不等式代入式（5.5）中，可得：

$$\mathcal{L}V_1 \leqslant \frac{\xi_1^{\rho_1-1}}{\kappa_1^{\rho_1} - \xi_1^{\rho_1}}\left(\alpha_1^{p_1} + \frac{\xi_1^{\rho_1-1}}{2(\kappa_1^{\rho_1} - \xi_1^{\rho_1})} + \frac{\xi_1^{\rho_1-3}}{8(\kappa_1^{\rho_1} - \xi_1^{\rho_1})^3}\left((\rho_1-1)\kappa_1^{\rho_1}\right.\right.$$
$$\left. - (\rho_1-2)\xi_1^{\rho_1}\right)^2 + f_1(x_1) - \dot{r}(t)\right) - \frac{1}{\eta_1}\tilde{\theta}_1^{\mathrm{T}}\dot{\theta}_1 + \frac{\xi_1^{\rho_1-1}}{\kappa_1^{\rho_1} - \xi_1^{\rho_1}}(x_2^{p_1}$$
$$\left. - \alpha_1^{p_1}\right) + \frac{1}{2}\bar{\Delta}_1^2 + \frac{1}{2}(\bar{\vartheta}^{\mathrm{T}}\bar{\vartheta})^2 \tag{5.8}$$

使用引理 2.8 进行逼近，可以得到：

$$\theta_1^{*\mathrm{T}}\varphi_1(X_1) + \varepsilon_1 = \frac{\xi_1^{\rho_1-3}}{8(\kappa_1^{\rho_1} - \xi_1^{\rho_1})^3}\left((\rho_1-1)\kappa_1^{\rho_1} - (\rho_1-2)\xi_1^{\rho_1}\right)^2 + \frac{\xi_1^{\rho_1-1}}{\kappa_1^{\rho_1} - \xi_1^{\rho_1}}$$
$$+ f_1(x_1) - \dot{r}(t) \tag{5.9}$$

式中：$X_1 = [x_1, r(t), \dot{r}(t)]^{\mathrm{T}}$。

使用引理 2.12 可得：

$$\frac{\xi_1^{\rho_1-1}}{\kappa_1^{\rho_1}-\xi_1^{\rho_1}}\varepsilon_1 \leq \frac{\xi_1^{2\rho_1-2}}{2(\kappa_1^{\rho_1}-\xi_1^{\rho_1})^2}+\frac{1}{2}(\varepsilon_1^*)^2 \tag{5.10}$$

因此，式（5.8）可写作：

$$\mathcal{L}V \leq \frac{\xi_1^{\rho_1-1}}{\kappa_1^{\rho_1}-\xi_1^{\rho_1}}\big(\alpha_1^{p_1}+\theta_1^{\mathrm{T}}\varphi_1(X_1)+\tilde{\theta}_1^{\mathrm{T}}\varphi_1(X_1)\big)-\frac{1}{\eta_1}\tilde{\theta}_1^{\mathrm{T}}\dot{\theta}_1+\frac{1}{2}(\varepsilon_1^*)^2$$
$$+\frac{1}{2}\bar{\Delta}_1^2+\frac{1}{2}(\bar{\vartheta}^T\bar{\vartheta})^2+\frac{\xi_1^{\rho_1-1}}{\kappa_1^{\rho_1}-\xi_1^{\rho_1}}(x_2^{p_1}-\alpha_1^{p_1}) \tag{5.11}$$

为使 Lyapunov 函数无穷小算子满足稳定性条件，本步虚拟控制器 α_1 和自适应律 θ_1 设计如下：

$$\alpha_1 = \left(-c_1\xi_1 - \theta_1^{\mathrm{T}}\varphi_1(X_1) - \frac{1}{2}\Big(\frac{\xi_1^{\rho_1-1}}{\kappa_1^{\rho_1}-\xi_1^{\rho_1}}\Big)^{\frac{1}{\rho_2-1}} - \frac{1}{2}\Big(\frac{\xi_1^{\rho_1-1}}{\kappa_1^{\rho_1}-\xi_1^{\rho_1}}\Big)^{\frac{-\rho_1}{\rho_2}}\right)^{\frac{1}{p_1}} \tag{5.12}$$

$$\dot{\theta}_1 = \eta_1 \frac{\xi_1^{\rho_1-1}}{\kappa_1^{\rho_1}-\xi_1^{\rho_1}}\varphi_1(X_1)-\gamma_1\theta_1 \tag{5.13}$$

将所设计的虚拟控制器式（5.12）和模糊自适应律式（5.13）代入式（5.11）中，可得：

$$\mathcal{L}V_1 \leq -c_1\frac{\xi_1^{\rho_1}}{\kappa_1^{\rho_1}-\xi_1^{\rho_1}}+\frac{\xi_1^{\rho_1-1}}{\kappa_1^{\rho_1}-\xi_1^{\rho_1}}(x_2^{p_1}-\alpha_1^{p_1})-\frac{1}{2}\Big(\frac{\xi_1^{\rho_1-1}}{\kappa_1^{\rho_1}-\xi_1^{\rho_1}}\Big)^{\frac{\rho_2}{\rho_2-1}}$$
$$-\frac{1}{2}\Big(\frac{\xi_1^{\rho_1-1}}{\kappa_1^{\rho_1}-\xi_1^{\rho_1}}\Big)^{\frac{\rho_2-\rho_1}{\rho_2}}+\frac{\gamma_1}{\eta_1}\tilde{\theta}_1^{\mathrm{T}}\theta_1+D_1 \tag{5.14}$$

式中：$D_1 = \frac{1}{2}(\varepsilon_1^*)^2+\frac{1}{2}\bar{\Delta}_1^2+\frac{1}{2}(\bar{\vartheta}^{\mathrm{T}}\bar{\vartheta})^2$。

步骤 i（$i=2,\cdots,n-1$）：根据系统方程式（5.1），可得：

$$\mathrm{d}\xi_i = \big(x_{i+1}^{p_i}+f_i(\bar{x}_i)+\Delta_i(x)\big)\mathrm{d}t-\mathrm{d}\alpha_{i-1}+g_i^{\mathrm{T}}(x)\mathrm{d}\omega$$
$$= \left(x_{i+1}^{p_i}+f_i(\bar{x}_i)+\Delta_i(x)-\sum_{j=1}^{i-1}\frac{\partial\alpha_{i-1}}{\partial\theta_j}\dot{\theta}_j-\sum_{j=1}^{i-1}\frac{\partial\alpha_{i-1}}{\partial x_j}\big(x_{j+1}^{p_j}+f_j(\bar{x}_j)\right.$$
$$\left.+\Delta_j(x)\big)-\frac{1}{2}\sum_{j=1}^{i-1}\frac{\partial^2\alpha_{i-1}}{\partial x_j^2}g_j^{\mathrm{T}}(x)\vartheta^{\mathrm{T}}(t)\vartheta(t)g_j(x)\right)\mathrm{d}t$$
$$+\Big(g_i^{\mathrm{T}}(x)-\sum_{j=1}^{i-1}\frac{\partial\alpha_{i-1}}{\partial x_j}g_j^{\mathrm{T}}(x)\Big)\mathrm{d}\omega \tag{5.15}$$

选取高次待定障碍 Lyapunov 函数如下：

$$V_i = V_{i-1}+\frac{1}{\rho_i}\ln\frac{\kappa_i^{\rho_i}}{\kappa_i^{\rho_i}-\xi_i^{\rho_i}}+\frac{1}{2\eta_i}\tilde{\theta}_i^{\mathrm{T}}\tilde{\theta}_i \tag{5.16}$$

式中：η_i 为待设计正参数；$\tilde{\theta}_i = \theta_i - \theta_i^*$ 为估计误差；$\kappa_i = \tau_i - \bar{\alpha}_{i-1}$，$\bar{\alpha}_{i-1}$ 为虚拟控制器 α_{i-1} 的上界。

由于虚拟控制器 α_{i-1} 是由 $\bar{x}_{i-1}$，$r(t)$，$\dot{r}(t)$，$\cdots$，$r^{(i-1)}(t)$，θ_1，$\cdots$，θ_{i-1}，α_{i-1} 构成的函数，因此虚拟控制器有界 $|\alpha_{i-1}| \leqslant \bar{\alpha}_{i-1}$。

通过使用定义 2.1 的无穷小算子 $\mathcal{L}$，结合高阶严格反馈随机非线性系统式（5.1），可以得到：

$$
\begin{aligned}
\mathcal{L}V_i = \mathcal{L}V_{i-1} + \frac{\xi_i^{\rho_i-1}}{\kappa_i^{\rho_i} - \xi_i^{\rho_i}} & \left(x_{i+1}^{p_i} + f_i(\bar{x}_i) - H_i + \Delta_i(x) - \sum_{j=1}^{i-1} \frac{\partial \alpha_{i-1}}{\partial x_j} \left(x_{j+1}^{p_j} \right. \right. \\
& \left. + f_j(\bar{x}_j) + \Delta_j(x) \right) - \frac{1}{2} \sum_{j=1}^{i-1} \frac{\partial^2 \alpha_{i-1}}{\partial x_j^2} g_j^{\mathrm{T}}(x) \vartheta^{\mathrm{T}}(t) \vartheta(t) g_j(x) \Bigg) \\
& - \frac{1}{\eta_i} \tilde{\theta}_i^{\mathrm{T}} \dot{\theta}_i + \frac{\xi_i^{\rho_i-2}}{2(\kappa_i^{\rho_i} - \xi_i^{\rho_i})^2} \left((\rho_i-1)\kappa_i^{\rho_i} - (\rho_i-2)\xi_i^{\rho_i} \right) \left(g_i^{\mathrm{T}}(x) \right. \\
& \left. - \sum_{j=1}^{i-1} \frac{\partial \alpha_{i-1}}{\partial x_j} g_j^{\mathrm{T}}(x) \right)^{\mathrm{T}} \vartheta^{\mathrm{T}}(t) \vartheta(t) \left(g_i^{\mathrm{T}}(x) - \sum_{j=1}^{i-1} \frac{\partial \alpha_{i-1}}{\partial x_j} g_j^{\mathrm{T}}(x) \right)
\end{aligned}
\tag{5.17}
$$

式中：$H_i = \sum\limits_{j=1}^{i-1} \dfrac{\partial \alpha_{i-1}}{\partial \theta_j} \dot{\theta}_j + \sum\limits_{j=1}^{i-1} \dfrac{\partial \alpha_{i-1}}{\partial r^{(j-1)}(t)} r^{(j)}(t)$。

通过定义 $\bar{g}_i^{\mathrm{T}}$ 为 $\bar{g}_i^{\mathrm{T}} = g_i^{\mathrm{T}}(x) - \sum\limits_{j=1}^{i-1} \dfrac{\partial \alpha_{i-1}}{\partial x_j} g_j^{\mathrm{T}}(x)$，同时对式（5.17）使用引理 2.12，可得到下列不等式：

$$
\frac{\xi_i^{\rho_i-1}}{\kappa_i^{\rho_i} - \xi_i^{\rho_i}} \Delta_i(x) \leqslant \frac{\xi_i^{2\rho_i-2}}{2(\kappa_i^{\rho_i} - \xi_i^{\rho_i})^2} + \frac{1}{2} \bar{\Delta}_i^2
\tag{5.18}
$$

$$
-\frac{\xi_i^{\rho_i-1}}{\kappa_i^{\rho_i} - \xi_i^{\rho_i}} \sum_{j=1}^{i-1} \frac{\partial \alpha_{i-1}}{\partial x_j} \Delta_j(x) \leqslant \frac{1}{2} \sum_{j=1}^{i-1} \bar{\Delta}_j^2 + \frac{\xi_i^{2\rho_i-2}}{2(\kappa_i^{\rho_i} - \xi_i^{\rho_i})^2} \left(\sum_{j=1}^{i-1} \frac{\partial \alpha_{i-1}}{\partial x_j} \right)^2
\tag{5.19}
$$

$$
-\frac{1}{2} \frac{\xi_i^{\rho_i-1}}{\kappa_i^{\rho_i} - \xi_i^{\rho_i}} \sum_{j=1}^{i-1} \frac{\partial^2 \alpha_{i-1}}{\partial x_j^2} g_j^2(x) \vartheta^2(t) \leqslant \frac{1}{2} \sum_{j=1}^{i-1} \frac{\xi_i^{2\rho_i-2}}{2(\kappa_i^{\rho_i} - \xi_i^{\rho_i})^2} \left(\frac{\partial^2 \alpha_{i-1}}{\partial x_j^2} \right)^2 + \frac{1}{8}(i-1)\bar{\vartheta}^2
\tag{5.20}
$$

$$
\frac{\xi_i^{\rho_i-2}\left((\rho_i-1)\kappa_i^{\rho_i} - (\rho_i-2)\xi_i^{\rho_i} \right) \bar{g}_i^2 \vartheta^2}{2(\kappa_i^{\rho_i} - \xi_i^{\rho_i})^2} \leqslant \frac{\xi_i^{\rho_i-1}}{\kappa_i^{\rho_i} - \xi_i^{\rho_i}} \Phi_i + \left(\frac{1+i+(i-1)^2}{2} \right) \bar{\vartheta}^2
\tag{5.21}
$$

式中：

$$
\Phi_i = \left(\frac{1}{2} \sum_{j=1}^{i-1} \sum_{k=1}^{i-1} \frac{\partial \alpha_{i-1}}{\partial x_j} \frac{\partial \alpha_{i-1}}{\partial x_k} + \sum_{j=1}^{i-1} \left(\frac{\partial \alpha_{i-1}}{\partial x_j} \right)^2 + \frac{1}{2} \right) \frac{\xi_i^{\rho_i-2}}{2(\kappa_i^{\rho_i} - \xi_i^{\rho_i})^2} \left((\rho_i-1)\kappa_i^{\rho_i} - (\rho_i-2)\xi_i^{\rho_i} \right)^2
$$

将上述不等式代入式（5.17），可得：

$$
\begin{aligned}
\mathcal{L}V_i \leqslant & -\sum_{j=1}^{i-1} c_j \frac{\xi_j^{\rho_j}}{\kappa_j^{\rho_j}-\xi_j^{\rho_j}}+\frac{\xi_{i-1}^{\rho_{i-1}-1}}{\kappa_{i-1}^{\rho_{i-1}}-\xi_{i-1}^{\rho_{i-1}}}(x_i^{p_{i-1}}-\alpha_{i-1}^{p_{i-1}})+\frac{1}{2}\bigg(\Big(\frac{\xi_{i-1}^{\rho_{i-1}-1}}{\kappa_{i-1}^{\rho_{i-1}}-\xi_{i-1}^{\rho_{i-1}}}\Big)^{\frac{\rho_i-\rho_{i-1}}{\rho_i}} \\
& +\Big(\frac{\xi_{i-1}^{\rho_{i-1}-1}}{\kappa_{i-1}^{\rho_{i-1}}-\xi_{i-1}^{\rho_{i-1}}}\Big)^{\frac{\rho_i}{\rho_{i-1}}}+\sum_{k=1}^{i}\bar{\Delta}_k^2\bigg)+\frac{\xi_i^{\rho_i-1}}{\kappa_i^{\rho_i}-\xi_i^{\rho_i}}\bigg\{x_{i+1}^{p_i}+f_i(\bar{x}_i)-\sum_{j=1}^{i-1}\frac{\partial\alpha_{i-1}}{\partial x_j}\big(x_{j+1}^{p_j} \\
& +f_j(\bar{x}_j)\big)-H_i+\frac{\xi_i^{\rho_i-1}}{2(\kappa_i^{\rho_i}-\xi_i^{\rho_i})}\bigg(1+\Big(\sum_{j=1}^{i-1}\frac{\partial\alpha_{i-1}}{\partial x_j}\Big)^2+\frac{1}{2}\sum_{j=1}^{i-1}\Big(\frac{\partial^2\alpha_{i-1}}{\partial x_j^2}\Big)^2\bigg)+\Phi_i\bigg\} \\
& +\Big(\frac{1}{2}+i-1+(i-1)^2\Big)\bar{\vartheta}\bar{\vartheta}^{\mathrm{T}}+\frac{(i-1)\bar{\vartheta}\bar{\vartheta}^{\mathrm{T}}}{8}-\frac{\tilde{\theta}_i^{\mathrm{T}}\dot{\theta}_i}{\eta_i}+\sum_{j=1}^{i-1}\frac{\gamma_j}{\eta_j}\tilde{\theta}_j^{\mathrm{T}}\theta_j+D_{i-1}
\end{aligned}
\tag{5.22}
$$

紧接着，处理式（5.22）中含有虚拟控制器及系统高阶状态相乘的项：$\frac{\xi_{i-1}^{\rho_{i-1}-1}}{\kappa_{i-1}^{\rho_{i-1}}-\xi_{i-1}^{\rho_{i-1}}}$

$(x_i^{p_{i-1}}-\alpha_{i-1}^{p_{i-1}})$，依据高阶严格反馈随机非线性系统式（5.1），可得：

$$
\begin{aligned}
\frac{\xi_{i-1}^{\rho_{i-1}-1}}{\kappa_{i-1}^{\rho_{i-1}}-\xi_{i-1}^{\rho_{i-1}}}(x_i^{p_{i-1}}-\alpha_{i-1}^{p_{i-1}}) & =\frac{\xi_{i-1}^{\rho_{i-1}-1}}{\kappa_{i-1}^{\rho_{i-1}}-\xi_{i-1}^{\rho_{i-1}}}\big((\xi_i+\alpha_{i-1})^{p_{i-1}}-\alpha_{i-1}^{p_{i-1}}\big) \\
& \leqslant p_{i-1}\frac{\xi_{i-1}^{\rho_{i-1}-1}}{\kappa_{i-1}^{\rho_{i-1}}-\xi_{i-1}^{\rho_{i-1}}}\,|\,\xi_i\,|\,\big|(\xi_i+\alpha_{i-1})^{p_{i-1}-1}+\alpha_{i-1}^{p_{i-1}-1}\,\big| \\
& \leqslant \frac{1}{2}\bigg(\big(2^{p_{i-1}-2}p_{i-1}\big)^{\frac{\rho_i}{p_{i-1}}}\,|\,\xi_i\,|^{\rho_i}+\Big(\frac{\xi_{i-1}^{\rho_{i-1}-1}}{\kappa_{i-1}^{\rho_{i-1}}-\xi_{i-1}^{\rho_{i-1}}}\Big)^{\frac{\rho_i-\rho_{i-1}}{\rho_i}} \\
& \quad +\Big(\frac{\xi_{i-1}^{\rho_{i-1}-1}}{\kappa_{i-1}^{\rho_{i-1}}-\xi_{i-1}^{\rho_{i-1}}}\Big)^{\frac{\rho_i}{\rho_{i-1}}}+\big((2^{p_{i-1}-2}+1)p_{i-1}\alpha_{i-1}^{p_{i-1}-1}\big)^{\rho_i}\,|\,\xi_i\,|^{\rho_i}\bigg)
\end{aligned}
\tag{5.23}
$$

将式（5.23）代入式（5.22），可得：

$$
\begin{aligned}
\mathcal{L}V_i \leqslant & -\sum_{j=1}^{i-1} c_j \frac{\xi_j^{\rho_j}}{\kappa_j^{\rho_j}-\xi_j^{\rho_j}}+\sum_{j=1}^{i-1}\frac{\gamma_j}{\eta_j}\tilde{\theta}_j^{\mathrm{T}}\theta_j+D_{i-1}+\frac{\xi_i^{\rho_i-1}}{\kappa_i^{\rho_i}-\xi_i^{\rho_i}}\bigg\{x_{i+1}^{p_i}-\sum_{j=1}^{i-1}\frac{\partial\alpha_{i-1}}{\partial x_j}\big(x_{j+1}^{p_j} \\
& +f_j(\bar{x}_j)\big)+\frac{\xi_i^{\rho_i-1}}{\kappa_i^{\rho_i}-\xi_i^{\rho_i}}\bigg(x_{i+1}^{p_i}-\sum_{j=1}^{i-1}\frac{\partial\alpha_{i-1}}{\partial x_j}\big(x_{j+1}^{p_j}+f_j(\bar{x}_j)\big)+\frac{1}{2}\sum_{j=1}^{i-1}\Big(\frac{\partial^2\alpha_{i-1}}{\partial x_j^2}\Big)^2\bigg) \\
& +(\kappa_i^{\rho_i}-\xi_i^{\rho_i})\xi_i+\frac{1}{2}\sum_{j=1}^{i-1}\Big(\frac{\partial^2\alpha_{i-1}}{\partial x_j^2}\Big)^2\bigg\}+(\kappa_i^{\rho_i}-\xi_i^{\rho_i})\xi_i\bigg(\frac{1}{2}\big((2^{p_{i-1}-2}+1) \\
& \times p_{i-1}\alpha_{i-1}^{p_{i-1}-1}\big)^{\rho_i}+\frac{1}{2}\big(2^{p_{i-1}-2}p_{i-1}\big)^{\frac{\rho_i}{p_{i-1}}}\bigg)+\frac{1}{8}(i-1)\bar{\vartheta}\bar{\vartheta}^T+\frac{1}{2}\sum_{k=1}^{i}\bar{\Delta}_k^2 \\
& +\Big(\frac{1}{2}+i-1+(i-1)^2\Big)\bar{\vartheta}\bar{\vartheta}^{\mathrm{T}}+\Phi_i-\frac{1}{\eta_i}\tilde{\theta}_i^{\mathrm{T}}\dot{\theta}_i
\end{aligned}
\tag{5.24}
$$

使用引理 2.8 对下式进行逼近：

$$\theta_i^{*\mathrm{T}}\varphi_i(X_i)+\varepsilon_i = f_i(\overline{x}_i) - \sum_{j=1}^{i-1}\frac{\partial\alpha_{i-1}}{\partial x_j}\big(x_{j+1}^{p_j}+f_j(\overline{x}_j)\big)+\frac{\xi_i^{\rho_i-1}}{(\kappa_i^{\rho_i}-\xi_i^{\rho_i})}$$

$$\times\left(1+(\sum_{j=1}^{i-1}\frac{\partial\alpha_{i-1}}{\partial x_j})^2+\frac{1}{2}\sum_{j=1}^{i-1}(\frac{\partial^2\alpha_{i-1}}{\partial x_j^2})^2\right)+\varPhi_i$$

$$+\frac{1}{2}\big((2^{p_{i-1}-2}+1)p_{i-1}\alpha_{i-1}^{p_{i-1}-1}\big)^{\rho_i}+(\kappa_i^{\rho_i}-\xi_i^{\rho_i})$$

$$\times\xi_i\big(\frac{1}{2}(2^{p_{i-1}-2}p_{i-1})^{\frac{\rho_i}{p_{i-1}}}\big)$$

（5.25）

式中：$X_i=[\overline{x}_i,r(t),\cdots,r^{(i)}(t)]^{\mathrm{T}}$。

由 Lyapunov 稳定性判据，虚拟控制器 α_i 和自适应律 θ_i 可设计为：

$$\alpha_i=(-c_i\xi_i+H_i-\theta_i^{\mathrm{T}}\varphi_i(X_i)-\frac{1}{2}(\frac{\xi_i^{\rho_i-1}}{\kappa_i^{\rho_i}-\xi_i^{\rho_i}})^{\frac{1}{\rho_{i+1}-1}}-\frac{1}{2}(\frac{\xi_i^{\rho_i-1}}{\kappa_i^{\rho_i}-\xi_i^{\rho_i}})^{\frac{-p_i}{\rho_{i+1}}})^{\frac{1}{p_i}}$$

（5.26）

$$\dot{\theta}_i=\eta_i\frac{\xi_i^{\rho_i-1}}{\kappa_i^{\rho_i}-\xi_i^{\rho_i}}\varphi_i(X_i)-\gamma_i\theta_i$$

（5.27）

将虚拟控制器和自适应律代入式（5.24）中，可得：

$$\mathcal{L}V_i \leqslant -\sum_{j=1}^{i}c_j\frac{\xi_j^{\rho_j}}{\kappa_j^{\rho_j}-\xi_j^{\rho_j}}+\frac{\xi_i^{\rho_i-1}}{\kappa_i^{\rho_i}-\xi_i^{\rho_i}}(x_{i+1}^{p_i}-\alpha_i)-\frac{1}{2}(\frac{\xi_i^{\rho_i-1}}{\kappa_i^{\rho_i}-\xi_i^{\rho_i}})^{\frac{\rho_{i+1}}{\rho_{i+1}-1}}$$

$$-\frac{1}{2}(\frac{\xi_i^{\rho_i-1}}{\kappa_i^{\rho_i}-\xi_i^{\rho_i}})^{\frac{\rho_{i+1}-p_i}{\rho_{i+1}}}+\sum_{j=1}^{i}\frac{\gamma_j}{\eta_j}\tilde{\theta}_j^{\mathrm{T}}\theta_j+D_i$$

（5.28）

式中：$D_i=D_{i-1}+\frac{1}{2}\sum_{k=1}^{i}\overline{\Delta}_k^2+(\frac{1}{2}+i-1+(i-1)^2)\overline{\vartheta}\overline{\vartheta}^{\mathrm{T}}+\frac{1}{8}(i-1)\overline{\vartheta}\overline{\vartheta}^{\mathrm{T}}+\frac{1}{2}(\varepsilon_i^*)^2$。

步骤 n：在本步中，将要设计最终的实际控制器 u。同前 $n-1$ 步类似，可得：

$$\mathrm{d}\xi_n=\big(u^{p_n}+f_n(x)+\Delta_n(x)\big)\mathrm{d}t-\mathrm{d}\alpha_{n-1}+g_n^{\mathrm{T}}(x)\mathrm{d}\omega$$

$$=\bigg(u^{p_n}+f_n(x)+\Delta_n(x)-\sum_{i=1}^{n-1}\frac{\partial\alpha_{n-1}}{\partial\theta_i}\dot{\theta}_i-\sum_{i=1}^{n-1}\frac{\partial\alpha_{n-1}}{\partial x_i}\big(x_{i+1}^{p_i}$$

$$+f_i(\overline{x}_i)+\Delta_i(x)\big)-\frac{1}{2}\sum_{i=1}^{n-1}\frac{\partial^2\alpha_{n-1}}{\partial x_i^2}g_i^{\mathrm{T}}(x)\vartheta^{\mathrm{T}}(t)\vartheta(t)g_i(x)\bigg)\mathrm{d}t$$

$$+\big(g_n^{\mathrm{T}}(x)-\sum_{i=1}^{n-1}\frac{\partial\alpha_{n-1}}{\partial x_i}g_i^{\mathrm{T}}(x)\big)\mathrm{d}\omega$$

（5.29）

选取的待定 Lyapunov 函数如下：

$$V_n=V_{n-1}+\frac{1}{\rho_n}\ln\frac{\kappa_n^{\rho_n}}{\kappa_n^{\rho_n}-\xi_n^{\rho_n}}+\frac{1}{2\eta_n}\tilde{\theta}_n^{\mathrm{T}}\tilde{\theta}_n$$

（5.30）

式中：η_n 为待设计正参数；$\tilde{\theta}_n=\theta_n-\theta_n^*$ 为估计误差；$\kappa_n=\tau_n-\overline{\alpha}_{n-1}$，$\overline{\alpha}_{n-1}$ 为虚拟控制器 α_{n-1} 的界。

通过使用定义 2.1 的无穷小算子 $\mathcal{L}$，可得：

$$\mathcal{L}V_n = \mathcal{L}V_{n-1} + \frac{\xi_n^{\rho_n-1}}{\kappa_n^{\rho_n}-\xi_n^{\rho_n}}\left(u^{\rho_n} + f_n(x) - H_n + \Delta_n(x) - \sum_{i=1}^{n-1}\frac{\partial\alpha_{n-1}}{\partial x_i}\left(x_{i+1}^{\rho_i}\right.\right.$$

$$\left.+ f_i(\bar{x}_i) + \Delta_i(x)\right) - \frac{1}{2}\sum_{i=1}^{n-1}\frac{\partial^2\alpha_{n-1}}{\partial x_i^2}g_i^{\mathrm{T}}(x)\vartheta^{\mathrm{T}}(t)\vartheta(t)g_i(x)\right)$$

$$+ \frac{\xi_n^{\rho_n-2}}{2\left(\kappa_n^{\rho_n}-\xi_n^{\rho_n}\right)^2}\left((\rho_n-1)\kappa_n^{\rho_n} - (\rho_n-2)\xi_n^{\rho_n}\right)\left(g_n^{\mathrm{T}}(x) - \sum_{i=1}^{n-1}\frac{\partial\alpha_{n-1}}{\partial x_i}\right.$$

$$\left.\times g_i^{\mathrm{T}}(x)\right)^{\mathrm{T}}\vartheta^{\mathrm{T}}(t)\vartheta(t)\left(g_n^{\mathrm{T}}(x) - \sum_{i=1}^{n-1}\frac{\partial\alpha_{n-1}}{\partial x_i}g_i^{\mathrm{T}}(x)\right) - \frac{1}{\eta_n}\tilde{\theta}_n^{\mathrm{T}}\dot{\theta}_n \quad (5.31)$$

式中：$H_n = \sum_{i=1}^{n-1}\dfrac{\partial\alpha_{n-1}}{\partial\theta_i}\dot{\theta}_i + \sum_{i=1}^{n-1}\dfrac{\partial\alpha_{n-1}}{\partial r^{(i-1)}(t)}r^{(i)}(t)$。

由于等式 $\bar{g}_n^{\mathrm{T}} = g_n^{\mathrm{T}}(x) - \sum_{i=1}^{n-1}\dfrac{\partial\alpha_{n-1}}{\partial x_i}g_i^{\mathrm{T}}(x)$ 成立，通过使用引理 2.12，下列不等式成立：

$$-\frac{\xi_n^{\rho_n-1}}{\kappa_n^{\rho_n}-\xi_n^{\rho_n}}\Delta_n(x) \leq \frac{\xi_n^{2\rho_n-2}}{2(\kappa_n^{\rho_n}-\xi_n^{\rho_n})^2} + \frac{1}{2}\bar{\Delta}_n^2 \quad (5.32)$$

$$-\frac{\xi_n^{\rho_n-1}}{\kappa_n^{\rho_n}-\xi_n^{\rho_n}}\sum_{i=1}^{n-1}\frac{\partial\alpha_{n-1}}{\partial x_i}\Delta_i(x) \leq \frac{1}{2}\sum_{i=1}^{n-1}\bar{\Delta}_i^2 + \frac{\xi_n^{2\rho_n-2}}{2(\kappa_n^{\rho_n}-\xi_n^{\rho_n})^2}\left(\sum_{i=1}^{n-1}\frac{\partial\alpha_{n-1}}{\partial x_i}\right)^2 \quad (5.33)$$

$$-\frac{1}{2}\frac{\xi_n^{\rho_n-1}}{\kappa_n^{\rho_n}-\xi_n^{\rho_n}}\sum_{i=1}^{n-1}\frac{\partial^2\alpha_{n-1}}{\partial x_i^2}g_i^2(x)\vartheta^2(t) \leq \frac{1}{2}\sum_{i=1}^{n-1}\frac{\xi_n^{2\rho_n-2}}{2(\kappa_n^{\rho_n}-\xi_n^{\rho_n})^2}\left(\frac{\partial^2\alpha_{n-1}}{\partial x_i^2}\right)^2 + \frac{(n-1)\bar{\vartheta}\bar{\vartheta}^{\mathrm{T}}}{8} \quad (5.34)$$

$$\frac{\xi_n^{\rho_n-2}\left((\rho_n-1)\kappa_n^{\rho_n}-(\rho_n-2)\xi_n^{\rho_n}\right)\bar{g}_n^2\vartheta^2(t)}{2(\kappa_n^{\rho_n}-\xi_n^{\rho_n})^2} \leq \frac{\xi_n^{\rho_n-1}\Phi_n}{\kappa_n^{\rho_n}-\xi_n^{\rho_n}} + \left(\frac{1+n+(n-1)^2}{2}\right)\bar{\vartheta}^2 \quad (5.35)$$

式中：

$$\Phi_n = \left(\frac{1}{2}\sum_{i=1}^{n-1}\sum_{k=1}^{n-1}\frac{\partial\alpha_{n-1}}{\partial x_i}\frac{\partial\alpha_{n-1}}{\partial x_k} + \sum_{i=1}^{n-1}\left(\frac{\partial\alpha_{n-1}}{\partial x_i}\right)^2 + \frac{1}{2}\right)\frac{\xi_n^{\rho_n-2}}{2(\kappa_n^{\rho_n}-\xi_n^{\rho_n})^2}\left((\rho_n-1)\kappa_n^{\rho_n}-(\rho_n-2)\xi_n^{\rho_n}\right)^2。$$

将上述不等式代入式（5.31），可得：

$$\mathcal{L}V_n \leq -\sum_{i=1}^{n-1}c_i\frac{\xi_i^{\rho_i}}{\kappa_i^{\rho_i}-\xi_i^{\rho_i}} + \frac{\xi_{n-1}^{\rho_{n-1}-1}}{\kappa_{n-1}^{\rho_{n-1}}-\xi_{n-1}^{\rho_{n-1}}}(x_n^{\rho_{n-1}}-\alpha_{n-1}^{\rho_{n-1}}) + \sum_{i=1}^{n-1}\frac{\gamma_i}{\eta_i}\tilde{\theta}_i^{\mathrm{T}}\theta_i + D_{n-1}$$

$$+ \frac{1}{2}\left(\frac{\xi_{n-1}^{\rho_{n-1}-1}}{\kappa_{n-1}^{\rho_{n-1}}-\xi_{n-1}^{\rho_{n-1}}}\right)^{\frac{\rho_n}{\rho_{n-1}}} + \frac{\xi_n^{\rho_n-1}}{\kappa_n^{\rho_n}-\xi_n^{\rho_n}}\left\{u^{\rho_n} + f_n(x) - H_n - \sum_{i=1}^{n-1}\frac{\partial\alpha_{n-1}}{\partial x_i}\left(x_{i+1}^{\rho_i}\right.\right.$$

$$\left.+ f_i(\bar{x}_i)\right) + \frac{\xi_n^{\rho_n-1}}{2(\kappa_n^{\rho_n}-\xi_n^{\rho_n})}\left(1 + \left(\sum_{i=1}^{n-1}\frac{\partial\alpha_{n-1}}{\partial x_i}\right)^2 + \frac{1}{2}\sum_{i=1}^{n-1}\left(\frac{\partial^2\alpha_{n-1}}{\partial x_i^2}\right)^2\right) + \Phi_n\right\}$$

$$+ \frac{1}{2}\left(\frac{\xi_{n-1}^{\rho_{n-1}-1}}{\kappa_{n-1}^{\rho_{n-1}}-\xi_{n-1}^{\rho_{n-1}}}\right)^{\frac{\rho_n-\rho_{n-1}}{\rho_n}} + \frac{1}{8}(n-1)\bar{\vartheta}\bar{\vartheta}^{\mathrm{T}} \quad (5.36)$$

接着处理上式中第二项$\dfrac{\xi_{n-1}^{\rho_{n-1}-1}}{\kappa_{n-1}^{\rho_{n-1}}-\xi_{n-1}^{\rho_{n-1}}}(x_n^{p_{n-1}}-\alpha_{n-1}^{p_{n-1}})$，根据式（5.1）可得：

$$
\begin{aligned}
\frac{\xi_{n-1}^{\rho_{n-1}-1}}{\kappa_{n-1}^{\rho_{n-1}}-\xi_{n-1}^{\rho_{n-1}}}(x_n^{p_{n-1}}-\alpha_{n-1}^{p_{n-1}}) &= \frac{\xi_{n-1}^{\rho_{n-1}-1}}{\kappa_{n-1}^{\rho_{n-1}}-\xi_{n-1}^{\rho_{n-1}}}\Big((\xi_n+\alpha_{n-1})^{p_{n-1}}-\alpha_{n-1}^{p_{n-1}}\Big)\\
&\leqslant p_{n-1}\frac{\xi_{n-1}^{\rho_{n-1}-1}}{\kappa_{n-1}^{\rho_{n-1}}-\xi_{n-1}^{\rho_{n-1}}}\,|\xi_n|\,\big|(\xi_n+\alpha_{n-1})^{p_{n-1}-1}+\alpha_{n-1}^{p_{n-1}-1}\big|\\
&\leqslant \frac{1}{2}\Bigg(\Big(2^{p_{n-1}-2}\,p_{n-1}\Big)^{\frac{\rho_n}{p_{n-1}}}|\xi_n|^{\rho_n}+\Big(\frac{\xi_{n-1}^{\rho_{n-1}-1}}{\kappa_{n-1}^{\rho_{n-1}}-\xi_{n-1}^{\rho_{n-1}}}\Big)^{\frac{\rho_n-p_{n-1}}{\rho_n}}\\
&\quad +\Big((2^{p_{n-1}-2}+1)p_{n-1}\alpha_{n-1}^{p_{n-1}-1}\Big)^{\rho_n}|\xi_n|^{\rho_n}+\Big(\frac{\xi_{n-1}^{\rho_{n-1}-1}}{\kappa_{n-1}^{\rho_{n-1}}-\xi_{n-1}^{\rho_{n-1}}}\Big)^{\frac{\rho_n}{p_{n-1}}}\Bigg)
\end{aligned}
\tag{5.37}
$$

将上述不等式代入式（5.36）中，可得：

$$
\begin{aligned}
\mathscr{L}V_n &\leqslant -\sum_{i=1}^{n-1}c_i\frac{\xi_i^{\rho_i}}{\kappa_i^{\rho_i}-\xi_i^{\rho_i}}+\sum_{i=1}^{n-1}\frac{\gamma_i}{\eta_i}\tilde{\theta}_i^{\mathrm{T}}\theta_i+D_{n-1}+\frac{\xi_n^{\rho_n-1}}{\kappa_n^{\rho_n}-\xi_n^{\rho_n}}\Bigg(u^{p_n}+f_n(x)\\
&\quad -H_n-\sum_{i=1}^{n-1}\frac{\partial\alpha_{n-1}}{\partial x_i}\big(x_{i+1}+f_i(\bar{x}_i)\big)\Bigg)+\frac{\xi_n^{\rho_n-1}}{2(\kappa_n^{\rho_n}-\xi_n^{\rho_n})}\Bigg(1+\Big(\sum_{i=1}^{n-1}\frac{\partial\alpha_{n-1}}{\partial x_i}\Big)^2\\
&\quad +\frac{1}{2}\sum_{i=1}^{n-1}\Big(\frac{\partial^2\alpha_{n-1}}{\partial x_i^2}\Big)^2\Bigg)+\Phi_n+(\kappa_n^{\rho_n}-\xi_n^{\rho_n})\xi_n-\frac{1}{\eta_n}\tilde{\theta}_n^{\mathrm{T}}\dot{\theta}_n+\Big(\frac{1}{2}+n-1\\
&\quad +(n-1)^2\Big)\bar{g}\bar{g}^{\mathrm{T}}
\end{aligned}
\tag{5.38}
$$

使用模糊逻辑系统对下列函数进行逼近：

$$
\begin{aligned}
\theta_n^{*\mathrm{T}}\varphi_n(X_n)+\varepsilon_n &= f_n(x)-\sum_{i=1}^{n-1}\frac{\partial\alpha_{n-1}}{\partial x_i}\big(x_{i+1}^{p_i}+f_i(\bar{x}_i)\big)+\frac{\xi_n^{\rho_n-1}}{(\kappa_n^{\rho_n}-\xi_n^{\rho_n})}\Bigg(1+\Big(\sum_{i=1}^{n-1}\frac{\partial\alpha_{n-1}}{\partial x_i}\Big)^2\\
&\quad +\frac{1}{2}\sum_{i=1}^{n-1}\Big(\frac{\partial^2\alpha_{n-1}}{\partial x_i^2}\Big)^2\Bigg)+\Phi_n+(\kappa_n^{\rho_n}-\xi_n^{\rho_n})\xi_n\Bigg(\frac{1}{2}(2^{p_{n-1}-2}\,p_{n-1})^{\frac{\rho_n}{p_{n-1}}}\\
&\quad +\frac{1}{2}\Big((2^{p_{n-1}-2}+1)p_{n-1}\alpha_{n-1}^{p_{n-1}-1}\Big)^{\rho_n}\Bigg)
\end{aligned}
\tag{5.39}
$$

式中：$X_n=[\bar{x}_n,r(t),\cdots,r^{(n)}(t)]^{\mathrm{T}}$。

设计实际的控制器u和自适应律θ_n：

$$
u=\Big(-c_n\xi_n+H_n-\theta_n^{\mathrm{T}}\varphi_n(X_n)\Big)^{\frac{1}{p_n}}
\tag{5.40}
$$

$$
\dot{\theta}_n=\eta_n\frac{\xi_n^{\rho_n-1}}{\kappa_n^{\rho_n}-\xi_n^{\rho_n}}\varphi_n(X_n)-\gamma_n\theta_n
\tag{5.41}
$$

将控制器及自适应律代入式（5.38）中，可得：

$$\mathcal{L}V_n \leqslant -\sum_{i=1}^{n} c_i \frac{\xi_i^{\rho_i}}{\kappa_i^{\rho_i} - \xi_i^{\rho_i}} + \sum_{i=1}^{n} \frac{\gamma_i}{\eta_i} \tilde{\theta}_i^{\mathrm{T}} \theta_i + D_n \tag{5.42}$$

式中，$D_n = D_{n-1} + \frac{1}{2} \sum_{i=1}^{n} \bar{\Delta}_i^2 + \left(\frac{1}{2} + n - 1 + (n-1)^2\right) \bar{\vartheta} \bar{\vartheta}^{\mathrm{T}} + \frac{1}{8}(n-1) \bar{\vartheta} \bar{\vartheta}^{\mathrm{T}} + \frac{1}{2}(\varepsilon_n^*)^2$。

使用引理 2.12，可得：

$$\sum_{i=1}^{n} \frac{\gamma_i}{\eta_i} \tilde{\theta}_i^{\mathrm{T}} \theta_i \leqslant -\frac{1}{2} \sum_{i=1}^{n} \frac{\gamma_i}{\eta_i} \tilde{\theta}_i^{\mathrm{T}} \tilde{\theta}_i + \frac{1}{2} \sum_{i=1}^{n} \frac{\gamma_i}{\eta_i} (\theta_i^*)^2 \tag{5.43}$$

将上述不等式代入式（5.42）中，则有：

$$\mathcal{L}V_n \leqslant -\sum_{i=1}^{n} c_i \frac{\xi_i^{\rho_i}}{\kappa_i^{\rho_i} - \xi_i^{\rho_i}} - \frac{1}{2} \sum_{i=1}^{n} \frac{\gamma_i}{\eta_i} \tilde{\theta}_i^{\mathrm{T}} \tilde{\theta}_i + D \tag{5.44}$$

式中：$D = D_n + \frac{1}{2} \sum_{i=1}^{n} \frac{\gamma_i}{\eta_i} (\theta_i^*)^2$。

根据引理 2.3 可得该闭环随机系统是半全局一致最终有界的。

5.3 数值仿真验证

本节选取数值模型进行仿真，模型如下：

$$\begin{cases} \mathrm{d}x_1 = \left(x_2^3 + 0.1x_1^3 + 0.5\cos x_1 + d_1(t)\right)\mathrm{d}t + g_1(x)\mathrm{d}\omega \\ \mathrm{d}x_2 = \left(u^3(t) + 0.1x_1x_2 - 0.2x_1 + d_2(t)\right)\mathrm{d}t + g_2(x)\mathrm{d}\omega \\ y = x_1 \end{cases} \tag{5.45}$$

式中：x_1 和 x_2 为系统状态；u 和 y 分别为闭环随机系统的输入和输出；系统外部干扰信号给定为 $d_1(t) = 0.1\cos t$，$d_2 = 0.5\cos(10t)$；参考信号 $r(t)$ 给定为 $r(t) = 2\cos(2t)$；系统状态约束条件为 $|x_1| < 3$，$|x_2| < 6$；系统给定初始条件为 $x_1(0) = 2.2$，$x_2(0) = 0.2$，$\theta_1(0) = \theta_2(0) = 0.2$；控制输入信号 $u(t)$ 和自适应律 θ_1 及 θ_2 参数给定为 $c_1 = 3.2$，$c_2 = 6.4$，$\gamma_1 = \gamma_2 = 5$，$\eta_1 = \eta_2 = 0.3$。

系统仿真结果如图 5.1 ～ 图 5.4 所示。图 5.1 为系统状态变量 x_1、x_2 及其约束条件 τ_1、τ_2。图 5.2 是变换后的系统状态变量 ξ_1 和 ξ_2。图 5.3 为自适应律 θ_1 和 θ_2 的曲线。图 5.4 是系统输入信号曲线 $u(t)$。由图 5.1 ～ 图 5.4 可知，系统输出误差收敛于 0 附近的邻域内，同时被控系统状态满足限制条件要求。

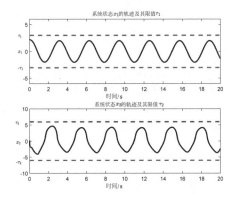

图 5.1　系统状态变量 x_1、x_2 及其约束条件 τ_1、τ_2

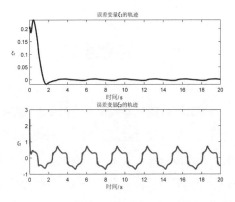

图 5.2　变换后的系统状态变量 ξ_1 和 ξ_2

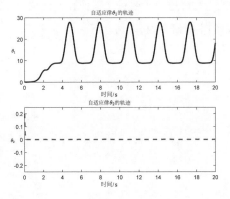

图 5.3　自适应律 θ_1 和 θ_2 的曲线

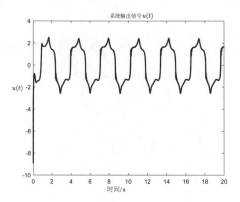

图 5.4　系统输入信号曲线$u(t)$

5.4　本章小结

本章研究了全状态约束下的高阶随机非线性系统预设性能控制问题，引入无穷小算子规避布朗运动不可微的问题，构造预设性能函数以动态调节系统的暂态收敛性能与稳态性能指标，采用模糊逼近器近似系统中的未知非线性动态，基于自适应估计算法，设计了预设性能控制器，在克服随机噪声影响的同时满足了预设的性能指标要求。

然而，该控制策略无法直接设定收敛时间，跟踪误差只能在系统趋于无穷时收敛到指定精度范围内，暂态性能有待进一步改进。如何在保证预设性能指标的同时实现跟踪误差快速收敛，是第 6 章的主要研究内容。

第6章 高阶随机非线性系统有限时间控制方法

第5章通过分析高阶随机系统中的高阶项特性，设计高次障碍 Lyapunov 函数，对带有全状态约束的高阶随机非线性系统进行控制器设计和稳定性分析。在系统状态趋于稳定过程中，系统暂态性能指标也是影响控制品质的重要因素，诸多工业实践也要求被控状态在收敛的过程中不得超出预设指标范围。因此，本章阐述关于预设性能高阶随机非线性系统的自适应模糊有限时间控制方法，该方法可以兼顾系统暂态收敛性能和稳态性能指标。

6.1 高阶随机非线性系统描述及性能预设指标

本节考虑如下高阶随机非线性系统模型：

$$\begin{cases} \mathrm{d}x_1 = \left(x_2^{p_1} + f(x_1)\right)\mathrm{d}t + g_1(x_1)\mathrm{d}\omega \\ \qquad\qquad \vdots \\ \mathrm{d}x_{n-1} = \left(x_n^{p_{n-1}} + f(\overline{x}_{n-1})\right)\mathrm{d}t + g_{n-1}(\overline{x}_{n-1})\mathrm{d}\omega \\ \mathrm{d}x_n = \left(u^{p_n} + f(x)\right)\mathrm{d}t + g_n(x)\mathrm{d}\omega \\ y = x_1 \end{cases} \tag{6.1}$$

式中：$\overline{x}_i = (x_1, x_2 \cdots, x_i)$，$i = 1, \cdots, n$，$x = \overline{x}_n$；$u \in \mathbb{R}$、$y \in \mathbb{R}$ 分别为系统状态、系统输入和系统输出信号；p_i 为正奇数次幂；$f_i(\overline{x}_i)$ 为满足局部 Lipschitz 条件的未知非线性函数；ω 是定义在概率密度空间 $(\mathbb{S}, \mathbb{F}, \mathbb{P})$ 的 r 维独立布朗过程，该过程满足 $\mathbb{E}\{\mathrm{d}\omega \cdot \mathrm{d}\omega^{\mathrm{T}}\} = \vartheta^{\mathrm{T}}(t)\vartheta(t)$。

由此不等式 $G^{\mathrm{T}}(x)\vartheta\vartheta^{\mathrm{T}}G(x) \leqslant \overline{\vartheta}\vartheta^{\mathrm{T}}$ 成立，式中 $G(x) = [g_1(x), \cdots, g_n(x)]^{\mathrm{T}}$，$g_i(x)$ 为已知光滑连续非线性函数；$\overline{\vartheta}$ 为函数与有界方差相乘的已知上界。

本章控制器设计是使系统输出在有限时间内跟踪参考信号 $r(t)$。假设参考信号 $r(t)$ 有界且其 n 阶偏导有界，即 $|r(t)| \leqslant r_0$，$|r^{(i)}(t)| \leqslant r_j$，其中 $r_j (j = 0, 1, \cdots, n)$ 为正常数。

在进行控制器设计前，介绍如下预设指标：

通过定义输出跟踪误差为 $e(t) = y - r(t) \in \mathbb{R}$，预设性能函数可以表示为：

$$-\tau_1 \vartheta(t) < e(t) < \tau_2 \vartheta(t) \tag{6.2}$$

式中：τ_1、τ_2为待设计正常数。

预设性能函数$\vartheta(t)$为严格单调函数，且满足条件：

$$\lim_{t \to \infty} \vartheta(t) = \vartheta_{\infty} > 0 \tag{6.3}$$

式中：ϑ_{∞}为待设计正常数。

预设性能函数可以表示为下列指数形式：

$$\vartheta(t) = (\vartheta_0 - \vartheta_{\infty})e^{-kt} + \vartheta_{\infty} \tag{6.4}$$

式中：k为待设计正常数；$\vartheta_0 = \vartheta(0)$为正定初始状态，且满足$\vartheta_0 \geqslant e(0)$。

为使控制器设计满足指数型性能指标函数的要求，式（6.2）可以写作：

$$e(t) = \vartheta(t)\Psi\big(\zeta(t)\big) \tag{6.5}$$

式中：$\Psi(\zeta(t)) = \dfrac{\tau_2 e^{\zeta(t)} + \tau_1 e^{-\zeta(t)}}{e^{\zeta(t)} + e^{-\zeta(t)}}$，$\zeta(t) = \Phi^{-1}\left(\dfrac{e(t)}{\vartheta(t)}\right) = \dfrac{1}{2}\ln\left(\dfrac{\Psi - \tau_1}{\tau_2 - \Psi}\right)$。

由于$\zeta(t)$为输出跟踪误差$e(t)$的函数，进而可以表示为$x_1(t)$的函数。通过定义

$\xi_1(t) = \zeta(t) - \dfrac{1}{2}\ln\dfrac{\tau_1}{\tau_2}$，则有：

$$\frac{\partial \xi_1(t)}{\partial x_1(t)} = \frac{1}{2\vartheta(t)}\left(\frac{1}{\Psi - \tau_2} - \frac{1}{\Psi + \tau_1}\right) \tag{6.6}$$

$$\frac{\partial^2 \xi_1(t)}{\partial x_1^2(t)} = \frac{1}{2\vartheta^2(t)}\left(\frac{1}{(\Psi + \tau_1)^2} - \frac{1}{(\Psi - \tau_2)^2}\right) \tag{6.7}$$

使用Itô公式，可以得到：

$$\mathrm{d}\xi_1(t) = \mathcal{L}\xi_1(t)\mathrm{d}t + \kappa_1 g_1(x_1)\mathrm{d}\omega \tag{6.8}$$

式中：$\mathcal{L}\xi_1(t) = \kappa_1\big(x_2^{p_1} + f_1(x_1)\big) + \dfrac{1}{2}g_1^{\mathrm{T}}(x_1)\vartheta^{\mathrm{T}}\kappa_2 \vartheta g_1(x_1)$，$\kappa_1 = \dfrac{\partial \xi_1(t)}{\partial x_1(t)}$，$\kappa_2 = \dfrac{\partial^2 \xi_1(t)}{\partial x_1^2(t)}$。

文献[41]在处理有关指数型预设性能随机非线性系统过程中，将误差信号 [对应本节的$\xi_1(t)$] 视为常数进行处理。由于$\xi_1(t)$是关于$\zeta(t)$的函数，进而是关于$e(t)$和$x_1(t)$的函数。值得注意的是，由于$x_1(t)$是随机变量，$\xi_1(t)$也是关于$x_1(t)$的随机变量，式（6.8）为与$\xi_1(t)$相应的无穷小算子。

6.2 高阶随机非线性系统自适应模糊有限时间控制方法

本节将对带预设性能高阶随机非线性系统进行控制器设计，总共包含 n 步。

在开始自适应反步设计步骤之前，针对随机高阶非线性系统式（6.1）引入如下坐标变换：

$$\begin{cases} \xi_1(t) = \xi_1(t) \\ \xi_i(t) = x_i - \alpha_{i-1}, i = 2, \cdots, n \end{cases} \tag{6.9}$$

式中：$\alpha_i, i = 1, \cdots, n-1$ 为虚拟控制器。

步骤 1：在本步设计如下四次型 Lyapunov 函数：

$$V_1 = \frac{1}{4} \xi_1^4(t) + \frac{1}{2\gamma_1} \tilde{\theta}_1^{\mathrm{T}} \tilde{\theta}_1 \tag{6.10}$$

式中：$\gamma_1 > 0$ 为待设计参数。

由（6.10）可得到相应 Lyapunov 函数的无穷小算子为：

$$\begin{aligned}
\mathcal{L}V_1 &= \xi_1^3(t) \left(\kappa_1 \left(x_2^{p_1} + f_1(x_1) \right) + \frac{1}{2} g_1^{\mathrm{T}}(x_1) \vartheta^{\mathrm{T}} \kappa_2 \vartheta g_1(x_1) \right) \\
&\quad + \frac{3}{2} \xi_1^2(t) g_1^{\mathrm{T}}(x_1) \vartheta^{\mathrm{T}} \kappa_1^2 \vartheta g_1(x_1) - \frac{1}{\gamma_1} \tilde{\theta}_1^{\mathrm{T}} \dot{\theta}_1 \\
&= \xi_1^3(t) \left(\kappa_1 \left(x_2^{p_1} + \tilde{\theta}_1^{\mathrm{T}} \varphi_1(x_1) + \theta_1^{\mathrm{T}} \varphi_1(x_1) + \varepsilon_1 \right) + \frac{1}{2} g_1^{\mathrm{T}}(x_1) \vartheta^{\mathrm{T}} \kappa_2 \vartheta g_1(x_1) \right) \\
&\quad - \frac{1}{\gamma_1} \tilde{\theta}_1^{\mathrm{T}} \dot{\theta}_1 + \frac{3}{2} \xi_1^2(t) g_1^{\mathrm{T}}(x_1) \vartheta^{\mathrm{T}} \kappa_1^2 \vartheta g_1(x_1)
\end{aligned} \tag{6.11}$$

使用引理 2.12，可得：

$$\xi_1^3(t) \kappa_1 \varepsilon_1 \leqslant \frac{3}{4} \kappa_1^{\frac{4}{3}} \xi_1^4(t) + \frac{1}{4} (\varepsilon_1^*)^4 \tag{6.12}$$

$$\frac{1}{2} \xi_1^3(t) g_1^{\mathrm{T}}(x_1) \vartheta^{\mathrm{T}} \kappa_2 \vartheta g_1(x_1) \leqslant \frac{3}{8} \kappa_2^4 \xi_1^4(t) + \frac{1}{8} (\bar{\vartheta}^{\mathrm{T}} \bar{\vartheta})^4 \tag{6.13}$$

$$\frac{3}{2} \xi_1^2(t) g_1^{\mathrm{T}}(x_1) \vartheta^{\mathrm{T}} \kappa_1^2 \vartheta g_1(x_1) \leqslant \frac{3}{4} \kappa_1^4 \xi_1^4(t) + \frac{3}{4} (\bar{\vartheta}^{\mathrm{T}} \bar{\vartheta})^2 \tag{6.14}$$

将上述不等式代入式（6.11），得到：

$$\begin{aligned}
\mathcal{L}V_1 &\leqslant \xi_1^3(t) \kappa_1 \left(x_2^{p_1} + \tilde{\theta}_1^{\mathrm{T}} \varphi_1(x_1) + \theta_1^{\mathrm{T}} \varphi_1(x_1) + \frac{3}{4} \kappa_1^{\frac{1}{3}} \xi_1(t) + \frac{3}{8} \kappa_2^4 \kappa_1^{-1} \xi_1(t) \right. \\
&\quad \left. + \frac{3}{4} \kappa_1^3 \xi_1(t) \right) - \frac{1}{\gamma_1} \tilde{\theta}_1^{\mathrm{T}} \dot{\theta}_1 + \frac{3}{4} (\bar{\vartheta}^{\mathrm{T}} \bar{\vartheta})^2 + \frac{1}{8} (\bar{\vartheta}^{\mathrm{T}} \bar{\vartheta})^4 + \frac{1}{4} (\varepsilon_1^*)^4
\end{aligned} \tag{6.15}$$

依据随机系统 Lyapunov 稳定性判据，可设计虚拟控制器及自适应律如下：

$$
\alpha_1 = \left(-c_1 \kappa_1^{-1} \xi_1(t) - \theta_1^{\mathrm{T}} \varphi_1(x_1) - \frac{3}{4} \kappa_1^{\frac{1}{3}} \xi_1(t) - \frac{3}{4} p_1^{\frac{4}{3}} \kappa_1^{\frac{1}{3}} \xi_1(t) \right.
$$
$$
\left. - \frac{3}{8} \kappa_2^{\frac{4}{4}} \kappa_1^{-1} \xi_1(t) - \frac{3}{4} \kappa_1^{3} \xi_1(t) \right)^{\frac{1}{p_1}}
$$
(6.16)

$$
\dot{\theta}_1 = \gamma_1 \xi_1^3(t) \varphi_1(\overline{x}_1) - \delta_1 \theta_1
$$
(6.17)

将所设计的虚拟控制器式（6.16）及自适应律式（6.17）代入式（6.15）中，则有：

$$
\mathcal{L}V_1 \leqslant -c_1 \xi_1^4(t) - \frac{3}{4} p_1^{\frac{4}{3}} \mid \kappa_1 \mid^{\frac{4}{3}} \xi_1^4(t) + \xi_1^3(t) \kappa_1 (x_2^{p_1} - \alpha_1^{p_1})
$$
$$
+ \frac{\delta_1}{\gamma_1} \tilde{\theta}_1^{\mathrm{T}} \theta_1 + D_1
$$
(6.18)

式中：$D_1 = \frac{3}{4} (\overline{\vartheta}^{\mathrm{T}} \overline{\vartheta})^2 + \frac{1}{8} (\overline{\vartheta}^{\mathrm{T}} \overline{\vartheta})^4 + \frac{1}{4} (\varepsilon_1^*)^4$。

使用引理 2.16，可得：

$$
\xi_1^3(t) \kappa_1 (x_2^{p_1} - \alpha_1^{p_1}) \leqslant p_1 \mid \xi_1^3(t) \parallel \kappa_1 \parallel \xi_2(t) \parallel x_2^{p_1-1} + \alpha_1^{p_1-1} \mid
$$
$$
\leqslant \frac{3}{4} p_1^{\frac{4}{3}} \mid \kappa_1 \mid^{\frac{4}{3}} \xi_1^4(t) + \frac{1}{4} \xi_2^4(t) (x_2^{p_1-1} + \alpha_1^{p_1-1})^4
$$
(6.19)

将上述不等式代入式（6.18）有：

$$
\mathcal{L}V_1 \leqslant -c_1 \xi_1^4(t) + \frac{1}{4} \xi_2^4(t) (x_2^{p_1-1} + \alpha_1^{p_1-1})^4 + \frac{\delta_1}{\gamma_1} \tilde{\theta}_1^{\mathrm{T}} \theta_1 + D_1
$$
(6.20)

步骤 $i(i = 2, \cdots, n-1)$：依据随机非线性系统式（6.1），可得：

$$
\mathrm{d}\xi_i(t) = \mathrm{d}x_i - \mathrm{d}\alpha_{i-1} = (x_{i+1}^{p_i} + f_i(\overline{x}_i)) \mathrm{d}t + g_i(\overline{x}_i) \mathrm{d}\omega - \mathrm{d}\alpha_{i-1}
$$
$$
= \left(x_{i+1}^{p_i} + f_i(\overline{x}_i) - \sum_{j=1}^{i-1} \frac{\partial \alpha_{i-1}}{\partial \theta_j} \dot{\theta}_j - \sum_{j=1}^{i-1} \frac{\partial \alpha_{i-1}}{\partial x_j} (x_{j+1}^{p_j} + f_j(\overline{x}_j)) \right.
$$
$$
\left. + \frac{1}{2} \frac{\partial^2 \alpha_{i-1}}{\partial x_j^2} g_j^{\mathrm{T}}(\overline{x}_j) \vartheta^{\mathrm{T}} \vartheta g_j(\overline{x}_j) \right) \mathrm{d}t + \left(g_i(\overline{x}_i) \right.
$$
$$
\left. - \sum_{j=1}^{i-1} \frac{\partial \alpha_{i-1}}{\partial x_j} g_j(\overline{x}_j) \right) \mathrm{d}\omega
$$
(6.21)

本步选取如下四次型 Lyapunov 函数：

$$
V_i = V_{i-1} + \frac{1}{4} \xi_i^4(t) + \frac{1}{2\gamma_i} \tilde{\theta}_i^{\mathrm{T}} \tilde{\theta}_i
$$
(6.22)

式中：$\gamma_i > 0$ 为待设计参数。

依据定义 2.1 可得 V_i 的无穷小算子为：

$$
\begin{aligned}
\mathcal{L}V_i = {}& \mathcal{L}V_{i-1} + \xi_i^3(t)\Bigg(x_{i+1}^{p_i} + f_i(\overline{x}_i) - \sum_{j=1}^{i-1}\frac{\partial\alpha_{i-1}}{\partial\theta_j}\dot{\theta}_j - \sum_{j=1}^{i-1}\frac{\partial\alpha_{i-1}}{\partial x_j}\Big(\frac{1}{2}\frac{\partial^2\alpha_{i-1}}{\partial x_j^2}g_j^{\mathrm T}(\overline{x}_j) \\
& \times \vartheta^{\mathrm T}\vartheta g_j(\overline{x}_j) + x_{j+1}^{p_j} + f_j(\overline{x}_j)\Big)\Bigg) + \frac{3}{2}\xi_i^2(t)\Big(-\sum_{j=1}^{i-1}\frac{\partial\alpha_{i-1}}{\partial x_j}g_j(\overline{x}_j) + g_i(\overline{x}_i)\Big)^{\mathrm T} \\
& \times \vartheta^{\mathrm T}\vartheta\Big(g_i(\overline{x}_i) - \sum_{j=1}^{i-1}\frac{\partial\alpha_{i-1}}{\partial x_j}g_j(\overline{x}_j)\Big) - \frac{1}{\gamma_i}\tilde{\theta}_i^{\mathrm T}\dot{\theta}_i \\
= {}& \mathcal{L}V_{i-1} + \xi_i^3(t)\Bigg(x_{i+1}^{p_i} + \tilde{\theta}_i^{\mathrm T}\varphi_i(\overline{x}_i) + \theta_i^{\mathrm T}\varphi_i(\overline{x}_i) + \varepsilon_i - \sum_{j=1}^{i-1}\frac{\partial\alpha_{i-1}}{\partial\theta_j}\dot{\theta}_j - \sum_{j=1}^{i-1}\frac{\partial\alpha_{i-1}}{\partial x_j}\Big(x_{j+1}^{p_j} \\
& + \tilde{\theta}_j^{\mathrm T}\varphi_j(\overline{x}_j) + \theta_j^{\mathrm T}\varphi_j(\overline{x}_j) + \varepsilon_j + \frac{1}{2}\frac{\partial^2\alpha_{i-1}}{\partial x_j^2}g_j^{\mathrm T}(\overline{x}_j)\vartheta^{\mathrm T}\vartheta g_j(\overline{x}_j)\Big)\Bigg) - \frac{1}{\gamma_i}\tilde{\theta}_i^{\mathrm T}\dot{\theta}_i \\
& + \frac{3}{2}\xi_i^2(t)\Big(g_i(\overline{x}_i) - \sum_{j=1}^{i-1}\frac{\partial\alpha_{i-1}}{\partial x_j}g_j(\overline{x}_j)\Big)^{\mathrm T}\vartheta^{\mathrm T}\vartheta\Big(g_i(\overline{x}_i) - \sum_{j=1}^{i-1}\frac{\partial\alpha_{i-1}}{\partial x_j}g_j(\overline{x}_j)\Big)
\end{aligned}
\tag{6.23}
$$

通过使用引理 2.12，可得下列不等式：

$$
\xi_i^3(t)\varepsilon_i \leqslant \frac{3}{4}\xi_i^4(t) + \frac{1}{4}(\varepsilon_i^*)^4
\tag{6.24}
$$

$$
-\xi_i^3(t)\sum_{j=1}^{i-1}\tilde{\theta}_j^{\mathrm T}\varphi_j(\overline{x}_j) \leqslant \frac{i-1}{2}\xi_i^6(t) + \frac{1}{2}\sum_{j=1}^{i-1}\tilde{\theta}_j^{\mathrm T}\tilde{\theta}_j
\tag{6.25}
$$

$$
-\xi_i^3(t)\sum_{j=1}^{i-1}\varepsilon_j \leqslant \frac{3(i-1)}{4}\xi_i^4(t) + \frac{1}{4}\sum_{j=1}^{i-1}(\varepsilon_j^*)^4
\tag{6.26}
$$

$$
-\frac{1}{2}\xi_i^3(t)\sum_{j=1}^{i-1}\frac{\partial^2\alpha_{i-1}}{\partial x_j^2}g_j^{\mathrm T}(\overline{x}_j)\vartheta^{\mathrm T}\vartheta g_j(\overline{x}_j) \leqslant \frac{3(i-1)}{8}\sum_{j=1}^{i-1}\Big(\frac{\partial^2\alpha_{i-1}}{\partial x_j^2}\Big)^{\frac{4}{3}}\xi_i^4(t) + \frac{i-1}{8}(\overline{\vartheta}^{\mathrm T}\overline{\vartheta})^4
\tag{6.27}
$$

$$
\begin{aligned}
& \frac{3}{2}\xi_i^2(t)\Big(g_i(\overline{x}_i) - \sum_{j=1}^{i-1}\frac{\partial\alpha_{i-1}}{\partial x_j}g_j(\overline{x}_j)\Big)^{\mathrm T}\vartheta^{\mathrm T}\vartheta\Big(g_i(\overline{x}_i) - \sum_{j=1}^{i-1}\frac{\partial\alpha_{i-1}}{\partial x_j}g_j(\overline{x}_j)\Big) \\
& \leqslant \frac{3}{4}\sum_{j=1}^{i-1}\sum_{k=1}^{i-1}\Big(\frac{\partial\alpha_{i-1}}{\partial x_j}\frac{\partial\alpha_{i-1}}{\partial x_k}\Big)^2\xi_i^4(t) + \frac{3}{4}\xi_i^4(t) + \frac{3}{2}\sum_{j=1}^{i-1}\Big(\frac{\partial\alpha_{i-1}}{\partial x_j}\Big)^2\xi_i^4(t) + \frac{3i^2}{4}(\vartheta^{\mathrm T}\vartheta)^2
\end{aligned}
\tag{6.28}
$$

将上述不等式代入式（6.23）中，可以得到：

$$
\begin{aligned}
\mathcal{L}V_i \leqslant {}& \mathcal{L}V_{i-1} + \xi_i^3(t)\Bigg(x_{i+1}^{p_i} + \tilde{\theta}_i^{\mathrm T}\varphi_i(\overline{x}_i) + \theta_i^{\mathrm T}\varphi_i(\overline{x}_i) + \Big(\frac{3}{2}\sum_{j=1}^{i-1}\Big(\frac{\partial\alpha_{i-1}}{\partial x_j}\Big)^2 + \frac{3}{4}\sum_{j=1}^{i-1}\sum_{k=1}^{i-1}\Big(\frac{\partial\alpha_{i-1}}{\partial x_j} \\
& \times \frac{\partial\alpha_{i-1}}{\partial x_k}\Big)^2 + \frac{3(i+1)}{4} + \frac{3(i-1)}{8}\sum_{j=1}^{i-1}\Big(\frac{\partial^2\alpha_{i-1}}{\partial x_j^2}\Big)^{\frac{4}{3}}\Big)\xi_i(t) - \sum_{j=1}^{i-1}\frac{\partial\alpha_{i-1}}{\partial\theta_j}\dot{\theta}_j - \sum_{j=1}^{i-1}\frac{\partial\alpha_{i-1}}{\partial x_j}\Big(x_{j+1}^{p_j} \\
& + \theta_j^{\mathrm T}\varphi_j(\overline{x}_j)\Big) + \frac{i-1}{2}\xi_i^3(t)\Bigg) + \frac{1}{4}\sum_{j=1}^{i-1}(\varepsilon_j^*)^4 + \frac{1}{4}(\varepsilon_i^*)^4 + \frac{1}{2}\sum_{j=1}^{i-1}\tilde{\theta}_j^{\mathrm T}\tilde{\theta}_j + \frac{i-1}{8}(\overline{\vartheta}^{\mathrm T}\overline{\vartheta})^4 \\
& + \frac{3i^2}{4}(\vartheta^{\mathrm T}\vartheta)^2 - \frac{1}{\gamma_i}\tilde{\theta}_i^{\mathrm T}\dot{\theta}_i
\end{aligned}
\tag{6.29}
$$

进一步，根据随机系统 Lyapunov 稳定性理论，可将虚拟控制器及自适应律设计为：

$$
\begin{aligned}
\alpha_i = \Bigg(&-c_i\xi_i(t) - \theta_i^{\mathrm{T}}\varphi_i(\bar{x}_i) - \Big(\frac{3(i-1)}{8}\sum_{j=1}^{i-1}\big(\frac{\partial^2\alpha_{i-1}}{\partial x_j^2}\big)^{\frac{4}{3}} - \frac{3}{4}\sum_{j=1}^{i-1}\sum_{k=1}^{i-1}\big(\frac{\partial\alpha_{i-1}}{\partial x_j} \\
&\times\frac{\partial\alpha_{i-1}}{\partial x_k}\big)^2 - \frac{3}{2}\sum_{j=1}^{i-1}\big(\frac{\partial\alpha_{i-1}}{\partial x_j}\big)^2 - \frac{3(i+1)}{4}\Big)\xi_i(t) + \sum_{j=1}^{i-1}\frac{\partial\alpha_{i-1}}{\partial x_j}\big(x_{j+1}^{p_j} \\
&-\theta_j^T\varphi_j(\bar{x}_j)\big) + \sum_{j=1}^{i-1}\frac{\partial\alpha_{i-1}}{\partial\theta_j}\dot{\theta}_j - \frac{1}{4}\xi_i(t)(x_i^{p_{i-1}} + \alpha_{i-1}^{p_{i-1}})^4 \\
&-\frac{i-1}{2}\xi_i^3(t) - \frac{3}{4}p_i^{\frac{4}{3}}\xi_i(t) \Bigg)^{\frac{1}{p_i}}
\end{aligned}
\tag{6.30}
$$

$$
\dot{\theta}_i = \gamma_i\xi_i^3(t)\varphi_i(\bar{x}_i) - \delta_i\theta_i
\tag{6.31}
$$

将无穷小算子 $\mathcal{L}V_{i-1}$ 式（6.23），所设计虚拟控制器 α_i 式（6.30）及自适应控制律 $\dot{\theta}_i$ 式（6.31）代入式（6.29）中，可以得到：

$$
\begin{aligned}
\mathcal{L}V_i \leqslant &-\sum_{j=1}^{i}c_j\xi_j^4(t) + \xi_i^3(t)(x_{i+1}^{p_i} - \alpha_i^{p_i}) + \frac{1}{2}\sum_{j=1}^{i-1}\tilde{\theta}_j^{\mathrm{T}}\tilde{\theta}_j \\
&-\frac{3}{4}p_i^{\frac{4}{3}}\xi_i^4(t) + \sum_{j=1}^{i}\frac{\delta_j}{\gamma_j}\tilde{\theta}_j^{\mathrm{T}}\theta_j + D_i
\end{aligned}
\tag{6.32}
$$

式中：$D_i = D_{i-1} + \frac{1}{4}\sum_{j=1}^{i-1}(\varepsilon_j^*)^4 + \frac{1}{4}(\varepsilon_i^*)^4 + \frac{i-1}{8}(\bar{\vartheta}^{\mathrm{T}}\bar{\vartheta})^4 + \frac{3i^2}{4}(\vartheta^{\mathrm{T}}\vartheta)^2$。

使用引理 2.16，可得：

$$
\begin{aligned}
\xi_i^3(t)(x_{i+1}^{p_i} - \alpha_i^{p_i}) \leqslant &\, p_i\,|\,\xi_i^3(t)\,\|\,\xi_{i+1}(t)\,\|\,x_{i+1}^{p_i-1} + \alpha_i^{p_i-1}\,| \\
\leqslant &\,\frac{3}{4}p_i^{\frac{4}{3}}\xi_i^4(t) + \frac{1}{4}\xi_{i+1}^4(t)(x_{i+1}^{p_i-1} + \alpha_i^{p_i-1})^4
\end{aligned}
\tag{6.33}
$$

将式（6.33）代入式（6.32）中，则有：

$$
\mathcal{L}V_i \leqslant -\sum_{j=1}^{i}c_j\xi_j^4(t) + \frac{1}{4}\xi_{i+1}^4(t)(x_{i+1}^{p_i-1} + \alpha_i^{p_i-1})^4 + \sum_{j=1}^{i-1}\frac{i-j}{2}\tilde{\theta}_j^{\mathrm{T}}\tilde{\theta}_j + \sum_{j=1}^{i}\frac{\delta_j}{\gamma_j}\tilde{\theta}_j^{\mathrm{T}}\theta_j + D_i
\tag{6.34}
$$

上式中部分项的形式满足随机系统稳定定理的要求，通过反复迭代，设计出前 $n-1$ 项的虚拟控制器与自适应律。

步骤 n：本步的处理方法同前 $n-1$ 步处理方法类似，依据高阶随机非线性系统式（6.1），可以得到：

$$
\begin{aligned}
\mathrm{d}\xi_n(t) &= \mathrm{d}x_n - \mathrm{d}\alpha_{n-1} \\
&= \left(u^{p_n} + f_n(\bar{x}_n)\right)\mathrm{d}t + g_n(\bar{x}_n)\mathrm{d}\omega - \mathrm{d}\alpha_{n-1} \\
&= \left(u^{p_n} + f_n(\bar{x}_n) - \sum_{j=1}^{n-1}\frac{\partial\alpha_{n-1}}{\partial\theta_j}\dot{\theta}_j - \sum_{j=1}^{n-1}\frac{\partial\alpha_{n-1}}{\partial x_j}\left(x_j^{p_{j-1}} + f_j(\bar{x}_j) + \frac{1}{2}\frac{\partial^2\alpha_{n-1}}{\partial x_j^2}\frac{1}{n}\right.\right. \\
&\quad \left.\left.\times g_j^{\mathrm{T}}(\bar{x}_j)\vartheta^{\mathrm{T}}\vartheta g_j(\bar{x}_j)\right)\right)\mathrm{d}t + \left(g_n(\bar{x}_n) - \sum_{j=1}^{n-1}\frac{\partial\alpha_{n-1}}{\partial x_j}g_j(\bar{x}_j)\right)\mathrm{d}\omega
\end{aligned}
\tag{6.35}
$$

选定如下四次型 Lyapunov 函数：

$$
V_n = V_{n-1} + \frac{1}{4}\xi_n^4(t) + \frac{1}{2\gamma_n}\tilde{\theta}_n^{\mathrm{T}}\tilde{\theta}_n
\tag{6.36}
$$

式中：γ_n 是待定参数。

将高阶随机非线性系统式（6.1）、式（6.35）以及选定的 Lyapunov 函数式（6.36）结合，使用定义 2.1 中无穷小算子定义，得到 V_n 的无穷小算子为：

$$
\begin{aligned}
\mathcal{L}V_n &= \mathcal{L}V_{n-1} + \xi_n^3(t)\left(u^{p_n} + f_n(\bar{x}_n) - \sum_{j=1}^{n-1}\frac{\partial\alpha_{n-1}}{\partial\theta_j}\dot{\theta}_j - \sum_{j=1}^{n-1}\frac{\partial\alpha_{n-1}}{\partial x_j}\left(\frac{1}{2}\frac{\partial^2\alpha_{n-1}}{\partial x_j^2}g_j^{\mathrm{T}}(\bar{x}_j)\right.\right. \\
&\quad \left.\left.\times\vartheta^{\mathrm{T}}\vartheta g_j(\bar{x}_j) + x_j^{p_{j-1}} + f_j(\bar{x}_j)\right)\right) + \frac{3}{2}\xi_n^2(t)\left(-\sum_{j=1}^{n-1}\frac{\partial\alpha_{n-1}}{\partial x_j}g_j(\bar{x}_j) + g_n(\bar{x}_n)\right)^{\mathrm{T}}\vartheta^{\mathrm{T}} \\
&\quad \times\vartheta\left(g_n(\bar{x}_n) - \sum_{j=1}^{n-1}\frac{\partial\alpha_{n-1}}{\partial x_j}g_j(\bar{x}_j)\right) - \frac{1}{\gamma_n}\tilde{\theta}_n^{\mathrm{T}}\dot{\theta}_n \\
&= \mathcal{L}V_{n-1} + \xi_n^3(t)\left(u^{p_n} + \tilde{\theta}_n^{\mathrm{T}}\varphi_n(\bar{x}_n) + \theta_n^{\mathrm{T}}\varphi_n(\bar{x}_n) + \varepsilon_n - \sum_{j=1}^{n-1}\frac{\partial\alpha_{n-1}}{\partial\theta_j}\dot{\theta}_j - \sum_{j=1}^{n-1}\frac{\partial\alpha_{n-1}}{\partial x_j}\left(x_j^{p_{j-1}}\right.\right. \\
&\quad \left.\left.+ \tilde{\theta}_j^{\mathrm{T}}\varphi_j(\bar{x}_j) + \theta_j^{\mathrm{T}}\varphi_j(\bar{x}_j) + \varepsilon_j + \frac{1}{2}\frac{\partial^2\alpha_{n-1}}{\partial x_j^2}g_j^{\mathrm{T}}(\bar{x}_j)\vartheta^{\mathrm{T}}\vartheta g_j(\bar{x}_j)\right)\right) + \frac{3}{2}\xi_n^2(t)\left(g_n(\bar{x}_n)\right. \\
&\quad \left.-\sum_{j=1}^{n-1}\frac{\partial\alpha_{n-1}}{\partial x_j}g_j(\bar{x}_j)\right)^{\mathrm{T}}\vartheta^{\mathrm{T}}\vartheta\left(g_n(\bar{x}_n) - \sum_{j=1}^{n-1}\frac{\partial\alpha_{n-1}}{\partial x_j}g_j(\bar{x}_j)\right) - \frac{1}{\gamma_n}\tilde{\theta}_n^{\mathrm{T}}\dot{\theta}_n
\end{aligned}
\tag{6.37}
$$

对式（6.37）使用引理 2.12，可得：

$$
\xi_n^3(t)\varepsilon_n \leqslant \frac{3}{4}\xi_n^4(t) + \frac{1}{4}(\varepsilon_n^*)^4
\tag{6.38}
$$

$$
-\xi_n^3(t)\sum_{j=1}^{n-1}\tilde{\theta}_j^{\mathrm{T}}\varphi_j(\bar{x}_j) \leqslant \frac{n-1}{2}\xi_n^6(t) + \frac{1}{2}\sum_{j=1}^{n-1}\tilde{\theta}_j^{\mathrm{T}}\tilde{\theta}_j
\tag{6.39}
$$

$$
-\xi_n^3(t)\sum_{j=1}^{n-1}\varepsilon_j \leqslant \frac{3(n-1)}{4}\xi_n^4(t) + \frac{1}{4}\sum_{j=1}^{n-1}(\varepsilon_j^*)^4
\tag{6.40}
$$

$$-\frac{1}{2}\xi_n^3\sum_{j=1}^{i-n}\frac{\partial^2\alpha_{i-n}}{\partial x_j^2}g_j^{\mathrm{T}}(\bar{x}_j)\vartheta^{\mathrm{T}}\vartheta g_j(\bar{x}_j)\leqslant\frac{3(n-1)}{8}\sum_{j=1}^{n-1}\left(\frac{\partial^2\alpha_{n-1}}{\partial x_j^2}\right)^{\frac{4}{3}}\xi_i^4+\frac{n-1}{8}(\bar{\vartheta}^{\mathrm{T}}\bar{\vartheta})^4 \quad (6.41)$$

$$\frac{3}{2}\xi_n^2(t)\left(g_n(\bar{x}_n)-\sum_{j=1}^{n-1}\frac{\partial\alpha_{n-1}}{\partial x_j}g_j(\bar{x}_j)\right)^{\mathrm{T}}\vartheta^{\mathrm{T}}\vartheta\left(g_n(\bar{x}_n)-\sum_{j=1}^{n-1}\frac{\partial\alpha_{n-1}}{\partial x_j}g_j(\bar{x}_j)\right)\leqslant$$
$$\frac{3}{4}\sum_{j=1}^{n-1}\sum_{k=1}^{n-1}\left(\frac{\partial\alpha_{n-1}}{\partial x_j}\frac{\partial\alpha_{n-1}}{\partial x_k}\right)^2\xi_n^4(t)+\frac{3}{4}\xi_n^4(t)+\frac{3}{2}\sum_{j=1}^{n-1}\left(\frac{\partial\alpha_{n-1}}{\partial x_j}\right)^2\xi_n^4(t)+\frac{3n^2}{4}(\vartheta^{\mathrm{T}}\vartheta)^2 \quad (6.42)$$

将上述不等式代入式（6.37）中，可以得到：

$$\mathcal{L}V_n\leqslant\mathcal{L}V_{n-1}+\xi_n^3(t)\left(u^{p_n}+\tilde{\theta}_n^{\mathrm{T}}\varphi_n(\bar{x}_n)+\theta_n^{\mathrm{T}}\varphi_n(\bar{x}_n)+\left(\frac{3}{2}\sum_{j=1}^{n-1}\left(\frac{\partial\alpha_{n-1}}{\partial x_j}\right)^2\right.\right.$$
$$+\frac{3}{4}\sum_{j=1}^{n-1}\sum_{k=1}^{n-1}\left(\frac{\partial\alpha_{n-1}}{\partial x_j}\frac{\partial\alpha_{n-1}}{\partial x_k}\right)^2+\frac{3(n-1)}{8}\sum_{j=1}^{n-1}\left(\frac{\partial^2\alpha_{n-1}}{\partial x_j^2}\right)^{\frac{4}{3}}\right)\xi_n(t)$$
$$+\frac{3(n+1)}{4}-\sum_{j=1}^{n-1}\frac{\partial\alpha_{n-1}}{\partial\theta_j}\dot{\theta}_j-\sum_{j=1}^{n-1}\frac{\partial\alpha_{n-1}}{\partial x_j}\left(x_j^{p_{j-1}}+\theta_j^{\mathrm{T}}\varphi_j(\bar{x}_j)\right)+\frac{n-1}{2}\xi_n^3(t)\right) \quad (6.43)$$
$$+\frac{1}{4}\sum_{j=1}^{n-1}(\varepsilon_j^*)^4+\frac{1}{4}(\varepsilon_n^*)^4+\frac{1}{2}\sum_{j=1}^{n-1}\tilde{\theta}_j^{\mathrm{T}}\tilde{\theta}_j-\frac{1}{\gamma_n}\tilde{\theta}_n^{\mathrm{T}}\dot{\theta}_n+\frac{i-1}{8}(\bar{\vartheta}^{\mathrm{T}}\bar{\vartheta})^4+\frac{3n^2}{4}(\vartheta^{\mathrm{T}}\vartheta)^2$$

依据随机系统稳定理论，可将最后实际控制器及自适应律设计为：

$$u=\left(-c_n\xi_n(t)-\theta_n^{\mathrm{T}}\varphi_n(\bar{x}_n)-\left(\frac{3(n-1)}{8}\sum_{j=1}^{n-1}\left(\frac{\partial^2\alpha_{n-1}}{\partial x_j^2}\right)^{\frac{4}{3}}-\frac{3}{4}\sum_{j=1}^{n-1}\sum_{k=1}^{n-1}\left(\frac{\partial\alpha_{n-1}}{\partial x_j}\right.\right.\right.$$
$$\times\frac{\partial\alpha_{n-1}}{\partial x_k}\right)^2-\frac{3}{2}\sum_{j=1}^{n-1}\left(\frac{\partial\alpha_{n-1}}{\partial x_j}\right)^2-\frac{3(n+1)}{4}\right)\xi_n(t)+\sum_{j=1}^{n-1}\frac{\partial\alpha_{n-1}}{\partial x_j}\left(x_j^{p_{j-1}}\right. \quad (6.44)$$
$$+\theta_j^{\mathrm{T}}\varphi_j(\bar{x}_j)\right)+\sum_{j=1}^{n-1}\frac{\partial\alpha_{n-1}}{\partial\theta_j}\dot{\theta}_j-\frac{1}{4}\xi_n(t)(x_n^{p_{n-1}-1}+\alpha_{n-1}^{p_{n-1}-1})^4-\frac{n-1}{2}\xi_n^3(t)\right)^{\frac{1}{p_n}}$$

$$\dot{\theta}_n=\gamma_n\xi_n^3(t)\varphi_n(\bar{x}_n)-\delta_n\theta_n \quad (6.45)$$

将 $\mathcal{L}V_{n-1}$ 式（6.43）、实际控制器 u 式（6.44）及自适应律 $\dot{\theta}_n$ 式（6.45）代入式（6.43）中，可以得到：

$$\mathcal{L}V_n\leqslant-\sum_{j=1}^n c_j\xi_j^4(t)+\frac{1}{2}\sum_{j=1}^{n-1}\tilde{\theta}_j^{\mathrm{T}}\tilde{\theta}_j+\sum_{j=1}^n\frac{\delta_j}{\gamma_j}\tilde{\theta}_j^{\mathrm{T}}\theta_j+D_n$$
$$\leqslant-\sum_{j=1}^n c_j\xi_j^4(t)+\frac{1}{2}\sum_{j=1}^{n-1}\tilde{\theta}_j^{\mathrm{T}}\tilde{\theta}_j-\frac{1}{2}\sum_{j=1}^n\frac{\delta_j}{\gamma_j}\tilde{\theta}_j^{\mathrm{T}}\tilde{\theta}_j+\frac{1}{2}\sum_{j=1}^n\frac{\delta_j}{\gamma_j}\theta_j^{*2}+D_n$$
$$=-\sum_{j=1}^n c_j\xi_j^4(t)+\frac{1}{2}\sum_{j=1}^{n-1}\tilde{\theta}_j^{\mathrm{T}}\tilde{\theta}_j-\frac{1}{2}\sum_{j=1}^n\frac{\delta_j}{\gamma_j}\tilde{\theta}_j^{\mathrm{T}}\tilde{\theta}_j+D \quad (6.46)$$
$$\leqslant-C\sum_{j=1}^n\left(\frac{1}{4}\xi_j^4(t)+\frac{1}{2\gamma_j}\tilde{\theta}_j^{\mathrm{T}}\tilde{\theta}_j\right)+D$$

式中：$D = \dfrac{1}{2}\sum_{j=1}^{n}\dfrac{\delta_j}{\gamma_j}\theta_j^{*2} + D_n$，$D_n = D_{n-1} + \dfrac{1}{4}\sum_{j=1}^{n}(\varepsilon_j^*)^4 + \dfrac{n-1}{8}(\bar{\vartheta}^{\mathrm{T}}\bar{\vartheta})^4 + \dfrac{3n^2}{4}(\vartheta^{\mathrm{T}}\vartheta)^2$，

$C = \min\{4(\delta_j - \gamma_j), 4\delta_n, 4c_j, 4c_n\}$，$\delta_j \geq \gamma_j$，$j = 1, \cdots, n-1$。

取 $V = V_n$ 得到：

$$\mathcal{L}V \leq -CV + D \tag{6.47}$$

根据引理 2.17 有：

$$V^\eta \leq V + (1-\eta)\beta^{\frac{-\eta}{1-\eta}} \tag{6.48}$$

整理得：

$$-V \leq -V^\eta + (1-\eta)\beta^{\frac{-\eta}{1-\eta}} \tag{6.49}$$

将上式乘以同一参数可得：

$$-CV \leq -CV^\eta + C(1-\eta)\beta^{\frac{-\eta}{1-\eta}} \tag{6.50}$$

将上述不等式代入式（6.47）有：

$$\mathcal{L}V \leq -CV^\eta + C(1-\eta)\beta^{\frac{-\eta}{1-\eta}} + D \tag{6.51}$$

根据引理 2.3 可知，式（6.51）满足随机非线性系统有限时间稳定条件。由此可知，所设计控制策略能保证被控系统高阶随机非线性系统是半全局有限时间依概率稳定的。

6.3　仿真验证

本节通过仿真例子验证所提策略的有效性，系统模型部分借鉴于文献[206]及文献[207]，具体如下：

$$\begin{cases} \mathrm{d}x_1 = x_2 + f(x_1)\mathrm{d}t + 0.01\cos x_1 \mathrm{d}\omega \\ \mathrm{d}x_2 = (x_3^3 + f_2(x_1))\mathrm{d}t \\ \mathrm{d}x_3 = u\mathrm{d}t \\ y = x_1 \end{cases} \tag{6.52}$$

在该系统模型中 $f_2(x_1) = 0.98\sin x_1$。系统初始条件给定：$x_1(0) = 0.5$，$x_2(0) = -4$，$x_3(0) = 0.1$。其余初始条件均为 0。给定参考信号 $r(t)$：$r(t) = \sin t$。参数选定为 $c_1 = 1$，$c_2 = 20$，

$c_3 = 10$，$\gamma_2 = 0.2$，$\delta_2 = 0.5$。预设性能函数参数选定：$\tau_1 = \tau_2 = 1$，$\vartheta_0 = 4$，$\vartheta_\infty = 0.45$，$k = 1$。

仿真结果如图 6.1 ～图 6.3 所示。图 6.1 为系统输出 x_1 及输出参考信号 $r(t)$。图 6.2 为系统输出跟踪误差 $e(t)$ 及预设性能函数。图 6.3 为系统受约束状态变量 x_2 和 x_3。由图可知，闭环随机非线性系统可以实现有限时间依概率稳定。系统性能不仅取决于控制器参数设计，也与系统随机干扰因素相关。本节所提策略也存在局限性，即由于采用反步法迭代设计造成控制器结构复杂。此外，在外部干扰作用下出现执行器失效的情形也是需要考虑的。

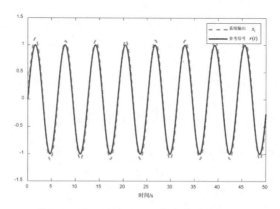

图 6.1　系统输出 x_1 及输出参考信号 $r(t)$

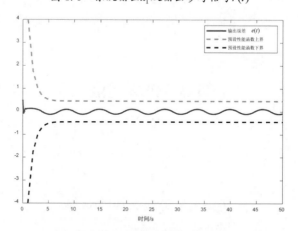

图 6.2　系统输出跟踪误差 $e(t)$ 及预设性能函数

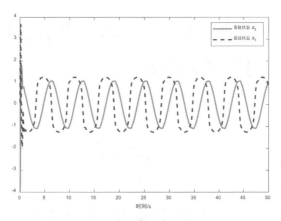

图 6.3　系统受约束状态变量x_2和x_3

6.4　本章小结

本章研究了性能约束下的高阶随机非线性系统有限时间控制问题。本章基于伊藤微分理论设计四次型 Lyapunov 函数，构造性能函数确保跟踪误差始终在预设约束范围内；根据有限时间稳定判据调整控制器幂次，实现跟踪误差的有限时间收敛特性；融合自适应机制与模糊逼近算法，设计了有限时间预设性能控制器；提升了收敛速率并改善了稳态精度。

然而，该控制方案要求系统状态信息必须可测，并且要求所有执行器健康无故障。如何在执行器部分失效的情况下提升具有不可测状态的随机非线性系统的容错能力，是第 7 章的主要研究内容。

第 7 章　随机非线性系统有限时间容错控制方法

7.1　本章引言

本书第 3 ~ 6 章研究了非线性系统的稳定性及有限时间控制问题，在被控系统运行状况良好的情况下，均能取得满意的控制效果。在工业系统中，恶劣环境使得部分系统状态不能准确测量，同时系统长周期运行会导致执行器故障，影响被控系统控制品质和性能，甚至发生安全事故。因此，本章考虑随机非线性系统状态不可测以及执行器部分失效故障的情况，通过设计模糊观测器观测系统状态，开展随机非线性系统自适应模糊有限时间容错控制研究，在系统状态有限时间稳定的同时提升随机非线性系统的容错能力。

本书中所研究的随机非线性系统需要结合伊藤随机微分方程、随机 Lyapunov 稳定性理论与自适应模糊控制方法，目前已经产生了许多有益的方法。通过引入四次型 Lyapunov 函数和随机无穷小算子，文献 [33] 首次提出了随机系统全局依概率渐近稳定。此后，关于随机系统的镇定和跟踪问题得以迅速发展。尽管常用的随机系统的控制方法在系统良好条件下能够保持稳定，但执行器故障可能会导致控制器无效。容错值是指被控系统容忍故障的能力，容错控制的思想由尼德林斯基（Niederlinski）首先提出 [208]，分为被动容错和主动容错。早期被动容错控制器基于先验故障模型和知识，在已知故障类型情况下能够保持被控系统的稳定和收敛性能。文献 [209] 以线性系统为模型，提出基于黎卡提方程的容错控制器，保证了系统在执行器故障下的渐近收敛性能；文献 [210] 考虑系统的成本消耗，基于最优化理论方法，针对具有执行器故障的系统设计了保性控制器。然而，在进行被动容错控制器设计中，需要事先知晓可能存在的故障，而且控制器结构固定，控制器参数不具备动态调整能力，控制效果过于保守，当未知故障发生时，系统可能呈现发散状态。上述情况都限制了被动容错控制方法的发展。

主动容错控制是指被控系统控制器能在故障时主动调整参数或结构，满足系统稳定性或者收敛指标需求。由于主动容错具有强大的自适应能力，目前已成为容错控制研究的主流。文献 [211] 采用故障的自动检测与识别方案,使用自适应律进行故障参数的重构,利用随机 Lyapunov 函数和上鞅定理对被控系统进行了稳定性分析，给出了均方指数稳定性的充要条件；文献 [212] 针对执行器运行过程中的中断故障，使用控制律重构设计方法，提出求解静态反馈增益阵的伪逆方法，有效克服了执行器故障；考虑到执行器故障的存在，文献 [45] 对大规模纯反馈的随机非线性系统提出了基于观测器的自适应模糊容错控制器；文献 [47] 针对具有随机故障和输入饱和的随机非线性系统的控制问题，采用指令滤波器来减少计算复杂度，设计了基于事件触发的容错控制器，并在单连杆机械臂上进行了仿真验证；文献 [213] 针对存在未知干扰的线性离散时间随机系统状态估计问题，给出了滤波器存在和稳定的充要条件；考虑到非线性约束和故障的共存，文献 [214] 和文献 [215] 分别针对具有状态约束和输出约束的非线性系统设计了自适应容错控制器。

　　第 6 章及相关文献分别针对随机非线性系统设计了有限时间控制器及容错控制器，但并未同时考虑状态不可测和执行器故障下的有限时间控制问题，此类情况在物理系统中时有发生。因此，本章针对带有全状态约束及执行器故障的随机非线性系统控制问题，开展有限时间容错控制研究。

7.2　全状态约束随机非线性系统控制问题描述

　　本节考虑的带有全状态约束的随机非线性系统如下：

$$\begin{cases} \mathrm{d}x_i = \left(x_{i+1} + f(\bar{x}_i)\right)\mathrm{d}t + g_i(\bar{x}_i)\mathrm{d}\omega \\ \mathrm{d}x_n = \left(u + f(x)\right)\mathrm{d}t + g_n(\bar{x}_n)\mathrm{d}\omega \\ y = x_1 \end{cases} \tag{7.1}$$

式中：$\bar{x}_i = (x_1, \cdots, x_i), i = 1, \cdots, n$ 为系统状态，$u \in \mathbb{R}$、$y \in \mathbb{R}$ 为系统输入、输出；$f_i(\bar{x}_i)$ 为满足 Lipschitz 条件的未知函数；ω 为 r 维独立维纳过程，满足 $G^{\mathrm{T}}(x)\vartheta\vartheta^{\mathrm{T}}G(x) \le \vartheta\vartheta^{\mathrm{T}}$；$g_i(x)$ 为已知光滑连续非线性函数；ϑ 为函数与有界方差相乘的已知上界；$y_r(t)$ 为有界参考信号，其 n 阶连续偏导存在且有界。

　　随机非线性系统式（7.1）仅输出信号可测，且执行器存在部分失效故障，故障模型为：

$$u = \iota v(t) + \beta(t) \tag{7.2}$$

式中：$0 < \iota \le 1$ 为执行器部分失效的失效程度；$v(t)$ 为系统实际输出信号；$\beta(t)$ 为失效故障的漂移项，满足 $|\beta(t)| \le \bar{\beta}$，$\bar{\beta}$ 为给定正常数。

7.3 模糊观测器设计方法

本节利用模糊逻辑系统逼近性能，设计模糊观测器观测不可测系统状态变量，同时利用 Lyapunov 稳定性定理分析观测器观测值与实际系统状态间的误差，进而证明所设计观测器的有效性。首先，模糊观测器具体模型如下：

$$
\begin{cases}
\dot{\hat{x}}_1 = \hat{x}_2 + \theta_1^{\mathrm{T}} \varphi_1(\hat{x}_1) \\
\quad \vdots \\
\dot{\hat{x}}_{n-1} = \hat{x}_n + \theta_{n-1}^{\mathrm{T}} \varphi_{n-1}(\hat{\bar{x}}_{n-1}) \\
\dot{\hat{x}}_n = \hat{\iota} v(t) + \theta_n^{\mathrm{T}} \varphi_n(\hat{\bar{x}}_n)
\end{cases}
\tag{7.3}
$$

式中：$\hat{\iota}$ 为执行器故障程度 ι 的估计值；$\hat{\bar{x}}_i$ 为 $\bar{x}_i$ 的最优向量估计值。

为了便于进一步分析所设计的模糊观测器逼近系统状态的性能，首先定义估计误差为 $e = x - \hat{x}$，$\Delta f_i = f_i(\bar{x}_i) - \theta_i^{\mathrm{T}} \varphi_i(\hat{\bar{x}}_i)$，由随机非线性系统方程式（7.1）以及模糊观测器式（7.3）可得：

$$
\mathrm{d}e = \left(Ae + \Delta F + B\tilde{\iota}v(t) + B\beta(t)\right)\mathrm{d}t + G(x)\mathrm{d}\omega
\tag{7.4}
$$

式中：$\Delta F = [\Delta f_1, \cdots, \Delta f_n]^{\mathrm{T}}$，$\tilde{\iota} = \iota - \hat{\iota}$，$B = [0, \cdots, 0, 1]^{\mathrm{T}}$，$A = \begin{bmatrix} 0 \\ \vdots & I \\ 0 \quad 0 \quad 0 \end{bmatrix}$。

对模糊观测器的观测误差收敛性进行分析。进一步选定如下 Lyapunov 函数：$V_0 = \dfrac{1}{2} e^{\mathrm{T}} P e + \dfrac{1}{3\kappa_0} |\tilde{\iota}|^3$。依据定义 2.1，$V_0$ 无穷小算子为：

$$
\begin{aligned}
\mathcal{L}V_0 \leqslant {} & -\lambda_{\min}(Q)e^2 + e^{\mathrm{T}} P\left(\Delta F + B\tilde{\iota}v(t) + B\beta(t)\right) + \| P \| \, \bar{\vartheta}\bar{\vartheta}^{\mathrm{T}} \\
& - \frac{1}{\kappa_0} \tilde{\iota}^2 \dot{\hat{\iota}} \operatorname{sign}(\tilde{\iota})
\end{aligned}
\tag{7.5}
$$

使用引理 2.12，可以得到下列不等式成立：

$$
e^{\mathrm{T}} P \Delta F \leqslant \left(\| m \|^2 \| P \| + \| P \|^2\right)e^2 + \frac{1}{2}\| \varepsilon^* \|^2 + \sum_{i=1}^{n} \tilde{\theta}_i^{\mathrm{T}} \tilde{\theta}_i
\tag{7.6}
$$

$$
e^{\mathrm{T}} P B \beta(t) \leqslant \frac{1}{2}\| P \|^2 e^2 + \frac{1}{2} \bar{\beta}^2
\tag{7.7}
$$

$$
e^{\mathrm{T}} P B \tilde{\iota} v(t) \leqslant \frac{1}{2}\| P \|^2 e^2 + \frac{1}{2}\left(\tilde{\iota} v(t)\right)^2
\tag{7.8}
$$

式中：$m = [m_1, \cdots, m_n]^{\mathrm{T}}$，$\varepsilon^* = [\varepsilon_1^*, \cdots, \varepsilon_n^*]^{\mathrm{T}}$。

将式（7.6）～式（7.8）代入式（7.5）中，可以得到：

$$\mathcal{L}V_0 \leqslant -\left(\lambda_{\min}(Q) - \| m \|^2 \| P \| - 2\| P \|^2\right)e^2 + \frac{1}{2}\| \varepsilon^* \|^2 + \frac{1}{2}\left(\tilde{\iota}v(t)\right)^2 + \| P \| \ \bar{\vartheta}\bar{\vartheta}^{\mathrm{T}}$$
$$+ \frac{1}{2}\bar{\beta}^2 - \frac{1}{\kappa_0}\tilde{\iota}^2\dot{\iota}\,\mathrm{sign}(\tilde{\iota}) + \sum_{i=1}^{n}\tilde{\theta}_i^{\mathrm{T}}\tilde{\theta}_i \quad (7.9)$$

由式（7.9）可知，系统故障参数自适应律为：

$$\dot{\hat{\iota}} = \begin{cases} 0, & \text{若 } \hat{\iota} = 1 \text{ 且 } H \leqslant 0, \text{或 } \hat{\iota} = \phi \text{ 且 } H \geqslant 0 \\ H, & \text{其他} \end{cases} \quad (7.10)$$

式中：$H = -\dfrac{1}{2}\kappa_0 v^2(t) - \delta_0\hat{\iota}$，$\delta_0 > 0$ 为待设计参数；ϕ 为 ι 下界。

由上式可得：$\dot{\hat{\iota}} \leqslant 0$，由于不等式 $\tilde{\iota}^2\hat{\iota}\,\mathrm{sign}(\tilde{\iota}) = \tilde{\iota}^2\hat{\iota} \leqslant -\dfrac{1}{3}|\tilde{\iota}|^3 + \dfrac{1}{3}\iota^3$ 成立，将 $\dot{\hat{\iota}}$ 代入式（7.9），可以得到：

$$\mathcal{L}V_0 \leqslant -q_0 e^2 - \frac{\delta_0}{3\kappa_0}|\tilde{\iota}|^3 + D_0 + \sum_{i=1}^{n}\tilde{\theta}_i^{\mathrm{T}}\tilde{\theta}_i \quad (7.11)$$

式中：$q_0 = \lambda_{\min}(Q) - \| m \|^2 \| P \| - 2\| P \|^2$，$D_0 = \dfrac{1}{2}\| \varepsilon^* \|^2 + \dfrac{1}{2}\bar{\beta}^2 + \| P \| \ \bar{\vartheta}\bar{\vartheta}^{\mathrm{T}} + \dfrac{\delta_0}{3\kappa_0}\iota^3$

所设计观测器的有效性将在下一节控制器设计中共同验证。

7.4 随机非线性系统自适应模糊有限时间容错控制方法

本部分内容将依照自适应反步设计方案，设计自适应模糊控制器，设计过程总共包含 n 步，在进行设计之前首先引入如下坐标变换：

$$\begin{cases} \xi_1 = x_1 - y_r \\ \xi_i = \hat{x}_i - \alpha_{i-1}, & i = 1, 2, \cdots, n \end{cases} \quad (7.12)$$

步骤 1：由系统方程式（7.1）可得：

$$\begin{aligned} \mathrm{d}\xi_1 &= \mathrm{d}x_1 - \dot{y}_r \\ &= \left(x_2 + f_1(x_1) - \dot{y}_r\right)\mathrm{d}t + g_1^{\mathrm{T}}\mathrm{d}\omega \\ &= \left(\xi_2 + \alpha_1 + e_2 + f_1(x_1) - f_1(\hat{x}_1) + \theta_1^{*\mathrm{T}}\varphi_1(\hat{x}_1) + \varepsilon_1 - \dot{y}_r\right)\mathrm{d}t + g_1^{\mathrm{T}}\mathrm{d}\omega \end{aligned} \quad (7.13)$$

在此步骤中，选取的四次型障碍 Lyapunov 函数为：

$$V_1 = V_0 + \frac{1}{4}\ln\frac{\kappa_1^4}{\kappa_1^4 - \xi_1^4(t)} + \frac{1}{2\gamma_1}\tilde{\theta}_1^2 \tag{7.14}$$

式中：$\kappa_1 = \tau_1 - r_1$，γ_1 为待设计正常数。

使用定义 2.1，得到无穷小算子为：

$$\begin{aligned}
\mathcal{L}V_1 = {}& -q_0 e^2 - \frac{\delta_0}{3\kappa_0}|\tilde{\iota}|^3 + \sum_{i=1}^n \tilde{\theta}_i^{\mathrm{T}}\tilde{\theta}_i - \frac{1}{\gamma_1}\tilde{\theta}_1\dot{\theta}_1 + D_0 + \frac{\xi_1^3(t)}{\kappa_1^4 - \xi_1^4(t)}\Big(\xi_2 + \alpha_1 \\
& + e_2 + f_1(x_1) - f_1(\hat{x}_1) + \theta_1^{*\mathrm{T}}\varphi_1(\hat{x}_1) + \varepsilon_1 - \dot{y}_r\Big) + \frac{\xi_1^2(t)}{2(\kappa_1^4 - \xi_1^4(t))} \\
& \times\Big(3\kappa_1^4 + \xi_1^4(t)\Big)g_1^{\mathrm{T}}\vartheta(t)^{\mathrm{T}}\vartheta(t)g_1
\end{aligned} \tag{7.15}$$

通过定义 $\Pi_1 = \dfrac{\xi_1^3(t)}{\kappa_1^4 - \xi_1^4(t)}$，并使用引理 2.12 进行不等式放缩，则以下不等式成立：

$$\Pi_1\xi_2 \leqslant \frac{1}{2}\Pi_1^2 + \frac{1}{4}\xi_2^4 + \frac{1}{4} \tag{7.16}$$

$$\Pi_1 e_2 \leqslant \frac{1}{2}\Pi_1^2 + \frac{1}{2}e^2 \tag{7.17}$$

$$\Pi_1\Big(f_1(x_1) - f_1(\hat{x}_1)\Big) \leqslant \frac{1}{2}\Pi_1^2 + \frac{1}{2}m_1^2 e^2 \tag{7.18}$$

$$\frac{\xi_1^2(t)}{2(\kappa_1^4 - \xi_1^4(t))}\Big(3\kappa_1^4 + \xi_1^4(t)\Big)g_1^2\vartheta(t)^2 \leqslant \frac{\xi_1^4(t)\big(3\kappa_1^4 + \xi_1^4(t)\big)^2}{8\big(\kappa_1^4 - \xi_1^4(t)\big)^4} + \frac{(\overline{\vartheta\vartheta^{\mathrm{T}}})^2}{2} \tag{7.19}$$

将式（7.16）~式（7.19）代入式（7.14）中，得到：

$$\begin{aligned}
\mathcal{L}V_1 = {}& -q_0 e^2 - \frac{\delta_0}{3\kappa_0}|\tilde{\iota}|^3 + \sum_{i=1}^n \tilde{\theta}_i^{\mathrm{T}}\tilde{\theta}_i - \frac{1}{\gamma_1}\tilde{\theta}_1\dot{\theta}_1 + \overline{D}_1 + \Pi_1\Big(\alpha_1 + 2\Pi_1 + \theta_1^{*\mathrm{T}}\varphi_1\alpha(\hat{x}_1) \\
& + \frac{\xi_1(t)}{8\big(\kappa_1^4 - \xi_1^4(t)\big)^3}\Big(3\kappa_1^4 + \xi_1^4(t)\Big)^2 - \dot{y}_r\Big) + \frac{1}{2}(1 + m_1^2)e^2 + \frac{1}{4}\xi_2^4
\end{aligned} \tag{7.20}$$

式中：$\overline{D}_1 = \dfrac{1}{2}(\varepsilon_1^*)^2 + \dfrac{(\vartheta\vartheta^{\mathrm{T}})^2}{2} + \dfrac{1}{4} + D_0$。

为保证设计的 Lyapunov 函数导数满足稳定定理的条件，将虚拟控制器 α_1 及自适应律 θ_1 设计如下：

$$\alpha_1 = -c_1\xi_1(t) - 2\Pi_1 - \theta_1^{\mathrm{T}}\varphi_1(\hat{x}_1) + \dot{y}_r - \frac{\xi_1(t)}{8\big(\kappa_1^4 - \xi_1^4(t)\big)^3}\Big(3\kappa_1^4 + \xi_1^4(t)\Big)^2 \tag{7.21}$$

$$\dot{\theta}_1 = \gamma_1\Pi_1\varphi_1(\hat{x}_1) - \delta_1\theta_1 \tag{7.22}$$

式中：c_1 和 δ_1 为待设计正常数。

将虚拟控制器 α_1 及自适应律 θ 代入式（7.20），可得：

$$\mathcal{L}V_1 = -q_1 e^2 - \frac{\delta_0}{3\kappa_0} |\tilde{\iota}|^3 + \sum_{i=1}^{n} \tilde{\theta}_i^{\mathrm{T}} \tilde{\theta}_i + \frac{\delta_1}{\gamma_1} \tilde{\theta}_1 \theta_1 - c_1 \frac{\xi_1^4(t)}{\kappa_1^4 - \xi_1^4(t)} + \frac{1}{4} \xi_2^4 + D_1 \tag{7.23}$$

式中：$-q_1 = -q_0 + \frac{1}{2}(1 + m_1^2)$，$D_1 = D_1 + \bar{D}_1$。

步骤 i：在开始步骤 i 之前，假设如下不等式在 $i-1$ 步中成立：

$$\begin{aligned}
\mathcal{L}V_{i-1} \leqslant &-q_{i-1} e^2 - \frac{\delta_0}{3\kappa_0} |\tilde{\iota}|^3 + \sum_{i=1}^{n} \tilde{\theta}_i^{\mathrm{T}} \tilde{\theta}_i + \sum_{j=1}^{i-1} \frac{\delta}{\gamma_j} \tilde{\theta}_j \theta_j - \sum_{j=1}^{i-1} c_j \frac{\xi_j^4(t)}{\kappa_j^4 - \xi_j^4(t)} \\
&+ \frac{i-1}{2} \tilde{\theta}_1^2 + \frac{1}{4} \xi_i^4(t) + D_{i-1}
\end{aligned} \tag{7.24}$$

根据式（7.3）、式（7.11）及系统方程式（7.1）可得：

$$\begin{aligned}
\mathrm{d}\xi_i =& \left(\hat{x}_{i+1} + \theta_i^{\mathrm{T}} \varphi_i(\bar{\hat{x}}_i) \right) \mathrm{d}t - \mathrm{d}\alpha_{i-1} \\
=& \left(\hat{x}_{i+1} + \theta_i^{\mathrm{T}} \varphi_i(\bar{\hat{x}}_i) - \frac{\partial \alpha_{i-1}}{\partial y_r^{(i-1)}} y_r^{(i)} - \sum_{k=1}^{i-1} \frac{\partial \alpha_{i-1}}{\partial \theta_k} \dot{\theta}_k - \sum_{k=1}^{i-1} \frac{\partial \alpha_{i-1}}{\partial \hat{x}_k} \dot{\hat{x}}_k \right. \\
&\left. - \frac{\partial \alpha_{i-1}}{\partial x_1} \left(\hat{x}_2 + e_2 + f_1(x_1) \right) \right) \mathrm{d}t + \left(g_i - \frac{\partial \alpha_{i-1}}{\partial x_1} g_1 \right) \mathrm{d}\omega
\end{aligned} \tag{7.25}$$

本步骤中，选取的四次型障碍 Lyapunov 函数为：

$$V_i = V_{i-1} + \frac{1}{4} \ln \frac{\kappa_i^4}{\kappa_i^4 - \xi_i^4(t)} + \frac{1}{2\gamma_i} \tilde{\theta}_i^2 \tag{7.26}$$

式中：$\kappa_i = \tau_i - \bar{\alpha}_i$，$\bar{\alpha}_i$ 为 α_i 的界；γ_i 为待设计正参数。

与步骤 1 中采用方法类似，通过使用定义 2.1，可得到 Lyapunov 函数的无穷小算子为：

$$\begin{aligned}
\mathcal{L}V_i =& \mathcal{L}V_{i-1} + \frac{\xi_i^3(t)}{\kappa_i^4 - \xi_i^4(t)} \left(\xi_{i+1} + \alpha_i - \frac{\partial \alpha_{i-1}}{\partial y_r^{(i)}} y_r^{(i)} - \sum_{k=1}^{i-1} \frac{\partial \alpha_{i-1}}{\partial \theta_k} \dot{\theta}_k \right. \\
&- \sum_{k=1}^{i-1} \frac{\partial \alpha_{i-1}}{\partial \hat{x}_k} \dot{\hat{x}}_k + \theta_i^{*\mathrm{T}} \varphi_i(\hat{x}_i) + \varepsilon_i - \frac{\partial \alpha_{i-1}}{\partial x_1} (\hat{x}_2 + e_2 + f_1(x_1) - f_1(\hat{x}_1) \\
&\left. + \theta_1^{*\mathrm{T}} \varphi_1(\hat{x}_1) + \varepsilon_1) \right) + \frac{\xi_i^2(t)}{2(\kappa_i^4 - \xi_i^4(t))} \left(3\kappa_i^4 + \xi_i^4(t) \right) \left(g_i - \frac{\partial \alpha_{i-1}}{\partial x_1} g_1 \right)^{\mathrm{T}} \\
&\times \vartheta(t)^{\mathrm{T}} \vartheta(t) \left(g_i - \frac{\partial \alpha_{i-1}}{\partial x_1} g_1 \right)
\end{aligned} \tag{7.27}$$

使用引理 2.12 对式（7.27）进行处理，可以得到下列不等式：

$$\Pi_i \xi_{i+1} \leqslant \frac{1}{2} \Pi_i^2 + \frac{1}{4} \xi_{i+1}^4 + \frac{1}{4} \tag{7.28}$$

$$\Pi_i \varepsilon_i \le \frac{1}{2}\Pi_i^2 + \frac{1}{2}(\varepsilon_i^*)^2 \tag{7.29}$$

$$-\Pi_i \frac{\partial \alpha_{i-1}}{\partial x_1} e_2 \le \frac{1}{2}\Pi_i^2 \left(\frac{\partial \alpha_{i-1}}{\partial x_1}\right)^2 + \frac{1}{2}e^2 \tag{7.30}$$

$$-\Pi_i \frac{\partial \alpha_{i-1}}{\partial x_1}\left(f_1(x_1) - f_1(\hat{x}_1)\right) \le \frac{1}{2}\Pi_i^2 \left(\frac{\partial \alpha_{i-1}}{\partial x_1}\right)^2 + \frac{1}{2}m_1^2 e^2 \tag{7.31}$$

$$-\Pi_i \frac{\partial \alpha_{i-1}}{\partial x_1}\varepsilon_1 \le \frac{1}{2}\Pi_i^2 \left(\frac{\partial \alpha_{i-1}}{\partial x_1}\right)^2 + \frac{1}{2}\varepsilon_1^{*2} \tag{7.32}$$

$$-\Pi_i \frac{\partial \alpha_{i-1}}{\partial x_1}\tilde{\theta}_1^{\mathrm{T}}\varphi_1(\hat{x}_1) \le \frac{1}{2}\Pi_i^2 \left(\frac{\partial \alpha_{i-1}}{\partial x_1}\right)^2 + \frac{1}{2}\tilde{\theta}_1^2 \tag{7.33}$$

$$\frac{\xi_i^2(t)}{2\left(\kappa_i^4 - \xi_i^4(t)\right)}\left(3\kappa_i^4 + \xi_i^4(t)\right)\left(g_i - \frac{\partial \alpha_{i-1}}{\partial x_1}g_1\right)^{\mathrm{T}}\vartheta(t)^{\mathrm{T}}\vartheta(t)\left(g_i - \frac{\partial \alpha_{i-1}}{\partial x_1}g_1\right)$$
$$\le \frac{\xi_i^4(t)}{8\left(\kappa_i^4 - \xi_i^4(t)\right)^2}\left(3\kappa_i^4 + \xi_i^4(t)\right)^2\left(\frac{\partial \alpha_{i-1}}{\partial x_1}+1\right)^2 + 2(\bar{\vartheta}\bar{\vartheta}^{\mathrm{T}})^2 \tag{7.34}$$

将式（7.28）~式（7.34）代入式（7.27），则有：

$$\mathcal{L}V_i \le -q_i e^2 - \frac{\delta_0}{3\kappa_0}|\tilde{\iota}|^3 + \sum_{i=1}^{n}\tilde{\theta}_i^{\mathrm{T}}\tilde{\theta}_i + \sum_{j=1}^{i-1}\frac{\delta}{\gamma_j}\tilde{\theta}_j\theta_j - \sum_{j=1}^{i-1}c_j\frac{\xi_j^4(t)}{\kappa_j^4 - \xi_j^4(t)}$$
$$\times\left(\frac{1}{4}\xi_i\left(\kappa_i^4 - \xi_i^4(t)\right) + \Pi_i + \alpha_i - \frac{\partial \alpha_{i-1}}{\partial y_r^{(i-1)}}y_r^{(i)} + 2\Pi_i\left(\frac{\partial \alpha_{i-1}}{\partial x_1}\right)^2\right.$$
$$-\sum_{k=1}^{i-1}\frac{\partial \alpha_{i-1}}{\partial \theta_k}\dot{\theta}_k - \sum_{k=1}^{i-1}\frac{\partial \alpha_{i-1}}{\partial \hat{x}_k}\dot{\hat{x}}_k + \frac{\xi_i(t)}{8(\kappa_i^4 - \xi_i^4(t))}\left(3\kappa_i^4 + \xi_i^4(t)\right)^2$$
$$\times\left.\left(\frac{\partial \alpha_{i-1}}{\partial x_1}+1\right)^2 + \theta_i^{*\mathrm{T}}\varphi_i(\hat{x}_i) - \frac{\partial \alpha_{i-1}}{\partial x_1}\left(\hat{x}_2 + \theta_1^{\mathrm{T}}\varphi_1(\hat{x}_1)\right)\right) + \frac{1}{4}\xi_{i+1}^4$$
$$+\frac{i}{2}\tilde{\theta}_1^2 + D_{i-1} + \Pi_i + \bar{D}_i \tag{7.35}$$

式中：$\bar{D}_i = \frac{1}{2}(\varepsilon_i^* + \varepsilon_1^{*2})^2 + 2(\vartheta\vartheta^{\mathrm{T}})^2 + \frac{1}{4}$，$-q_i = -q_{i-1} + \frac{1}{2}(1+m_1^2)$。

定义S_i为如下函数：

$$S_i = \frac{1}{4}\xi_i\left(\kappa_i^4 - \xi_i^4(t)\right) - \frac{\partial \alpha_{i-1}}{\partial y_r^{(i-1)}}y_r^{(i)} - \sum_{k=1}^{i-1}\frac{\partial \alpha_{i-1}}{\partial \theta_k}\dot{\theta}_k - \sum_{k=1}^{i-1}\frac{\partial \alpha_{i-1}}{\partial \hat{x}_k}\dot{\hat{x}}_k$$
$$+\theta_i^{\mathrm{T}}\varphi_i(\hat{x}_i) - \frac{\partial \alpha_{i-1}}{\partial x_1}\left(\hat{x}_2 + \theta_1^{\mathrm{T}}\varphi_1(\hat{x}_1)\right) + \frac{\xi_i(t)}{8(\kappa_i^4 - \xi_i^4(t))}\left(3\kappa_i^4\right.$$
$$+\left.\xi_i^4(t)\right)^2\left(\frac{\partial \alpha_{i-1}}{\partial x_1}+1\right)^2 + 2\Pi_i\left(\frac{\partial \alpha_{i-1}}{\partial x_1}\right)^2 + \Pi_i \tag{7.36}$$

虚拟控制器α_i和自适应律θ_i设计为：

$$\alpha_i = -c_i\xi_i - S_i \tag{7.37}$$

$$\dot{\theta}_i = \gamma_i\Pi_i\varphi_i(\hat{x}_i) - \delta_i\theta_i \tag{7.38}$$

将式（7.37）和式（7.38）代入式（7.35）中，可以得到：

$$\begin{aligned}
\mathcal{L}V_i \leqslant &-q_ie^2 - \frac{\delta_0}{3\kappa_0}|\tilde{\iota}|^3 + \sum_{i=1}^{n}\tilde{\theta}_i^{\mathrm{T}}\tilde{\theta}_i + \sum_{j=1}^{i}\frac{\delta_j}{\gamma_j}\tilde{\theta}_j\theta_j \\
&-\sum_{j=1}^{i}c_j\frac{\xi_j^4(t)}{\kappa_j^4 - \xi_j^4(t)} + \frac{1}{4}\xi_{i+1}^4 + \frac{i}{2}\tilde{\theta}_1^2 + D_i
\end{aligned} \tag{7.39}$$

式中：$D_i = \bar{D}_i + D_{i-1}$。

步骤n：本步骤将设计出最终的实际控制器u，与前$n-1$步骤类似，在这一步骤中选取的障碍 Lyapunov 函数为：

$$V_n = V_{n-1} + \frac{1}{4}\ln\frac{\kappa_n^4}{\kappa_n^4 - \xi_n^4(t)} + \frac{1}{2\gamma_n}\tilde{\theta}_n^2 \tag{7.40}$$

通过使用定义 2.1，得到无穷小算子为：

$$\begin{aligned}
\mathcal{L}V_n = &\mathcal{L}V_{n-1} + \frac{\xi_n^3(t)}{\kappa_n^4 - \xi_n^4(t)}\Big(\hat{\iota}v(t) - \frac{\partial\alpha_{n-1}}{\partial y_r^{(i-1)}}y_r^{(i)} - \sum_{k=1}^{n-1}\frac{\partial\alpha_{n-1}}{\partial\theta_k}\dot{\theta}_k - \sum_{k=1}^{n-1}\frac{\partial\alpha_{n-1}}{\partial\hat{x}_k}\dot{\hat{x}}_k \\
&+ \theta_n^{*\mathrm{T}}\varphi_n(\hat{x}_n)\Big) + \varepsilon_n - \frac{\partial\alpha_{n-1}}{\partial x_1}\Big(\hat{x}_2 + e_2 + f_1(x_1) - f_1(\hat{x}_1) + \theta_1^{*\mathrm{T}}\varphi_1(\hat{x}_1) \\
&+ \varepsilon_1\Big) + \frac{\xi_n^2(t)}{2\big(\kappa_n^4 - \xi_n^4(t)\big)}\big(3\kappa_n^4 + \xi_n^4(t)\big)g_n^{\mathrm{T}}\vartheta(t)^{\mathrm{T}}\vartheta(t)g_n
\end{aligned} \tag{7.41}$$

通过定义函数$\Pi_n = \frac{\xi_n^3(t)}{\kappa_n^4 - \xi_n^4(t)}$，并使用引理 2.12 可得：

$$-\Pi_n\frac{\partial\alpha_{n-1}}{\partial x_1}\varepsilon_1 \leqslant \frac{1}{2}\Pi_n^2\big(\frac{\partial\alpha_{n-1}}{\partial x_1}\big)^2 + \frac{1}{2}\varepsilon_1^{*2} \tag{7.42}$$

$$-\Pi_n\frac{\partial\alpha_{n-1}}{\partial x_1}e_2 \leqslant \frac{1}{2}\Pi_1^2\big(\frac{\partial\alpha_{n-1}}{\partial x_1}\big)^2 + \frac{1}{2}e^2 \tag{7.43}$$

$$-\Pi_n\frac{\partial\alpha_{n-1}}{\partial x_1}\big(f_1(x_1) - f_1(\hat{x}_1)\big) \leqslant \frac{1}{2}\Pi_1^2\big(\frac{\partial\alpha_{n-1}}{\partial x_1}\big)^2 + \frac{1}{2}m_1^2e^2 \tag{7.44}$$

$$-\Pi_n\frac{\partial\alpha_{n-1}}{\partial x_1}\tilde{\theta}_1^{\mathrm{T}}\varphi_1(\hat{x}_1) \leqslant \frac{1}{2}\Pi_n^2\big(\frac{\partial\alpha_{n-1}}{\partial x_1}\big)^2 + \frac{1}{2}\tilde{\theta}_1^2 \tag{7.45}$$

$$\frac{\xi_n^2(t)}{2\left(\kappa_n^4 - \xi_n^4(t)\right)}\left(3\kappa_n^4 + \xi_n^4(t)\right)\left(g_n - \frac{\partial \alpha_{n-1}}{\partial x_1}g_1\right)^{\mathrm{T}}\vartheta(t)^{\mathrm{T}}\vartheta(t)\left(g_n - \frac{\partial \alpha_{n-1}}{\partial x_1}g_1\right) \leqslant$$
$$\frac{\xi_n^4(t)}{8\left(\kappa_n^4 - \xi_n^4(t)\right)^2}\left(3\kappa_n^4 + \xi_n^4(t)\right)^2\left(\frac{\partial \alpha_{n-1}}{\partial x_1} + 1\right)^2 + 2(\bar{\vartheta}\bar{\vartheta}^{\mathrm{T}})^2 \tag{7.46}$$

将上述不等式代入式（7.41），可得：

$$\mathcal{L}V_i \leqslant \mathcal{L}V_{i-1} + \Pi_n\left(\frac{1}{4}\xi_n\left(\kappa_n^4 - \xi_n^4(t)\right) + \bar{D}_n + 2\Pi_n\left(\frac{\partial \alpha_{n-1}}{\partial x_1}\right)^2 + \frac{1}{2}\Pi_n + \hat{\imath}v(t)\right.$$
$$+ \frac{n}{2}\tilde{\theta}_1^2 - \frac{\partial \alpha_{n-1}}{\partial y_r^{(n-1)}}y_r^{(n)} - \frac{\partial \alpha_{n-1}}{\partial x_1}\left(\hat{x}_2 + \theta_1^{\mathrm{T}}\varphi_1(\hat{x}_1)\right) - \sum_{k=1}^{n-1}\frac{\partial \alpha_{n-1}}{\partial \theta_k}\dot{\theta}_k + \frac{1}{2}m_1^2e^2$$
$$\left.+ \theta_n^{*\mathrm{T}}\varphi_n(\hat{x}_n) + \frac{\xi_n(t)}{8\left(\kappa_n^4 - \xi_n^4(t)\right)^3}\left(3\kappa_n^4 + \xi_n^4(t)\right)^2\right) + \frac{1}{2}e^2 - \sum_{k=1}^{n-1}\frac{\partial \alpha_{n-1}}{\partial \hat{x}_k}\dot{\hat{x}}_k \tag{7.47}$$

其中 $\bar{D}_n = \frac{1}{2}(\varepsilon_n^*)^2 + \frac{1}{2}\varepsilon_1^{*2} + 2(\vartheta\vartheta^{\mathrm{T}})^2$。

使用和步骤 i 相同的方法，定义如下函数：

$$S_n = \frac{1}{4}\xi_n\left(\kappa_n^4 - \xi_n^4(t)\right) + \frac{1}{2}\Pi_n - \frac{\partial \alpha_{n-1}}{\partial y_r^{(n-1)}}y_r^{(n)} - \sum_{k=1}^{n-1}\frac{\partial \alpha_{n-1}}{\partial \theta_k}\dot{\theta}_k - \sum_{k=1}^{n-1}\frac{\partial \alpha_{n-1}}{\partial \hat{x}_k}\dot{\hat{x}}_k$$
$$+ \theta_n^{\mathrm{T}}\varphi_n(\hat{x}_n) + 2\Pi_n\left(\frac{\partial \alpha_{n-1}}{\partial x_1}\right)^2 + \frac{\xi_n(t)}{8\left(\kappa_n^4 - \xi_n^4(t)\right)^3}\left(3\kappa_n^4 + \xi_n^4(t)\right)^2 \tag{7.48}$$
$$- \frac{\partial \alpha_{n-1}}{\partial x_1}\left(\hat{x}_2 + \theta_1^{\mathrm{T}}\varphi_1(\hat{x}_1)\right)$$

可得到实际控制器 $v(t)$ 和自适应律 θ_n：

$$v(t) = -\frac{1}{\hat{\imath}}\left(c_n\xi_n + S_n\right) \tag{7.49}$$

$$\dot{\theta}_n = \gamma_n\Pi_n\varphi_n(\hat{x}_n) - \delta_n\theta_n \tag{7.50}$$

将式（7.49）和式（7.50）代入 $V_n(t)$，可得：

$$\mathcal{L}V_n \leqslant -q_ne^2 - \frac{\delta_0}{3\kappa_0}|\tilde{\imath}|^3 + \sum_{i=1}^{n}\tilde{\theta}_i^{\mathrm{T}}\tilde{\theta}_i + \sum_{j=1}^{n}\frac{\delta_j}{\gamma_j}\tilde{\theta}_j\theta_j$$
$$- \sum_{j=1}^{n}c_j\frac{\xi_j^4(t)}{\kappa_j^4 - \xi_j^4(t)} + \frac{n}{2}\tilde{\theta}_1^2 + D_n \tag{7.51}$$

式中：$D_n = \bar{D}_n + \frac{1}{4} + D_{n-1}$，$-q_n = -q_{n-1} + \frac{1}{2}(1+m_1^2)e^2$。

使用引理 2.12 可得：

$$\sum_{i=1}^{n}\frac{\delta_i}{\gamma_i}\tilde{\theta}_i^{\mathrm{T}}\theta_i \leqslant -\frac{1}{2}\sum_{i=1}^{n}\frac{\delta_i}{\gamma_i}\tilde{\theta}_i^{\mathrm{T}}\tilde{\theta}_i + \frac{1}{2}\sum_{i=1}^{n}\frac{\delta_i}{\gamma_i}(\theta_i^*)^2 \qquad (7.52)$$

将上式代入式（7.51），可以得到：

$$\begin{aligned}
\mathcal{L}V_n \leqslant &-q_n e^2 - \frac{\delta_0}{3\kappa_0}|\tilde{\iota}|^3 + \sum_{i=1}^{n}(1-\frac{\delta_j}{2\gamma_j})\tilde{\theta}_i^{\mathrm{T}}\tilde{\theta}_i \\
&-\sum_{j=1}^{n}c_j\frac{\xi_j^4(t)}{\kappa_j^4-\xi_j^4(t)} + \frac{n}{2}\tilde{\theta}_1^2 + D
\end{aligned} \qquad (7.53)$$

式中：$D = D_n + \frac{1}{2}\sum_{i=1}^{n}\frac{\delta_i}{\gamma_i}(\theta_i^*)^2$。

进一步，使用引理 2.12 可得：

$$\mathcal{L}V_n \leqslant -q_1 e^2 - \frac{\delta_0}{3\kappa_0}|\tilde{\iota}|^3 + \sum_{i=1}^{n}(1-\frac{\delta_j}{2\gamma_j})\tilde{\theta}_i^{\mathrm{T}}\tilde{\theta}_i - \sum_{j=1}^{n}c_j\ln\frac{\xi_j^4(t)}{\kappa_j^4-\xi_j^4(t)} + D \qquad (7.54)$$

通过定义 $C = \max\{\lambda_{\min}(P),\delta_0,4c_i,\frac{n}{2},1-\frac{\delta_j}{2\gamma_j}\}$，可得：

$$\mathcal{L}V \leqslant -CV + D \qquad (7.55)$$

使用引理 2.12 可得到：

$$\mathcal{L}V \leqslant -CV^{\eta} + \bar{D} \qquad (7.56)$$

式中：$\bar{D} = C(1-\eta)\beta^{\frac{-\eta}{1-\eta}} + D$，$\beta = \eta^{-1}$，$0 < \eta < 1$。

因此可得，所设计观察器可以有效反映系统的不可测状态，同时闭环系统半全局有限时间依概率稳定。本章所提控制方案框图如图 7.1 所示。

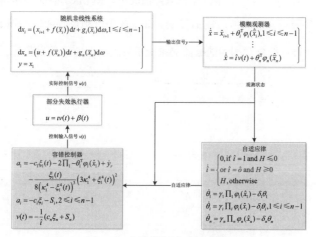

图 7.1　本章所提控制方案框

7.5　仿真验证

7.5.1　容错控制数值仿真验证

本小节仿真过程中，考虑如下随机非线性系统：

$$\begin{cases} dx_1 = (x_1^2 + x_2)dt + 0.01\cos x_1 d\omega \\ dx_2 = (u - x_1 - 0.5x_2 + x_1 e^{x_2})dt + 0.01\sin x_1 d\omega \\ y = x_1 \end{cases} \tag{7.57}$$

系统初始条件给定为：$x_1(0) = 0.2, x_2(0) = -0.2, \iota(0) = 0.9$。为方便验证所提策略，将该仿真控制目标设定为镇定问题，即参考信号为$y_r(t) = 0$，控制器参数选择为：$\tau_1 = 0.25$，$\tau_2 = -0.25$，$c_1 = c_2 = 5$，$\gamma_1 = 0.6$，$\gamma_2 = 5$，$\kappa_0 = 0.8$，$d_0 = 0$。

本仿真过程中采用如下执行器故障模型：

$$u(t) = \begin{cases} v(t), & t < 30s \\ 0.8v(t) + 0.04, & t \geqslant 30s \end{cases} \tag{7.58}$$

数值仿真结果如图 7.2 ~ 图 7.4 所示。图 7.2 为随机系统状态$x_1(t)$、$x_2(t)$及其约束界值k_{c1}、k_{c2}，系统状态在控制器作用下在有限时间内趋于稳定，故障发生时系统状态产生波动，但很快再次趋于稳定。图 7.2 显示该随机非线性闭环系统半全局有限时间依概率稳定，系统所有状态均在界值范围内。图 7.3 上半部分为系统控制输入信号$v(t)$和实际控制信号$u(t)$，系统在未发生故障时，控制输入信号与实际控制信号相同；系统时间为 30s 时，执行器发生部分失效故障，故障后二者产生偏差，在故障情况下，系统状态能够快速恢复稳定。图 7.3 的下半部分为系统故障参数自适应律$\iota(t)$。图 7.4 为所设计模糊观测器的观测状态及观测误差，结果显示，所设计模糊观测器能够监测系统不可测状态，且观测误差逐渐趋于 0。

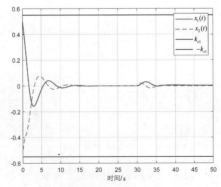

图 7.2　随机系统状态$x_1(t)$、$x_2(t)$及其约束界值k_{c1}、k_{c2}

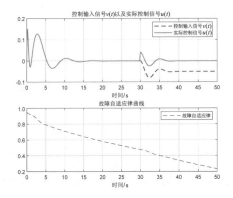

图 7.3   系统控制输入信号 $v(t)$、实际控制信号 $u(t)$ 以及自适应律

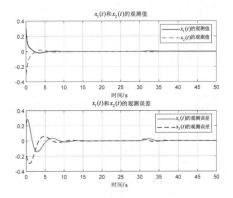

图 7.4   模糊观测器观测状态及观测误差

7.5.2   容错控制单连杆机械臂模型仿真验证

在本小节中，借用文献 [114] 中的单连杆机械臂模型。本小节研究的单连杆机械臂模型是由刚性连杆组成的单连杆机械臂通过齿轮系连接到直流电机的。该模型方程如下：

$$J\ddot{q} = -Mgl_0\sin q - B\dot{q} + u(v) \tag{7.59}$$

式中：q、$\dot{q}$、$\ddot{q}$ 分别为连接角的角度、速度以及加速度；J 为转动惯量；g 为重力加速度；M 和 l_0 分别为连杆的质量和长度；$B\dot{q}$ 为阻尼系数为 B 下的黏滞阻力；$u(v)$ 为系统输入力矩。

选取系统参数为 $g = 9.8\mathrm{m/s}^2$，$M = 1\mathrm{kg}$，$l_0 = 1\mathrm{m}$，$J = 0.5\mathrm{kg \cdot m}^2$。采用与文献 [95] 相同的方法引入随机噪声，并且定义 $x_1 = q$、$x_2 = \dot{q}$ 及 $\theta_2 = l_0$，可以得到以下方程：

$$\begin{cases} \mathrm{d}x_1 = x_2\mathrm{d}t \\ \mathrm{d}x_2 = \left(\dfrac{1}{J}u(v) + \theta_2 f_2(x_1, x_2)\right)\mathrm{d}t + g_2\mathrm{d}\omega \\ y = x_1 \end{cases} \tag{7.60}$$

式中：$f_2 = -\dfrac{1}{Jl_0}Mg\sin x_1 - \dfrac{B_0}{J}x_2$，$g_2 = -\dfrac{\sigma}{J}x_2$。

被控系统初始状态参数选定：$x_1(0) = 0.2$，$x_2(0) = -0.2$，$\iota(0) = 0.85$。观测器初始状态参数选定：$\hat{x}_1(0) = 0.3$，$\hat{x}_2(0) = -0.3$。容错控制器参数选定：$c_1 = 5$，$c_2 = 5$，$\gamma_2 = 5$，$k_0 = 2$，$d_0 = 0.02$。系统执行器故障以式（7.58）中的模型给出。

仿真结果如图 7.5 ~ 图 7.6 所示。图 7.5 为两种不同控制策略下的系统状态 x_1、x_2，图 7.6 为所设计控制器的控制输入信号 $v(t)$ 与实际控制信号 $u(t)$ 以及所设计观测器的观测误差。通过与不具有容错性能的控制策略相比，在故障未发生时，两种控制策略就能保持良好的控制性能；当发生执行器故障时，具有容错性能的控制器在小幅振荡后仍能保持稳定，而不含有容错性能的控制器会发生失效。图 7.6 中的模糊观测器观测误差显示，所构造的观测器能够准确测量系统状态。

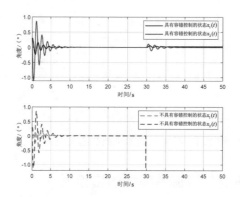

图 7.5 两种不同控制策略下的系统状态 x_1、x_2

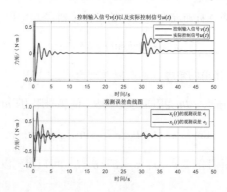

图 7.6 系统控制输入信号 $v(t)$、实际控制信号 $u(t)$ 以及状态观测误差

7.6　本章小结

　　本章研究了执行器故障下的随机非线性系统输出反馈控制问题，设计模糊观测器实现被控系统状态观测，以自适应律逼近系统执行器部分失效程度，融合故障自适应律和模糊自适应律，选取四次型障碍 Lyapunov 函数，结合自适应反步法，提出了基于观测器的自适应模糊有限时间容错控制器，该控制器可在执行器部分失效的情况下保证系统的有限时间收敛性能。

　　然而，有限时间控制能保证被控系统在有限时间内收敛，收敛时间与系统初始状态密切相关，当系统初始状态较宽泛时，系统收敛时间也会相应变长。如何减少或去除系统初始状态对收敛时间的影响，进一步提升系统的收敛速率，是第 8 章的主要研究内容。

第 8 章　随机非线性系统固定时间控制方法

8.1　本章引言

本书第 3 ~ 7 章分别研究了非线性系统的有限时间稳定问题、随机非线性系统的有限时间稳定问题以及随机非线性系统有限时间容错控制问题。有限时间控制方法的结果仅能保证被控系统收敛时间不是无穷大，当被控系统的初始状态逐渐增加时，系统状态的收敛时间也显著增加。因此，本章将开展随机非线性系统固定时间控制方法研究，探索如何进一步提升被控系统收敛性能，消除系统初始状态对收敛时间的影响。

由 Lyapunov 有限时间稳定理论可知，对于初始状态有界的系统，其收敛时间同样是有界的。然而，被控系统收敛时间函数上界不仅取决于控制器所选参数（图 8.1 为不同控制器参数下的收敛时间），还与被控系统的初始状态正相关。为了消除这一系统初始状态的限制，进一步提升系统的收敛速率，学者波利亚科夫（Polyakov）在文献 [148] 中利用滑模控制原理提出了线性控制系统的固定时间非线性反馈设计方法。进一步，利用隐式Lyapunov 函数定理，将该方法推广到文献 [158] 中的非线性系统。此后，固定时间控制方法成为一种收敛性能更强的有限时间控制方法并在非线性系统控制中得到了广泛的应用 [165-170]，如多智能体系统的同步一致控制 [169] 和吸气式高超声速飞行器的滑模观测器控制 [170] 等。虽然近年来对确定性非线性系统的固定时间控制问题取得了一些研究成果，但对随机非线性系统的跟踪问题的研究较少。此外，目前大部分针对固定时间研究的方法集中于滑模控制的方法，如文献 [165] 和文献 [166] 通过使用非奇异固定时间终端滑模方法分别对一类非线性系统和二阶多智能体系统设计了固定时间收敛控制器，在消除奇异性的同时保证了系统在固定时间内稳定，并进行了仿真验证；文献 [167] 与文献 [168] 分别针对带有执行器故障和饱和的航天器姿态跟踪问题设计了基于滑模面的固定时间控制器。尽管滑模控制有着良好的效果，对于某类特定的非线性系统，需独立设计与之相匹配的滑模控制面，而对于可控制的滑模面的设计目前并没有统一的适用规范和法则，限制了该方法的通用性和拓展性。相比较而言，自适应模糊控制方法由于强大的逼近和泛化能力，适用于不同形式的非线性系统。

因此，本章在已有随机非线性有限时间研究及固定时间控制理论基础上，进一步探索随机系统的固定时间内的收敛问题。通过使用自适应模糊方法，增加控制器幂次，为一类严格反馈随机非线性系统设计了固定时间控制器，与有限时间控制器相比具有更强的收敛性能。

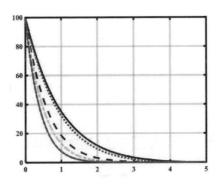

图 8.1　有限时间控制收敛时间函数示意图

8.2　随机非线性系统固定时间控制问题描述

本节考虑的随机非线性系统以如下随机微分方程的形式给出：

$$
\begin{cases}
\mathrm{d}x_1 = \big(x_2 + f(x_1)\big)\mathrm{d}t + g_1(x_1)\mathrm{d}\omega \\
\quad\vdots \\
\mathrm{d}x_i = \big(x_{i+1} + f(\bar{x}_i)\big)\mathrm{d}t + g_i(\bar{x}_i)\mathrm{d}\omega, 2 \leqslant i \leqslant n-1 \\
\quad\vdots \\
\mathrm{d}x_n = \big(u + f(\bar{x}_n)\big)\mathrm{d}t + g_n(x)\mathrm{d}\omega \\
y = x_1
\end{cases}
\tag{8.1}
$$

式中：$x_i \in \mathbb{R}(i=1,\cdots,n)$ 为系统可测随机变量；$u \in \mathbb{R}$ 和 $y \in \mathbb{R}$ 分别为系统的输入和输出；$f(\cdot):\mathbb{R}^n \times \mathbb{R} \to \mathbb{R}^n$ 为满足局部 Lipschitz 条件的未知函数；ω 为定义在 $(\mathbb{S},\mathbb{F},\mathbb{P})$ 上的 r 维独立维纳过程，满足 $G^{\mathrm{T}}(x)\vartheta\vartheta^{\mathrm{T}}G(x) \leqslant \bar{\vartheta}\vartheta^{\mathrm{T}}$；$g_i(x)$ 为已知光滑连续非线性函数；$\bar{\vartheta}$ 为函数与有界方差相乘的已知上界；$y_r(t)$ 为有界参考信号，其 n 阶连续偏导存在且有界。

本节的目的是设计状态反馈控制器，使得闭环系统满足：

（1）闭环系统状态在预定时间内为半全局一致最终有界；

（2）系统输出误差在预定时间内能达到 0 附近的邻域内，且预定时间 T 不依赖于系统的初始状态。

假设 8.1   假设系统跟踪参考信号 $r(t)$ 及其 n 阶偏导数均有界，即满足条件：$|r(t)| \leqslant r_0$，$|r^{(i)}(t)| \leqslant r_i$，$r_0$ 和 r_i 为已知正常数。

假设 8.2   对于两个相互独立的维纳运动 ω_i 和 ω_j，二者存在有界协方差 $\mathbb{E}\{\mathrm{d}\omega \cdot \mathrm{d}\omega^{\mathrm{T}}\} = \vartheta^{\mathrm{T}}(t)\vartheta(t)$。同时，随机非线性系统中光滑函数 $g(\cdot): \mathbb{R}^n \to \mathbb{R}^{n \times m}$ 满足 $G^{\mathrm{T}}(x)\vartheta\vartheta^{\mathrm{T}}G(x) \leqslant \bar{\vartheta}\bar{\vartheta}^{\mathrm{T}}$，$\bar{\vartheta}$ 是 $\vartheta(t)$ 的已知上界，$G(x) = [g_1(x), \cdots, g_n(x)]^{\mathrm{T}}$。

8.3   随机非线性系统固定时间有界推论

固定时间控制是收敛性能更强的有限时间控制，其收敛时间不依赖于系统初始状态。文献 [189] 与文献 [190] 中给出了随机系统固定时间渐近稳定定理，虽然系统渐近稳定性能是最为理想的性能指标之一，但在实际控制中，由于被控系统受到各方面噪声扰动，同时系统的存在未知不确定性均可能导致系统难以达到渐近稳定。在使用模糊逻辑系统或者神经网络逼近未知不确定性时，系统也不能达到渐近稳定。同时在大部分应用实践中，系统仅需要达到一定收敛精度，即有界性就可满足要求，因此本节在随机系统固定时间渐近收敛定理的基础上，进一步放松对系统性能指标的要求，以此达到拓展其应用范围的目的。本节首先将随机系统固定时间稳定推论以定理的形式给出，再进一步对该定理进行证明。

定理 8.1   针对随机非线性系统式（8.1），如果下列不等式成立，则该随机非线性系统在固定时间内收敛到 0 附近的邻域内：

$$\mathcal{L}V(x) \leqslant -\alpha V^p(x) - \beta V^q(x) + D \tag{8.2}$$

式中：$p \in (0,1)$，$q > 1$，α，β，D 为系统正定参数。

随机非线性系统预定收敛时间 T_s 满足 $T_s < T_{\max} = \dfrac{1}{\alpha\eta(1-p)} + \dfrac{1}{\beta\eta(q-1)}$，$0 < \eta < 1$。系统状态收敛集合上界为 $x \in \left\{ V(x) \leqslant \min\left\{ \left(\dfrac{D}{\alpha(1-\eta)}\right)^{\frac{1}{p}}, \left(\dfrac{D}{\beta(1-\eta)}\right)^{\frac{1}{q}} \right\} \right\}$。

证明：由于系统参数满足 $0 < \eta < 1$，式（8.2）可以变换为如下形式：

$$\mathcal{L}V(x) \leqslant -\eta\alpha V^p(x) - (1-\eta)\alpha V^p(x) - \beta V^q(x) + D \tag{8.3}$$

将状态变量 x 的定义域划分为两个区域：$\Omega_1 = \{x \mid V(x) > \left(\frac{D}{\alpha(1-\eta)}\right)^{\frac{1}{p}}\}$ 和 $\bar{\Omega}_1 = \{x \mid V(x) \leqslant \left(\frac{D}{\alpha(1-\eta)}\right)^{\frac{1}{p}}\}$。区域划分完成后，会存在以下两种情况：

情况 1：当 $x(t,\omega) \in \Omega_1$ 时，式（8.3）可写作：

$$\mathcal{L}V(x) \leqslant -\eta\alpha V^p(x) - \beta V^q(x) \tag{8.4}$$

由引理 2.6 可得非线性系统满足固定时间稳定条件，该收敛时间上界 T_1 满足 $T_1 < T_{\max} = \frac{1}{\alpha\eta(1-p)} + \frac{1}{\beta(q-1)}$。

情况 2：当 $x(t,\omega) \in \bar{\Omega}_1$ 时，状态变量 $x(t,\omega)$ 不超过 $\bar{\Omega}_1$，意味状态是有界的。

同样，再次将随机非线性系统式（8.1）的状态变量 x 的定义域划分为另外两个不同的区域：$\Omega_2 = \{x \mid V(x) > \left(\frac{D}{\beta(1-\eta)}\right)^{\frac{1}{q}}\}$ 和 $\bar{\Omega}_2 = \{x \mid V(x) \leqslant \left(\frac{D}{\beta(1-\eta)}\right)^{\frac{1}{q}}\}$。通过不同方式的区域划分，可得到另外两种情况：

情况 3：当 $x(t,\omega) \in \Omega_2$ 时，式（8.3）可写作：

$$\mathcal{L}V(x) \leqslant -\alpha V^p(x) - \eta\beta V^q(x) \tag{8.5}$$

由引理 2.6 非线性系统满足固定时间稳定条件，该收敛时间上界 T_2 满足 $T_2 < T_{\max} = \frac{1}{\alpha(1-p)} + \frac{1}{\beta\eta(q-1)}$。

情况 4：当 $x(t,\omega) \in \bar{\Omega}_2$ 时，状态变量 $x(t,\omega)$ 不超过 $\bar{\Omega}_2$，意味状态是有界的。

由于 $\eta \in (0,1)$，可以得到 $\frac{1}{\alpha(1-p)} < \frac{1}{\alpha(1-p)\eta}$ 和 $\frac{1}{\beta(q-1)} < \frac{1}{\beta(q-1)\eta}$，结合情况 1 到情况 4，定理 8.1 得证。

同样地，通过引入常数 $0 < \eta_1 < 1$ 和 $0 < \eta_2 < 1$，式（8.2）亦可写作：

$$\mathcal{L}V(x) \leqslant -\eta_1\alpha V^p(x) - \eta_2\beta V^q(x) - (1-\eta_1)\alpha V^p(x) - (1-\eta_2)\beta V^q(x) + D \tag{8.6}$$

通过使用与定理 8.1 证明过程相同的方法，同样可得到随机系统在固定时间 $T_s < T_{\max} = \frac{1}{\alpha\eta_1(1-p)} + \frac{1}{\beta\eta_2(q-1)}$ 在界 $\Omega_s = \{x \mid (1-\eta_1)\alpha V^p(x) + (1-\eta_2)\beta V^q(x) < D\}$ 的范围内。

8.4　严格反馈随机非线性系统自适应模糊固定时间控制

本节依据自适应反步法开展随机系统固定时间控制器设计，总共包含n步。首先，通过引入输出误差$\xi_1(t) = y(t) - y_r(t)$，进行如下坐标变换：

$$\begin{cases} \xi_1(t) = x_1 - y_r \\ \xi_i(t) = x_i - \alpha_{i-1} \end{cases} \tag{8.7}$$

式中：$\alpha_{i-1}(i = 2, \cdots, n)$是虚拟控制器。

步骤 1：根据系统方程式（8.1）可以得到：

$$\mathrm{d}\xi_1(t) = \big(x_2 + f_1(x_1) - \dot{y}_r\big)\mathrm{d}t + g_1(x_1)\mathrm{d}\omega \tag{8.8}$$

选取待定 Lyapunov 函数为$V_1 = \dfrac{1}{4}\xi_1^4(t) + \dfrac{1}{2\delta_1}\tilde{\theta}_1^{\mathrm{T}}\tilde{\theta}_1$，应用定义 2.1 可得：

$$\mathcal{L}V_1 = \xi_1^3(t)\big(\xi_2(t) + \alpha_1 + f_1(x_1) - \dot{y}_r\big) - \frac{1}{\delta_1}\tilde{\theta}_1^{\mathrm{T}}\dot{\theta}_1 + \frac{3}{2}\xi_1^2(t)g_1^{\mathrm{T}}(x_1)\vartheta^{\mathrm{T}}\vartheta g_1(x_1) \tag{8.9}$$

使用引理 2.12，可得：

$$\xi_1^3(t)\xi_2(t) \leqslant \frac{3}{4}\xi_1^4(t) + \frac{1}{4}\xi_2^4(t) \tag{8.10}$$

$$\frac{3}{2}\xi_1^2(t)g_1^{\mathrm{T}}(x_1)\vartheta^{\mathrm{T}}\vartheta g_1(x_1) \leqslant \frac{3}{4}\xi_1^4(t) + \frac{3}{4}(\bar{\vartheta}^{\mathrm{T}}\bar{\vartheta})^2 \tag{8.11}$$

将上述不等式代入式（8.9），可得：

$$\mathcal{L}V_1 \leqslant \xi_1^3(t)\big(\alpha_1 + \frac{3}{2}\xi_1(t) + f_1(x_1) - \dot{y}_r\big) + \frac{1}{4}\xi_2^4(t) + \frac{3}{4}(\bar{\vartheta}^{\mathrm{T}}\bar{\vartheta})^2 - \frac{1}{\delta_1}\tilde{\theta}_1^{\mathrm{T}}\dot{\theta}_1 \tag{8.12}$$

定义$\Pi_1(X) = \dfrac{3}{2}\xi_1(t) + f_1(x_1) - \dot{y}_r$，$X_1 = (x_1, y_r, \dot{y}_r)$。该函数满足 Lipschitz 条件，因此可使用模糊逻辑系统逼近函数$\Pi_1(X)$，即$\Pi_1(X) = \Theta_1^{*\mathrm{T}}\varphi_1(X_1) + \varepsilon_1$。利用引理 2.12，则有：

$$\begin{aligned} \xi_1^3\Pi_1(X) &= \xi_1^3\Theta_1^{*\mathrm{T}}\varphi_1(X_1) + \xi_1^3\varepsilon_1 \\ &\leqslant \frac{1}{2\gamma_1^2}\xi_1^6\big(\Theta_1^{*\mathrm{T}}\varphi_1(X_1)\big)^2 + \frac{1}{2}\gamma_1^2 + \frac{3}{4}\xi_1^4 + \frac{1}{4}\varepsilon_1^4 \\ &\leqslant \frac{1}{2\gamma_1^2}\xi_1^6\theta_1^*\varphi_1^{\mathrm{T}}\varphi_1 + \frac{1}{2}\gamma_1^2 + \frac{3}{4}\xi_1^4 + \frac{1}{4}\varepsilon_1^{*4} \end{aligned} \tag{8.13}$$

式中：$\theta_1^* = \|\Theta_1^*\|^2$，$\gamma_1$为待设计正参数；$\varphi_1$为模糊基函数$\varphi_1(X_1)$的缩写。

将式（8.13）代入式（8.12）中可得到：

$$\mathcal{L}V_1 \leqslant \xi_1^3(t)\Big(\alpha_1 + \frac{1}{2\gamma_1^2}\xi_1^3\theta_1^*\varphi_1^{\mathrm{T}}\varphi_1 + \frac{3}{4}\xi_1(t)\Big) + \frac{1}{4}\xi_2^4(t) - \frac{1}{\delta_1}\tilde{\theta}_1^{\mathrm{T}}\dot{\theta}_1 + \bar{D}_1 \tag{8.14}$$

式中：$\bar{D}_1 = \frac{1}{2}\gamma_1^2 + \frac{1}{4}\varepsilon_1^{*4} + \frac{3}{4}(\bar{\vartheta}^{\mathrm{T}}\bar{\vartheta})^2$。

为满足系统固定时间收敛条件，引入中间变量α_{1c}，设计虚拟控制器α_1及自适应律θ_1如下：

$$\alpha_1 = -\frac{\xi_1^3(t)\alpha_{1c}^2}{\sqrt{\xi_1^6(t)\alpha_{1c}^2 + \kappa_1^2}} \tag{8.15}$$

$$\alpha_{1c} = c_{11}\Big(\frac{1}{4}\Big)^{\frac{3}{4}}\mathrm{sgn}(\xi_1) + c_{12}\Big(\frac{1}{4}\Big)^2\xi_1^5(t) + \frac{3}{4}\xi_1(t) + \frac{1}{2\gamma_1^2}\xi_1^3(t)\theta_1\varphi_1^{\mathrm{T}}\varphi_1 \tag{8.16}$$

$$\dot{\theta}_1 = -\frac{\delta_1}{2\gamma_1^2}\xi_1^6\varphi_1^{\mathrm{T}}\varphi_1 - \tau_{11}\theta_1 - \frac{\tau_{12}}{\delta_1}\theta_1^3 \tag{8.17}$$

式中：κ_1，c_{11}，c_{12}，τ_{11}，τ_{12}为待设计正参数。

通过使用引理2.14，可以得到：

$$\xi_1^3(t)\alpha_1 = -\frac{\xi_1^6(t)\alpha_{1c}^2}{\sqrt{\xi_1^6(t)\alpha_{1c}^2 + \kappa_1^2}} \tag{8.18}$$

$$\leqslant \kappa_1 - \xi_1^3(t)\alpha_{1c}$$

将虚拟控制器α_1式（8.15）、自适应律θ_1式（8.17）及式（8.18）代入式（8.14），可以得到：

$$\mathcal{L}V_1 \leqslant -c_{11}\Big(\frac{1}{4}\xi_1^4(t)\Big)^{\frac{3}{4}} - c_{12}\Big(\frac{1}{4}\xi_1^4(t)\Big)^2 + \frac{1}{4}\xi_2^4(t) + \frac{\tau_{11}}{\delta_1}\tilde{\theta}_1^{\mathrm{T}}\theta_1 + \frac{\tau_{12}}{\delta_1^2}\tilde{\theta}_1^{\mathrm{T}}\theta_1^3 + D_1 \tag{8.19}$$

式中：$D_1 = \bar{D}_1 + \kappa_1$。

在控制器设计过程中，将定理8.1中的参数p及q分别选取为$p = \frac{3}{4}$，$q = 2$。根据选定参数，被控系统能够满足固定时间内收敛要求，收敛时间上界函数T_s满足

$$T_s \leqslant T_{\max} = \frac{1}{\alpha(1-p)\eta} + \frac{1}{\beta(q-1)\eta} = \frac{4}{\alpha\eta} + \frac{1}{\beta\eta}$$

步骤i：在本步骤中，假设如下不等式在第$i-1$步中成立：

$$\mathcal{L}V_{i-1} \leqslant -\sum_{j=1}^{i-1} c_{j1}\left(\frac{1}{4}\xi_j^4(t)\right)^{\frac{3}{4}} - \sum_{k=1}^{i-1} c_{k2}\left(\frac{1}{4}\xi_k^4(t)\right)^2 + \frac{1}{4}\xi_i^4(t)$$
$$+ \sum_{j=1}^{i-1} \frac{\tau_{j1}}{\delta_j}\tilde{\theta}_j^{\mathrm{T}}\theta_j + \sum_{k=1}^{i-1} \frac{\tau_{k2}}{\delta_k^2}\tilde{\theta}_k^{\mathrm{T}}\theta_k^3 + D_{i-1} \tag{8.20}$$

依照定义 2.1 和系统方程式（8.1），可以得到：

$$\mathrm{d}\xi_i(t) = \mathrm{d}x_i - \mathrm{d}\alpha_{i-1}$$
$$= \left(x_{i+1} + f_i(\overline{x}_i)\right)\mathrm{d}t + g_i(\overline{x}_i)\mathrm{d}\omega - \mathrm{d}\alpha_{i-1}$$
$$= \left(x_{i+1} + f_i(\overline{x}_i) - \sum_{j=1}^{i-1}\frac{\partial\alpha_{i-1}}{\partial\theta_j}\dot{\theta}_j - \sum_{j=1}^{i-1}\frac{\partial\alpha_{i-1}}{\partial x_j}\left(x_{j+1} + f_j(\overline{x}_j)\right)\right.$$
$$\left. + \frac{1}{2}\frac{\partial^2\alpha_{i-1}}{\partial x_j^2}g_j^{\mathrm{T}}(\overline{x}_j)\vartheta^{\mathrm{T}}\vartheta g_j(\overline{x}_j)\right)\mathrm{d}t + \Lambda_i\mathrm{d}\omega \tag{8.21}$$

式中：$\Lambda_i = g_i(\overline{x}_i) - \sum_{j=1}^{i-1}\dfrac{\partial\alpha_{i-1}}{\partial x_j}g_j(\overline{x}_j)$。

通过选取四次型 Lyapunov 函数为 $V_i = V_{i-1} + \dfrac{1}{4}\xi_i^4(t) + \dfrac{1}{2\delta_i}\tilde{\theta}_i^{\mathrm{T}}\tilde{\theta}_i$，得到所取 Lyapunov 函数的无穷小算子为：

$$\mathcal{L}V_i = \mathcal{L}V_{i-1} + \xi_i^3(t)\left(\xi_{i+1} + \alpha_i + f_i(\overline{x}_i) - \sum_{j=1}^{i-1}\frac{\partial\alpha_{i-1}}{\partial\theta_j}\dot{\theta}_j - \sum_{j=1}^{i-1}\frac{\partial\alpha_{i-1}}{\partial x_j}\right.$$
$$\left. \times\left(\frac{1}{2}\frac{\partial^2\alpha_{i-1}}{\partial x_j^2}g_j^{\mathrm{T}}(\overline{x}_j)\vartheta^{\mathrm{T}}\vartheta g_j(\overline{x}_j) + x_{j+1} + f_j(\overline{x}_j)\right)\right) \tag{8.22}$$
$$+ \frac{3}{2}\xi_i^2(t)\Lambda_i^{\mathrm{T}}\vartheta^{\mathrm{T}}\vartheta\Lambda_i - \frac{1}{\delta_i}\tilde{\theta}_i^{\mathrm{T}}\dot{\theta}_i$$

通过使用引理 2.12，可以得到：

$$\xi_i^3(t)\xi_{i+1} \leqslant \frac{3}{4}\xi_i^4(t) + \frac{1}{4}\xi_{i+1}^4(t) \tag{8.23}$$

$$-\frac{1}{2}\xi_i^3(t)\sum_{j=1}^{i-1}\frac{\partial^2\alpha_{i-1}}{\partial x_j^2}g_j^{\mathrm{T}}(\overline{x}_j)\vartheta^{\mathrm{T}}\vartheta g_j(\overline{x}_j) \leqslant \xi_i^4(t)M_i + \frac{i-1}{8}(\overline{\vartheta}^{\mathrm{T}}\overline{\vartheta})^4 \tag{8.24}$$

$$\frac{3}{2}\xi_i^2(t)\Lambda_i^{\mathrm{T}}\vartheta^{\mathrm{T}}\vartheta\Lambda_i \leqslant \frac{3}{4}\xi_i^4(t)H_i + \frac{3i^2}{4}(\overline{\vartheta}^{\mathrm{T}}\overline{\vartheta})^2 \tag{8.25}$$

式中：$H_i = \sum_{j=1}^{i-1}\sum_{k=1}^{i-1}\left(\dfrac{\partial\alpha_{i-1}}{\partial x_j}\dfrac{\partial\alpha_{i-1}}{\partial x_k}\right)^2 + 2\sum_{j=1}^{i-1}\left(\dfrac{\partial\alpha_{i-1}}{\partial x_j}\right)^2 + 1$，$M_i = \dfrac{3(i-1)}{8}\sum_{j=1}^{i-1}\left(\dfrac{\partial^2\alpha_{i-1}}{\partial x_j^2}\right)^{\frac{4}{3}}$。

将上述不等式及 $\mathcal{L}V_{i-1}$ 代入式（8.22），则有：

$$\mathcal{L}V_i = -\sum_{j=1}^{i-1} c_{j1}\left(\frac{1}{4}\xi_j^4(t)\right)^{\frac{3}{4}} - \sum_{k=1}^{i-1} c_{k2}\left(\frac{1}{4}\xi_k^4(t)\right)^2 + \frac{1}{4}\xi_{i+1}^4(t) + \sum_{j=1}^{i-1}\frac{\tau_{j1}}{\delta_j}\tilde{\theta}_j^{\mathrm{T}}\theta_j$$

$$+ \sum_{k=1}^{i-1}\frac{\tau_{k2}}{\delta_k^2}\tilde{\theta}_k^{\mathrm{T}}\theta_k^3 + \xi_i^3(t)\left(\alpha_i + M_i\xi_i(t) + f_i(\overline{x}_i) - \sum_{j=1}^{i-1}\frac{\partial\alpha_{i-1}}{\partial\theta_j}\dot{\theta}_j + \frac{7}{4}\xi_i(t)\right. \qquad (8.26)$$

$$\left. - \sum_{j=1}^{i-1}\frac{\partial\alpha_{i-1}}{\partial x_j}\left(x_{j+1} + f_j(\overline{x}_j)\right) + \frac{3}{4}H_i\xi_i(t)\right) - \frac{1}{\delta_i}\tilde{\theta}_i^{\mathrm{T}}\dot{\theta}_i + \overline{D}_i$$

式中：$\overline{D}_i = D_{i-1} + \dfrac{i-1}{8}(\overline{\vartheta}^{\mathrm{T}}\overline{\vartheta})^4 + \dfrac{3i^2}{4}(\overline{\vartheta}^{\mathrm{T}}\overline{\vartheta})^2$。

在这一步骤中对于未知函数的处理，采用方法与步骤 1 相同，通过定义 $\Pi_i(X) =$ $\xi_i(t)\left(M_i + \dfrac{7}{4} + \dfrac{3}{4}H_i\right) + f_i(\overline{x}_i) - \sum\limits_{j=1}^{i-1}\dfrac{\partial\alpha_{i-1}}{\partial\theta_j}\dot{\theta}_j - \sum\limits_{j=1}^{i-1}\dfrac{\partial\alpha_{i-1}}{\partial x_j}\left(x_{j+1} + f_j(\overline{x}_j)\right)$，函数可用模糊逻辑系统逼近 $\Pi_i(X) = \Theta_i^{*\mathrm{T}}\varphi_i(X_i) + \varepsilon_i$。结合引理 2.12，可以得到：

$$\begin{aligned} \xi_i^3\Pi_i(X) &= \xi_i^3\Theta_i^{*\mathrm{T}}\varphi_1(X_i) + \xi_i^3\varepsilon_i \\ &\leqslant \frac{1}{2\gamma_1^2}\xi_i^6\left(\Theta_i^{*\mathrm{T}}\varphi_1(X_i)\right)^2 + \frac{1}{2}\gamma_i^2 + \frac{3}{4}\xi_i^4 + \frac{1}{4}\varepsilon_i^4 \qquad (8.27)\\ &\leqslant \frac{1}{2\gamma_1^2}\xi_i^6\theta_i^*\varphi_i^{\mathrm{T}}\varphi_i + \frac{1}{2}\gamma_i^2 + \frac{3}{4}\xi_i^4 + \frac{1}{4}\varepsilon_i^{*4} \end{aligned}$$

进一步，可以得到：

$$\mathcal{L}V_i = -\sum_{j=1}^{i-1} c_{j1}\left(\frac{1}{4}\xi_j^4(t)\right)^{\frac{3}{4}} - \sum_{k=1}^{i-1} c_{k2}\left(\frac{1}{4}\xi_k^4(t)\right)^2 + \frac{1}{4}\xi_{i+1}^4(t) + \sum_{j=1}^{i-1}\frac{\tau_{j1}}{\delta_j}\tilde{\theta}_j^{\mathrm{T}}\theta_j$$

$$+ \sum_{k=1}^{i-1}\frac{\tau_{k2}}{\delta_k^2}\tilde{\theta}_k^{\mathrm{T}}\theta_k^3 + \xi_i^3(t)\left(\alpha_i + \frac{3}{4}\xi_i(t) + \frac{1}{2\gamma_i^2}\xi_i^3\theta_i^*\varphi_i^{\mathrm{T}}\varphi_i\right) - \frac{1}{\delta_i}\tilde{\theta}_i^{\mathrm{T}}\dot{\theta}_i \qquad (8.28)$$

$$+ \frac{1}{2}\gamma_i^2 + \frac{1}{4}\varepsilon_i^{*4} + \overline{D}_i$$

在本步骤中，虚拟控制器 α_i 及自适应律 $\dot{\theta}_i$ 设计如下：

$$\alpha_i = -\frac{\xi_i^3(t)\alpha_{ic}^2}{\sqrt{\xi_i^6(t)\alpha_{ic}^2 + \kappa_i^2}} \qquad (8.29)$$

$$\alpha_{ic} = c_{i1}\left(\frac{1}{4}\right)^{\frac{3}{4}}\mathrm{sgn}(\xi_i) + c_{i2}\left(\frac{1}{4}\right)^2\xi_i^5(t) + \frac{3}{4}\xi_i(t) + \frac{1}{2\gamma_i^2}\xi_i^3(t)\theta_i\varphi_i^{\mathrm{T}}\varphi_i \qquad (8.30)$$

$$\dot{\theta}_i = -\frac{\delta_i}{2\gamma_i^2}\xi_i^6(t)\varphi_i^{\mathrm{T}}\varphi_i - \tau_{i1}\theta_i - \frac{\tau_{i2}}{\delta_i}\theta_i^3 \qquad (8.31)$$

式中：κ_i，c_{i1}，c_{i2}，τ_{i1}，τ_{i2} 为待设计正参数。

由引理 2.14，可得：

$$\xi_i^3(t)\alpha_i = -\frac{\xi_i^6(t)\alpha_{ic}^2}{\sqrt{\xi_i^6(t)\alpha_{ic}^2 + \kappa_i^2}}$$

$$\leqslant \kappa_i - \xi_i^3(t)\alpha_{ic} \tag{8.32}$$

将上式与虚拟控制器式（8.29）及自适应律式（8.31）代入式（8.28）中，可以得到：

$$\mathcal{L}V_i \leqslant -\sum_{j=1}^{i} c_{j1}\Big(\frac{1}{4}\xi_j^4(t)\Big)^{\frac{3}{4}} - \sum_{k=1}^{i} c_{k2}\Big(\frac{1}{4}\xi_k^4(t)\Big)^2 + \frac{1}{4}\xi_{i+1}^4(t)$$

$$+ \sum_{j=1}^{i}\frac{\tau_{j1}}{\delta_j}\tilde{\theta}_j^\mathrm{T}\theta_j + \sum_{k=1}^{i}\frac{\tau_{k2}}{\delta_k^2}\tilde{\theta}_k^\mathrm{T}\theta_k^3 + D_i \tag{8.33}$$

式中：$D_i = \bar{D}_i + \frac{1}{2}\gamma_i^2 + \frac{1}{4}\varepsilon_i^{*4} + \kappa_i$。

式（8.33）与式（8.20）有相同的表达形式，由此可得式（8.20）中在第 $i-1$ 步中也是成立的。

步骤 n：使用与第 i 步相同的 Lyapunov 函数：$V_n = V_{n-1} + \frac{1}{4}\xi^4(t) + \frac{1}{2\delta_i}\tilde{\theta}_i^\mathrm{T}\tilde{\theta}_i$，可以得到：

$$\mathcal{L}V_n = \mathcal{L}V_{n-1} + \xi_n^3(t)\Big(u + f_n(\bar{x}_n) - \sum_{j=1}^{n-1}\frac{\partial\alpha_{n-1}}{\partial\theta_j}\dot{\theta}_j - \sum_{j=1}^{n-1}\frac{\partial\alpha_{n-1}}{\partial x_j}$$

$$\times \frac{1}{2}\frac{\partial^2\alpha_{n-1}}{\partial x_j^2}g_j^\mathrm{T}(\bar{x}_j)\times\vartheta^\mathrm{T}\vartheta g_j(\bar{x}_j) + x_{j+1} + f_j(\bar{x}_j)\Big) \tag{8.34}$$

$$+ \frac{3}{2}\xi_n^2(t)\Lambda_n^\mathrm{T}\vartheta^\mathrm{T}\vartheta\Lambda_n - \frac{1}{\delta_n}\tilde{\theta}_n^\mathrm{T}\dot{\theta}_n$$

式中：$\Lambda_n = g_n(\bar{x}_n) - \sum_{j=1}^{n-1}\frac{\partial\alpha_{n-1}}{\partial x_j}g_j(\bar{x}_j)$。

通过使用引理 2.12，可以得到：

$$-\frac{1}{2}\xi_n^3(t)\sum_{j=1}^{n-1}\frac{\partial^2\alpha_{n-1}}{\partial x_j^2}g_j^\mathrm{T}(\bar{x}_j)\vartheta^\mathrm{T}\vartheta g_j(\bar{x}_j) \leqslant \xi_n^4(t)M_n + \frac{n-1}{8}(\bar{\vartheta}^\mathrm{T}\bar{\vartheta})^4 \tag{8.35}$$

$$\frac{3}{2}\xi_n^2(t)\Lambda_n^\mathrm{T}\vartheta^\mathrm{T}\vartheta\Lambda_n \leqslant \frac{3}{4}\xi_n^4(t)H_n + \frac{3n^2}{4}(\bar{\vartheta}^\mathrm{T}\bar{\vartheta})^2 \tag{8.36}$$

式中：$H_n = \sum_{j=1}^{n-1}\sum_{k=1}^{n-1}\Big(\frac{\partial\alpha_{n-1}}{\partial x_j}\frac{\partial\alpha_{n-1}}{\partial x_k}\Big)^2 + 2\sum_{j=1}^{n-1}\Big(\frac{\partial\alpha_{n-1}}{\partial x_j}\Big)^2 + 1$，$M_n = \frac{3(n-1)}{8}\sum_{j=1}^{n-1}\Big(\frac{\partial^2\alpha_{n-1}}{\partial x_j^2}\Big)^{\frac{4}{3}}$。

接着同第 i 步骤处理方法类似，将上述不等式代入式（8.34），通过定义函数

$\Pi_n(X) = \xi_n(t)(M_n + \frac{7}{4} + \frac{3}{4}H_n) + f_n(\bar{x}_n) - \sum_{j=1}^{n-1}\frac{\partial\alpha_{n-1}}{\partial\theta_j}\dot{\theta}_j - \sum_{j=1}^{n-1}\frac{\partial\alpha_{n-1}}{\partial x_j}\big(x_{j+1} + f_j(\bar{x}_j)\big)$，并使用模糊逻

辑系统进行逼近，可以得到：

$$\mathcal{L}V_n = -\sum_{j=1}^{n-1} c_{j1} \left(\frac{1}{4}\xi_j^4(t)\right)^{\frac{3}{4}} - \sum_{k=1}^{n-1} c_{k2} \left(\frac{1}{4}\xi_k^4(t)\right)^2 - \frac{1}{\delta_n} \tilde{\theta}_n^{\mathrm{T}} \dot{\theta}_i + \sum_{k=1}^{n-1} \frac{\tau_{k2}}{\delta_k} \tilde{\theta}_k^{\mathrm{T}} \theta_k^3$$
$$+ \xi_n^3(t)\left(u + \frac{1}{2\gamma_n^2}\xi_n^3 \theta_n^* \varphi_i^{\mathrm{T}} \varphi_n\right) + \bar{D}_n + \sum_{j=1}^{n-1} \frac{\tau_{j1}}{\delta_j} \tilde{\theta}_j^{\mathrm{T}} \theta_j \tag{8.37}$$

式中：$\bar{D}_n = D_{n-1} + \dfrac{n-1}{8}(\bar{\vartheta}^{\mathrm{T}}\bar{\vartheta})^4 + \dfrac{3n^2}{4}(\bar{\vartheta}^{\mathrm{T}}\bar{\vartheta})^2 + \dfrac{1}{2}\gamma_n^2 + \dfrac{1}{4}\varepsilon_n^{*4}$。

设计实际控制器 u 及自适应律 θ_n 为：

$$u = -\frac{\xi_n^3(t)\alpha_{nc}^2}{\sqrt{\xi_n^6(t)\alpha_{nc}^2 + \kappa_n^2}} \tag{8.38}$$

$$\alpha_{nc} = c_{n1}\left(\frac{1}{4}\right)^{\frac{3}{4}} \mathrm{sgn}(\xi_n) + c_{n2}\left(\frac{1}{4}\right)^2 \xi_n^5(t) + \frac{3}{4}\xi_n(t) + \frac{1}{2\gamma_n^2}\xi_n^3(t)\theta_n \varphi_n^{\mathrm{T}} \varphi_n \tag{8.39}$$

$$\dot{\theta}_n = -\frac{\delta_n}{2\gamma_n^2}\xi_n^6(t)\varphi_n^{\mathrm{T}}\varphi_n - \tau_{n1}\theta_n - \frac{\tau_{n2}}{\delta_n}\theta_n^3 \tag{8.40}$$

式中：κ_n，c_{n1}，c_{n2}，τ_{n1}，τ_{n2} 为待设计正参数。

通过使用引理 2.14，可以得到：

$$\xi_n^3(t)\alpha_n = -\frac{\xi_n^6(t)\alpha_{nc}^2}{\sqrt{\xi_n^6(t)\alpha_{nc}^2 + \kappa_n^2}} \tag{8.41}$$
$$\leqslant \kappa_n - \xi_n^3(t)\alpha_{nc}$$

将式（8.41）及实际控制器式（8.38）、自适应律式（8.40）代入式（8.37），可以得到：

$$\mathcal{L}V_n \leqslant -\sum_{j=1}^{n} c_{j1}\left(\frac{1}{4}\xi_j^4(t)\right)^{\frac{3}{4}} - \sum_{k=1}^{n} c_{k2}\left(\frac{1}{4}\xi_k^4(t)\right)^2 + \sum_{j=1}^{n} \frac{\tau_{j1}}{\delta_j}\tilde{\theta}_j^{\mathrm{T}}\theta_j$$
$$+ \sum_{k=1}^{n} \frac{\tau_{k2}}{\delta_k^2}\tilde{\theta}_k^{\mathrm{T}}\theta_k^3 + D_n \tag{8.42}$$

式中：$D_n = \bar{D}_n + \kappa_n$。

由于上式的表达形式并不完全符合定理 8.1 的最终形式，于是，继续使用不等式放缩技术处理上式各项，使其符合定理 8.1 的条件。

处理式（8.42）中的第一项，使用引理 2.18，可以得到：

$$-\sum_{j=1}^{n} c_{j1}\left(\frac{1}{4}\xi_j^4(t)\right)^{\frac{3}{4}} \leqslant -c_1 \sum_{j=1}^{n}\left(\frac{1}{4}\xi_j^4(t)\right)^{\frac{3}{4}}$$
$$\leqslant -c_1 \left(\sum_{j=1}^{n}\frac{1}{4}\xi_j^4(t)\right)^{\frac{3}{4}} \tag{8.43}$$

式中：$c_1 = \min(c_{11}, \cdots, c_{n1})$。

处理式（8.42）中的第二项，通过使用引理 2.13，则有：

$$-\sum_{k=1}^{n} c_{k2} \left(\frac{1}{4}\xi_k^4(t)\right)^2 \leqslant -\bar{c}_2 \sum_{k=1}^{n} \left(\frac{1}{4}\xi_k^4(t)\right)^2$$
$$\leqslant -c_2 \left(\sum_{k=1}^{n} \frac{1}{4}\xi_k^4(t)\right)^2 \tag{8.44}$$

式中：$\bar{c}_2 = \min(c_{12}, \cdots, c_{n2})$，$c_2 = \frac{1}{n}\bar{c}_2$。

处理式（8.42）中的第三项，使用引理 2.12 可得到：

$$\sum_{j=1}^{n} \frac{\tau_{j1}}{\delta_j} \tilde{\theta}_j^T \theta_j \leqslant -\sum_{j=1}^{n} \frac{\tau_{j1}}{2\delta_j} \tilde{\theta}_j^2 + \sum_{j=1}^{n} \frac{\tau_{j1}}{2\delta_j} \theta_j^{*2} \tag{8.45}$$

$$\left(\sum_{j=1}^{n} \frac{\tau_{j1}}{2\delta_j} \tilde{\theta}_j^2\right)^{\frac{3}{4}} \times 1^{\frac{1}{4}} \leqslant \frac{3\rho_1}{4} \left(\sum_{j=1}^{n} \frac{\tau_{j1}}{2\delta_j} \tilde{\theta}_j^2\right) + \frac{1}{4}\rho_1^{-3}$$
$$\leqslant \sum_{j=1}^{n} \frac{\tau_{j1}}{2\delta_j} \tilde{\theta}_j^2 + \bar{c} \tag{8.46}$$

式中：参数 ρ_1 选定为 $\rho_1 = \frac{4}{3}$，$\bar{c} = \frac{1}{4}\left(\frac{3}{4}\right)^3$。

进一步，通过使用引理 2.12 可得到：

$$\sum_{j=1}^{n} \frac{\tau_{j1}}{\delta_j} \tilde{\theta}_j^T \theta_j \leqslant -\left(\sum_{j=1}^{n} \frac{\tau_{j1}}{2\delta_j} \tilde{\theta}_j^2\right)^{\frac{3}{4}} + \sum_{j=1}^{n} \frac{\tau_{j1}}{2\delta_j} \theta_j^{*2} + \bar{c}$$
$$\leqslant -\bar{\tau}_1 \left(\sum_{j=1}^{n} \frac{1}{2\delta_j} \tilde{\theta}_j^2\right)^{\frac{3}{4}} + \sum_{j=1}^{n} \frac{\tau_{j1}}{2\delta_j} \theta_j^{*2} + \bar{c} \tag{8.47}$$

式中：$\bar{\tau}_1 = \min(\tau_{11}^{\frac{3}{4}}, \cdots, \tau_{j1}^{\frac{3}{4}})$，$j = 1, \cdots, n$。

处理式（8.42）中的第四项：$\sum_{k=1}^{n} \frac{\tau_{k2}}{\delta_k^2} \tilde{\theta}_k^T \theta_k^3$。

由于 $\tilde{\theta}^T \theta^3 = \tilde{\theta}(\theta^* - \tilde{\theta})^3 = \tilde{\theta}(\theta^{*3} - 3\theta^{*2}\tilde{\theta} + 3\theta^*\tilde{\theta}^2 - \tilde{\theta}^3)$，使用引理 2.12 可得：

$$\sum_{k=1}^{n} \frac{3\tau_{k2}}{\delta_k^2} \tilde{\theta}_k^3 \theta_k^* \leqslant \sum_{k=1}^{n} \frac{\tau_{k2}}{\delta_k^2} \left(\frac{9\rho_2}{4} \tilde{\theta}_k^4 + \frac{3}{4\rho_2^3} \theta_k^{*4}\right) \tag{8.48}$$

$$\sum_{k=1}^{n} \frac{\tau_{k2}}{\delta_k^2} \tilde{\theta}_k \theta_k^{*3} \leqslant \sum_{k=1}^{n} \frac{\tau_{k2}}{\delta_k^2} \left(\frac{\rho_3}{2} \tilde{\theta}_k^2 \theta_k^{*2} + \frac{1}{2\rho_3} \theta_k^{*4}\right)$$
$$\leqslant \sum_{k=1}^{n} \frac{\tau_{k2}}{\delta_k^2} \left(3\tilde{\theta}_k^2 \theta_k^{*2} + \frac{1}{12} \theta_k^{*4}\right) \tag{8.49}$$

式中：参数ρ_3选定为$\rho_3 = 6$。

由上述不等式可以得到：

$$
\begin{aligned}
\sum_{k=1}^{n} \frac{\tau_{k2}}{\delta_k^2} \tilde{\theta}_k^{\mathrm{T}} \theta_k^3 &\leqslant \sum_{k=1}^{n} \frac{\tau_{k2}}{\delta_k^2} \Big(\frac{9\rho_2 - 4}{4} \tilde{\theta}_k^4 + \frac{9\rho_2^{-1} + 1}{12} \theta_k^{*4} \Big) \\
&\leqslant -\bar{\tau}_2 \Big(\sum_{k=1}^{n} \frac{\tilde{\theta}_k^2}{2\delta_k} \Big)^2 + \sum_{k=1}^{n} \frac{9\rho_2^{-1} + 1}{12} \theta_k^{*4}
\end{aligned}
\tag{8.50}
$$

式中：$\bar{\tau}_2 = \min\{(4 - 9\rho_2)\tau_{k2}\}$，$0 < \rho_2 < \dfrac{4}{9}$，$k = 1, \cdots, n$。

将式（8.43）、式（8.44）、式（8.47）及式（8.50）代入式（8.42）中，得到：

$$
\begin{aligned}
\mathcal{L}V_n &\leqslant -c_1 \Big(\sum_{j=1}^{n} \frac{1}{4} \xi_j^4(t) \Big)^{\frac{3}{4}} - c_2 \Big(\sum_{k=1}^{n} \frac{1}{4} \xi_k^4(t) \Big)^2 - \bar{\tau}_1 \Big(\sum_{j=1}^{n} \frac{\tilde{\theta}_j^2}{2\delta_j} \Big)^{\frac{3}{4}} \\
&\quad - \bar{\tau}_2 \Big(\sum_{k=1}^{n} \frac{\tilde{\theta}_k^2}{2\delta_k} \Big)^2 + D
\end{aligned}
\tag{8.51}
$$

式中：$D = D_n + \sum\limits_{j=1}^{n} \dfrac{\tau_{j1}}{2\delta_j} \theta_j^{*2} + \sum\limits_{k=1}^{n} \dfrac{9\rho_2^{-1} + 1}{12} \theta_k^{*4} + \bar{c}$。

本节中选定的总 Lyapunov 函数为：

$$
V_n = \sum_{i=1}^{n} \frac{1}{4} \xi_i^4(t) + \sum_{i=1}^{n} \frac{1}{2\delta_i} \tilde{\theta}_i^{\mathrm{T}} \tilde{\theta}_i
\tag{8.52}
$$

通过使用引理 2.13 和引理 2.18，可以得到：

$$
\begin{aligned}
\mathcal{L}V_n &\leqslant -\mu_1 \Big\{ \Big(\sum_{j=1}^{n} \frac{1}{4} \xi_j^4(t) \Big)^{\frac{3}{4}} + \Big(\sum_{j=1}^{n} \frac{\tilde{\theta}_j^2}{2\delta_j} \Big)^{\frac{3}{4}} \Big\} - \mu_2 \Big\{ \Big(\sum_{k=1}^{n} \frac{1}{4} \xi_k^4(t) \Big)^2 \\
&\quad + \Big(\sum_{k=1}^{n} \frac{\tilde{\theta}_k^2}{2\delta_k} \Big)^2 \Big\} + D \\
&\leqslant -\mu_1 V_n^{\frac{3}{4}} - \mu_2 V_n^2 + D
\end{aligned}
\tag{8.53}
$$

式中：$\mu_1 = \min\{c_1, \bar{\tau}_1\}$，$\mu_2 = \min\{\dfrac{c_2}{2n}, \dfrac{\bar{\tau}_2}{2n}\}$。

最终，式（8.53）满足定理 8.1 中的条件，进而可得该闭环随机系统固定时间内是半全局一致有界的。

8.5 固定时间仿真

本节选取两个仿真以验证所提策略的有效性，一个是自适应巡航车辆模型的固定时间跟踪控制验证，一个是不同参数数值仿真下的固定时间控制策略。

8.5.1 自适应巡航车辆模型的固定时间跟踪控制验证

本小节利用文献 [216] 中的自适应巡航跟车模型，验证所提策略的有效性，该模型如图 8.2 所示，具体表达如下：

$$
\begin{cases}
\dot{S} = V \\
\dot{V} = \dfrac{1}{m}F - \dfrac{1}{2m}\rho C_D A V^2 - g\sin\theta - \mu g\cos\theta
\end{cases}
\tag{8.54}
$$

式中：m 和 A 为汽车质量和前挡风面积，分别取值为 1000kg 和 1.75m²；C_D 和 μ 为空气阻力系数和滚动摩擦系数，分别取值为 0.3 和 0.5；F 为力矩差产生的推动力，为驱动力 F_d 和制动力 F_b 的差值；$g = 9.8\mathrm{m/s^2}$ 为重力加速度，$\rho = 1.22\mathrm{kg/m^3}$ 为 15°C 下标准大气压的空气密度；θ 为路面倾斜角，本次仿真假设系统在平直路面上行驶，即 $\theta = 0°$；S 和 V 分别为安全距离和汽车速度，系统初始状态为 $S(t_0) = 45\mathrm{m}$，期望跟车距离为 $S_0 = 40\mathrm{m}$，系统初始车辆速度为 $V_0 = 15\mathrm{m/s}$。为了简化问题，将系统远点设计为系统初始 $S_0 = 40\mathrm{m}$，$V_0 = 15\mathrm{m/s}$，将车辆跟踪问题转化为控制器镇定问题进行分析。

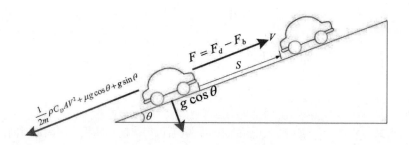

图 8.2 自适应巡航跟车模型

考虑系统受到随机干扰，上述自适应巡航跟车模型可化为下列随机非线性系统：

$$\begin{cases} dx_1 = x_2 dt + g_1(x)d\omega \\ dx_2 = (0.001u - 0.00032025x_2^2 - 5.88)dt + g_2(x)d\omega \end{cases} \tag{8.55}$$

系统初始状态给定：$x_1(0) = 5$，$x_2(0) = 0.001$。设定系统外部随机扰动 $g_1(x) = g_2(x) = 0.5\sin x_1 + 2$。其余初始条件均设定为 0。固定时间控制器参数 $c_{11} = c_{12} = c_{21} = c_{22} = 0.2$，$\kappa_1 = \kappa_2 = 0.01$，$\gamma_2 = 0.04$，$\delta_2 = 1$，$\dfrac{\tau_{21}}{\delta_2} = 1$，$\dfrac{\tau_{22}}{\delta_2^2} = 1$。

为验证所提出的固定时间控制策略的收敛性，本小节所设计方法将与传统自适应模糊控制器进行比较。传统的有限时间自适应模糊设计控制器如下：

$$u = 1000\big(-c_1 x_1(t) - c_2 x_2(t) - \gamma_2 \xi_2 \theta_2(t)\varphi_2(x_2)\big) \tag{8.56}$$

$$\dot{\theta}_2 = -\gamma_2 \xi_2 - \frac{\tau_{21}}{\delta_2}\theta_2(t)\varphi_2(x_2) \tag{8.57}$$

两种不同控制方法选取同样参数，仿真结果如图 8.3 ~ 图 8.4 所示。图 8.3 为两种不同方法下的系统状态 x_1 和 x_2。由图 8.3 可知，固定时间收敛方法的系统状态在 2s 内可达到预定界内，传统有限时间收敛则在 3s 内。图 8.4 为本章方法下的控制输入信号 u 与传统有限时间自适应模糊控制器的输入信号 u。通过对比可知，固定时间控制同有限时间控制相比收敛时间更短，系统收敛性能得到进一步提升。同时，固定时间控制策略下的系统输入信号较大，意味着固定时间控制方法收敛速度的提升是以消耗更多的系统输入为代价的。

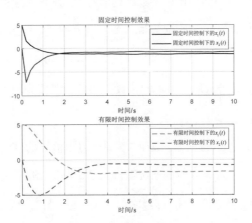

图 8.3　两种不同方法下的系统状态 x_1 和 x_2

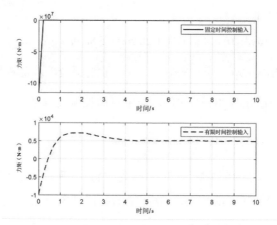

图 8.4　两种不同方法下的控制输入信号 u

8.5.2　不同参数数值仿真下的固定时间控制策略

8.5.1 的仿真结果表明固定时间控制方法较有限时间控制方法收敛性能更强。本小节将探讨参数选择对固定时间控制策略的影响，采用的仿真例子借鉴于文献 [170]，同时增加随机因素形成如下随机非线性系统：

$$\begin{cases} \mathrm{d}x_1 = (0.1x_1^2 + x_2)\mathrm{d}t + g_1(x)\mathrm{d}\omega \\ \mathrm{d}x_2 = (u + 0.1x_1x_2 - 0.2x_1)\mathrm{d}t + g_2(x)\mathrm{d}\omega \\ y = x_1 \end{cases} \tag{8.58}$$

在本小节仿真中，重点考虑不同参数的选取对固定时间控制品质的影响。本例中参考信号 $r(t)$ 选定为 $r(t) = 0.5\sin t$，系统初始状态为 $x_1(0) = 0.5$，$x_2(0) = -0.5$。随机干扰项为 $g_1(x) = g_2(x) = 0.5x_1\sin t + 0.2$。控制器参数取值为 $\kappa_1 = \kappa_2 = 0.01$，$\gamma_1 = \gamma_2 = 0.5$，$\delta_1 = \delta_2 = 1$，$\tau_{11} = \tau_{12} = \tau_{21} = \tau_{22} = 1$。另外选取三组不同待设计参数，取值分别为 $c_{11} = c_{12} = c_{21} = c_{22} = 2$，$c_{11} = c_{12} = c_{21} = c_{22} = 10$，$c_{11} = c_{12} = c_{21} = c_{22} = 15$。

仿真结果如图 8.5 ～图 8.8 所示。图 8.5 为系统输出信号 y 及参考输出信号 r。图 8.6 是控制参数为 $c_{11} = c_{12} = c_{21} = c_{22} = 10$ 时的系统随机变量 x_1 和 x_2。图 8.7 是不同参数下系统输入信号 u。图 8.8 是不同参数下系统输出误差 ξ_1。由图 8.5 ～图 8.8 可知，系统控制器在高增益参数作用下，系统稳态输出误差变小，同时系统输入消耗变大。结合仿真例子，依据不同应用场景，综合评判系统输入消耗、系统收敛时间及输出误差之间的关系，是未来研究探索的方向之一。

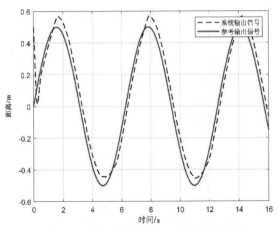

图 8.5 系统输出信号 y 及参考输出信号 r

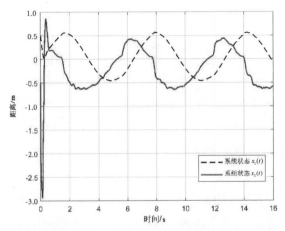

图 8.6 控制参数为 $c_{11} = c_{12} = c_{21} = c_{22} = 10$ 时的系统状态变量 x_1 和 x_2

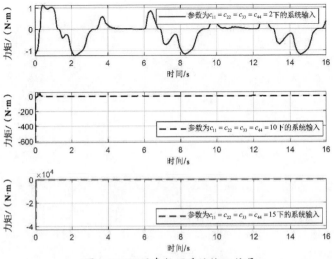

图 8.7 不同参数下系统输入信号 u

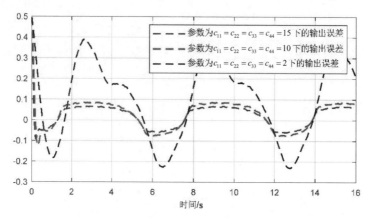

图 8.8　不同参数下系统输出误差 ξ_1

8.6　本章小结

本章研究了随机非线性系统的固定时间控制问题。首先，结合固定时间理论和随机系统稳定性定理，推导了随机非线性系统的固定时间有界定理。然后，依据该定理与自适应模糊方法，设计固定时间控制器保证了系统所有信号在固定时间内有界。最后，通过自适应巡航例子和数值算例验证了所提策略的有效性。仿真结果表明，控制器跟踪性能和收敛时间与所设计参数和输入信号大小密切相关，固定时间控制策略下的系统收敛性能更强，但存在系统输入信号较大的问题。因此，在提升非线性系统收敛性能过程中，如何有效改善系统控制器的灵活性，避免系统输入信号过大乃至饱和，是第 9 章要研究的内容。

第 9 章　死区约束非线性系统预设时间控制方法

9.1　本章引言

不确定非线性系统控制问题的研究因其深厚的理论基础和广泛的实际应用[217-218]，取得了许多有价值的结果，但在实际工程实践中仍需要考虑其他影响系统性能的因素，比如死区非线性和不可测量状态。

由于不可避免的物理因素，如控制器的机械结构或电气特性，死区非线性经常出现在物理系统中[219-221]。当输入信号落在称为死区或中性区的范围内时，系统无法以与响应此区域之外的输入相同的方式进行响应，这可能导致系统不稳定。为了处理死区非线性的影响，在文献 [222-225] 中进行了几项相关工作。在文献 [222] 中，首先采用自适应死区逆方法来处理未知的死区，并在文献 [223] 中将结果进一步扩展到输出反馈规范形式的非线性系统。对于死区输入下的一类非仿射非线性系统，使用类似于死区补偿的方法来处理精确的跟踪控制问题[224]。在文献 [225] 中，作者将输入死区模型转换为具有未知增益和有界扰动的简单线性系统，以处理非对称死区。此外，系统状态在实践中通常无法用于反馈，因此构建了各种观测器来估计不可测量的状态。对于具有模糊死区的非仿射非线性系统，通过设计观测器和利用重力中心方法，分别估计未测量的状态和模糊死区输入的去模糊化[226]。在文献 [227] 中，构建了一个模糊观测器来估计死区输入下多输入和多输出非线性系统的不可测状态。

此外，本书的前 8 章讨论了非线性系统收敛性能提升的方法，包括有限时间控制方法及固定时间控制方法，尽管固定时间控制方法收敛时间不依赖于系统初始条件，但固定时间控制的稳定性面临两个挑战。一方面，收敛时间的边界与实际稳定时间有很大不同[228-229]；另一方面，收敛时间边界是一个复杂的函数[230]，这导致设计和调整参数以满足实际系统的需求非常困难。为了解决上述有限时间 / 固定时间控制方法的缺点，学者们在文献 [231-232] 中提出了预设时间稳定性的概念。预设时间控制（PTC）不仅解决了高估收敛时间的问题，还消除了收敛时间对设计参数的依赖性。PTC 的优点是稳定时间仅取决于一个设计参数，这表明可以通过设置参数来预设稳定时间边界。最近，基于预设时间稳定性理论提出了许多有趣的控制策略[233-236]。在文献 [233] 中，为非仿射非线性系统提出了两种 PTC 方法，在方法中通过平滑时变调谐函数将复合状态跟踪误差引入反步设计过程。文献 [234] 提出了一种实用的预设时间自适应控制策略，用于具有制动器死区的随机系统，允许可以任意配置预期稳定时间的上限。对于需要高收敛精度的系统，文献 [235] 设计了一种新的 PTC 算法，以实现跟踪误差在预设的时间范围内收敛到预设的范围。基于这项研究，文献 [236] 将文献 [235] 的结果扩展到互联系统。然而，在不可测态和非平滑非线性现象下，非仿射非线性系统的现有 PTC 结果并不充分。

受上述讨论的启发，本章主要研究一种具有死区输入的非仿射非线性系统的自适应预设时间和精度控制策略。主要贡献如下：

（1）本章提出的控制算法保证了跟踪误差在预定时间内收敛到预设区域，满足了许多实际系统对稳定时间和收敛精度的要求。与 [237] 中的控制方案相比，本章中控制器设计和稳定性分析更简单，并构建了一个观测器来估计不可测量的状态。

（2）本章提出了一种新型的 PTC 控制器，该控制器的提出是基于对跟踪误差和预设精度之间的 3 层关系的分析。此 PTC 控制器不仅可以保证跟踪误差在预设时间内收敛，而且在设置所需的稳态精度时，还可以有效避免奇异性问题。此外，在反步设计过程中引入了一阶滤波器，以避免"复杂度爆炸"的问题。

（3）本章解决了 PTC 中的死区输入问题。在预设时间理论的框架下，将具有线性项和类扰动项的不对称死区模型引入动态分数阶反馈回路中，在满足系统状态的收敛时间和精度的同时，有效地解决了过度参数化的在线估计问题。

9.2 死区非线性系统预设时间控制问题描述

本节中所考虑的非严格反馈非线性系统描述如下：

$$\begin{cases} \dot{x}_i = f_i(x) + x_{i+1}, & 1 \leq i \leq n-1 \\ \dot{x}_n = f_n(x) + u \\ y = x_1 \end{cases} \tag{9.1}$$

式中：$x = [x_1, x_2, \cdots, x_n]^{\mathrm{T}}$ 为状态向量；f_i 为未知的非线性函数；$u \in \mathbb{R}$ 为控制输入信号；$y \in \mathbb{R}$ 为系统输出信号。

$D(v)$ 是以下模型描述的非对称死区非线性的输出：

$$u = D(v) = \begin{cases} r_1(v - c_1), & v \geqslant c_1 \\ 0, & -c_s < v < c_1 \\ r_2(v + c_s), & v \leqslant -c_s \end{cases} \quad (9.2)$$

式中：$v \in \mathbb{R}$ 为死区输入信号；r_1、r_2 分别为左斜率和右斜率特性；$c_s, c_1 > 0$ 为输入非线性的断点。

假设 9.1　假设存在两个满足给定条件的正常数，表示为 $\bar{r}$ 和 $\hat{r}$：

$$\bar{r} < r_1 < \hat{r}, \bar{r} < r_2 < \hat{r} \quad (9.3)$$

基于假设 9.1，死区模型式（9.2）可以用下列模型进行描述：

$$D(v) = r(t)v + \rho(t) \quad (9.4)$$

式中：$r(t) = \begin{cases} r_1, & v \leqslant 0 \\ r_2, & v > 0 \end{cases}$ 为死区模型的线性项，死区模型中另一部分可以用类扰动项来表示，类扰动项 $\rho(t)$ 表示如下：

$$\rho(t) = \begin{cases} -r_1 c_1, & v \geqslant c_1 \\ -r(t)v, & -c_s < v < c_1 \\ r_2 c_s, & v \leqslant -c_s \end{cases} \quad (9.5)$$

根据假设 9.1，我们可以得到 $0 < \bar{r} < r(t) < \hat{r}, \rho(t)$ 是有界的，它满足 $|\rho(t)| = \rho_0 \leqslant \max\{\bar{r}|c_1|, \bar{r}|c_s|\}$。

由于在线估计的复杂性和潜在的颤振现象，本章引入了一种死区逆方法，避免了直接使用逆模型。相反，开发了一个模型来近似死区非线性，并将其纳入控制设计中。

9.3　状态观测器设计方法

由于除了系统输出 x_1 之外的所有系统状态都是不可测的，在进行控制器设计之前，需要对不可测状态进行观察，观测器的构造设计如下：

$$\begin{cases} \dot{\hat{x}}_1 = \hat{x}_2 + l_1(y - \hat{x}_1) + w_1^{\mathrm{T}} \phi_1(x_1) \\ \dot{\hat{x}}_i = \hat{x}_{i+1} + l_i(y - \hat{x}_1) + w_i^{\mathrm{T}} \phi_i(\bar{\hat{x}}_i), 2 \leqslant i \leqslant n-1 \\ \dot{\hat{x}}_n = D(v) + l_n(y - \hat{x}_1) + w_n^{\mathrm{T}} \phi_n(\bar{\hat{x}}_n) \end{cases} \quad (9.6)$$

式中：$\bar{x} = [\hat{x}_1, \cdots, \hat{x}_i]^T$，$l_1$为观察者的设计参数；$\hat{x}_i$为系统状态$x_i$的估计值。

此外，w_1和w_i是w_1^*和w_i^*的估计值，它们是神经网络近似的未知函数$f_1(x_1)$和$f_i(\bar{\hat{x}}_i)$的理想常数向量$w_1^{*T}\phi_1(x_1)$和$w_1^{*T}\phi_i$。可以通过以下方式定义：

$$f_1(x_1) = w_1^{*T}\phi_1(x_1) + \delta_1(x_1), |\delta_1(x_1)| \leq \varsigma_1 \tag{9.7}$$

$$f_i(\bar{\hat{x}}_i) = w_i^{*T}\phi_i(\bar{\hat{x}}_i) + \delta_i(\bar{\hat{x}}_i), |\delta_i(\bar{\hat{x}}_i)| \leq \varsigma_i, 2 \leq i \leq n \tag{9.8}$$

式中：$\delta_i(\bar{\hat{x}}_i)$为近似误差，$\varsigma_i > 0$。

此外，定义$\tilde{w}_i^T = w_i^{*T} - w_i^T$，$e = x - \hat{x}$表示观测器的误差，其中$e = [e_1, e_2, \cdots, e_n]^T$。

e_1的时间导数可以推导出，为：

$$\begin{aligned}
\dot{e}_1 &= \dot{x}_1 - \dot{\hat{x}}_1 \\
&= x_2 + f_1(x_1) - \hat{x}_2 - l_1(y - \hat{x}_1) - w_1^T\phi_1(x_1) \\
&= e_2 + w_1^{*T}\phi_1(x_1) + \delta_1(x_1) - l_1 e_1 - \tilde{w}_1^T\phi_1(x_1) \\
&= e_2 - l_1 e_1 + \delta_1(x_1) + \tilde{w}_1^T\phi_1(x_1)
\end{aligned} \tag{9.9}$$

e_i的导数为：

$$\begin{aligned}
\dot{e}_i &= \dot{x}_i - \dot{\hat{x}}_i \\
&= x_{i+1} + f_i(x_i) - \hat{x}_{i+1} - l_i(y - \hat{x}_1) + w_i^T\phi_i(\bar{\hat{x}}_i) \\
&= e_{i+1} - l_i e_1 + f_i(x_i) - w_i^T\phi_i(\bar{\hat{x}}_i)
\end{aligned} \tag{9.10}$$

通过使用中值定理，可以得到：

$$\begin{aligned}
f_i(x_i) - w_i^T\phi_i(\bar{\hat{x}}_i) &= f_i(x_i) - f_i(\bar{\hat{x}}_i) + f_i(\bar{\hat{x}}_i) - w_i^{*T}\phi_i(\bar{\hat{x}}_i) \\
&\quad + w_i^{*T}\phi_i(\bar{\hat{x}}_i) - w_i^T\phi_i(\bar{\hat{x}}_i) \\
&= \frac{\partial f_i}{\partial x}\bar{e}_i + \delta_i(\bar{\hat{x}}_i) + \tilde{w}_i^T\phi_i(\bar{\hat{x}}_i)
\end{aligned} \tag{9.11}$$

式中：$\dfrac{\partial f_i}{\partial x} = \left[\dfrac{\partial f_i}{\partial x_1}, \ldots, \dfrac{\partial f_i}{\partial x_i}, 0, \ldots, 0\right]_c$。

将式（9.11）代入式（9.10）中，可以得到：

$$\dot{e}_i = e_{i+1} - l_i e_1 + \frac{\partial f_i}{\partial x}\bar{e}_i + \delta_i(\bar{\hat{x}}_i) + \tilde{w}_i^T\phi_i(\bar{\hat{x}}_i) \tag{9.12}$$

同样，$\dot{e}_n$可以描述为：

$$\dot{e}_n = \dot{x}_n - \dot{\hat{x}}_n \quad = f_n(x_n) + D(u) - D(u) - l_n(y - \hat{x}_1)$$
$$- w_n^{\mathrm{T}} \phi_n(\bar{\hat{x}}_n) \tag{9.13}$$
$$= -l_n e_1 + \frac{\partial f_n}{\partial x} \bar{e}_n + \delta_i(\bar{\hat{x}}_n) + \tilde{w}_n^{\mathrm{T}} \phi_n(\bar{\hat{x}}_i)$$

将式（9.13）进行整理可得：

$$\dot{e} = Be + Je + \delta(\bar{\hat{x}}) + \tilde{w}^{\mathrm{T}} \phi(\bar{\hat{x}}) \tag{9.14}$$

式 中： $B = \begin{bmatrix} -l_1 & & \\ \vdots & I_{n-1} & \\ -l_n & 0 \cdots & 0 \end{bmatrix}$, $J = \left[0^{\mathrm{T}}, \left(\frac{\partial f_2}{\partial x} \right)^{\mathrm{T}}, \cdots, \left(\frac{\partial f_n}{\partial x} \right)^{\mathrm{T}} \right]^{\mathrm{T}}$, $\delta(\bar{\hat{x}}) = \left[\delta_1(x_1), \delta_2(\bar{\hat{x}}_2), \cdots, \delta_n(\bar{\hat{x}}_n) \right]^{\mathrm{T}}$,

$0^{\mathrm{T}} = \underbrace{[0, \cdots, 0]}_{n}$, $\tilde{w}^{\mathrm{T}} \phi(\bar{\hat{x}}) = \left[\tilde{w}_1^{\mathrm{T}} \phi_1(x_1), \tilde{w}_2^{\mathrm{T}} \phi_2(\bar{\hat{x}}_2), \cdots, \tilde{w}_n^{\mathrm{T}} \phi_n(\bar{\hat{x}}_n) \right]^{\mathrm{T}}$。

9.4 自适应预设时间控制方法

在本节中，预设时间的自适应控制器是通过应用反步技术设计的。此外，控制器设计过程中使用了 DSC 技术，坐标变换如下：

$$z_1 = y - y_{\mathrm{d}} \tag{9.15}$$

$$z_i = \hat{x}_i - \Pi_i \tag{9.16}$$

$$\Xi_i = \Pi_i - \alpha_{i-1}, (i = 2, \cdots, n) \tag{9.17}$$

式中： z_1 为跟踪误差； y_{d} 为给定的参考信号； Π_i 为给定的一阶滤波器的输出，虚拟控制信号 α_{i-1} ； Ξ_i 为滤波器误差，可以从滤波器获得：

$$\dot{\Pi}_i = -\beta_1 \Xi_i - \beta_2 \Xi_i - \jmath_i \Xi_i, \jmath_i \geqslant \left| \dot{\alpha}_{i-1} \right|^2, \dot{\Pi}_i(0) = \alpha_i(0) \tag{9.18}$$

步骤 1 ：选择 Lyapunov 函数 V_1 为 $V_1 = e^{\mathrm{T}} Pe + \frac{1}{2} z_1^2 + \frac{1}{2g_1} \tilde{\theta}_1^2 + \frac{1}{2\sigma_1} \tilde{w}_1^{\mathrm{T}} \tilde{w}_1$，式中 g_1, σ_1 为正常数，P 为对称的正定矩阵， $\tilde{\theta}_1 = \theta_1^* - \theta_1$，其中 θ_1 表示未知参数 θ_1^* 的估计。

定义 $V_e = e^{\mathrm{T}} Pe$，求导得：

$$\dot{V}_e = \dot{e}^{\mathrm{T}} Pe + e^{\mathrm{T}} P\dot{e}$$
$$= \left(e^{\mathrm{T}} B^{\mathrm{T}} + e^{\mathrm{T}} J^{\mathrm{T}} + \delta^{\mathrm{T}}(\bar{x})\right) Pe + \left(\tilde{w}\phi(\bar{x})\right)^{\mathrm{T}} Pe + e^{\mathrm{T}} P\left(Be + Je + \delta(\bar{x})\right) + e^{\mathrm{T}} P\left(\tilde{w}^{\mathrm{T}}\phi(\bar{x})\right) \quad (9.19)$$
$$= e^{\mathrm{T}}(B^{\mathrm{T}} P + PB + J^{\mathrm{T}} P + PJ)e + 2e^{\mathrm{T}} P\left(\delta(\bar{x}) + \tilde{w}^{\mathrm{T}}\phi(\bar{x})\right)$$

利用完全平方公式，以及 $0 < \phi(\bar{x})\phi^{T}(\bar{x}) \leqslant 1$，可以得到以下不等式：

$$
\begin{aligned}
2e^{\mathrm{T}} P\tilde{w}^{\mathrm{T}}\phi(\bar{x}) &\leqslant de^{\mathrm{T}} Pe + \frac{1}{d}\|P\|\tilde{w}^{\mathrm{T}}\phi(\bar{x})\phi^{\mathrm{T}}(\bar{x})\tilde{w} \\
&\leqslant de^{\mathrm{T}} Pe + \frac{1}{d}\|P\|\tilde{w}^{\mathrm{T}}\tilde{w}
\end{aligned}
\quad (9.20)
$$

$$
\begin{aligned}
2e^{\mathrm{T}} P\delta(\bar{x}) &\leqslant de^{\mathrm{T}} Pe + \frac{1}{d}\|P\|\sum_{i=1}^{n}\delta_i^2(\bar{x}) \\
&\leqslant de^{\mathrm{T}} Pe + \frac{1}{d}\|P\|\sum_{i=1}^{n}\varsigma_i^2
\end{aligned}
\quad (9.21)
$$

将式（9.20）~式（9.21）代入式（9.20）中，可以得到：

$$
\begin{aligned}
\dot{V}_e &\leqslant e^{\mathrm{T}}(B^{\mathrm{T}} P + PB + J^{\mathrm{T}} P + PJ)e + 2de^{\mathrm{T}} Pe \\
&\quad + \frac{1}{d}\|P\|\tilde{w}^{\mathrm{T}}\tilde{w} + \frac{1}{d}\|P\|\sum_{i=1}^{n}\varsigma_i^2 \\
&\leqslant -e^{\mathrm{T}} Qe + H
\end{aligned}
\quad (9.22)
$$

式中：$Q = -(B^{\mathrm{T}} P + PB + J^{\mathrm{T}} P + PJ + 2dP), H = \frac{1}{d}\|P\|\tilde{w}^{\mathrm{T}}\tilde{w} + \frac{1}{d}\|P\|\sum_{i=1}^{n}\varsigma_i^2$。

根据式（9.2）和式（9.16）~式（9.18），可得：

$$
\begin{aligned}
\dot{z}_1 &= f_1 + x_2 - \dot{y}_{\mathrm{d}} \\
&= f_1 + e_2 + \hat{x}_2 - \dot{y}_{\mathrm{d}} \\
&= f_1 + e_2 + z_2 + \Xi_2 + \alpha_1 - \dot{y}_{\mathrm{d}}
\end{aligned}
\quad (9.23)
$$

那么，$\dot{V}_1$ 可由下式给出：

$$
\begin{aligned}
\dot{V}_1 &= \dot{V}_e + z_1\dot{z}_1 - \frac{1}{g_1}\tilde{\theta}_1\dot{\theta}_1 - \frac{1}{\sigma_1}\tilde{w}_1^{\mathrm{T}}\dot{w}_1 \\
&\leqslant -e^{\mathrm{T}} Qe + H + z_1(f_1 + e_2 + z_2 + \Xi_2 + \alpha_1 - \dot{y}_{\mathrm{d}}) - \frac{1}{g_1}\tilde{\theta}_1\dot{\theta}_1 - \frac{1}{\sigma_1}\tilde{w}_1^{\mathrm{T}}\dot{w}_1 \\
&\leqslant -\lambda_{\min}(Q)\|e\|^2 + H + z_1\left(w_1^{*\mathrm{T}}\phi_1(x_1) + \delta_1(x_1) + e_2 + z_2 + \Xi_2 + \alpha_1 - \dot{y}_{\mathrm{d}}\right) - \frac{1}{g_1}\tilde{\theta}_1\dot{\theta}_1 - \frac{1}{\sigma_1}\tilde{w}_1^{\mathrm{T}}\dot{w}_1
\end{aligned}
$$

$$(9.24)$$

式中：$\lambda_{\min}(Q)$ 是矩阵 Q 的最小特征值。

通过使用引理 2.6，以下不等式成立：

$$z_1 e_2 \leqslant \frac{1}{2} z_1^2 + \frac{1}{2} \|e\|^2 \tag{9.25}$$

$$z_1 \Xi_2 \leqslant \frac{1}{2} z_1^2 + \frac{1}{2} \Xi_2^2 \tag{9.26}$$

根据式（9.25）～式（9.26），式（9.24）可以改写为：

$$
\begin{aligned}
\dot{V}_1 &\leqslant -\left(\lambda_{\min}(Q) + \frac{1}{2}\right)\|e\|^2 + H + z_1(w_1^{*\mathrm{T}}\phi_1 + \delta_1 + \alpha_1 \\
&\quad - \dot{y}_d) - \frac{1}{g_1}\tilde{\theta}_1\dot{\theta}_1 - \frac{1}{\sigma_1}\tilde{w}_1^{\mathrm{T}}\dot{w}_1 + \frac{3}{2}z_1^2 + \frac{1}{2}\Xi_2^2 + \frac{1}{2}z_2^2 \\
&\leqslant -\Lambda\|e\|^2 + H + z_1(\Psi_1 + \tilde{w}_1^{\mathrm{T}}\phi_1 + \alpha_1) - \frac{1}{g_1}\tilde{\theta}_1\dot{\theta}_1 \\
&\quad - \frac{1}{\sigma_1}\tilde{w}_1^{\mathrm{T}}\dot{w}_1 + \frac{1}{2}\Xi_2^2 + \frac{1}{2}z_2^2
\end{aligned}
\tag{9.27}
$$

式中：$\Lambda = \lambda_{\min}(Q) + \frac{1}{2}$，$\Psi_1 = w_1^{\mathrm{T}}\phi_1 + \delta_1 + \frac{3}{2}z_1 - \dot{y}_d$。

由于 Ψ_1 代表未知函数，根据径向基神经网络特性，对于任何 $\varrho_1 > 0$，都有神经网络 $W_1^{*T}\zeta_1(X_1)$，使得：

$$\Psi_1(X_1) = W_1^{*\mathrm{T}}\zeta_1(X_1) + \epsilon_1(X_1), |\epsilon_1(X_1)| \leqslant \varrho_1 \tag{9.28}$$

式中：ϵ_1 为神经网络的近似误差，$X_1 = [\hat{x}_1, \hat{\theta}_1, \hat{w}_1, y_d, \dot{y}_d]$。

利用引理 2.6，有：

$$z_1\Psi_1(X_1) \leqslant \frac{1}{2a_1^2}z_1^2\theta_1^*\zeta_1^{\mathrm{T}}(X_1)\zeta_1(X_1) + \frac{1}{2}a_1^2 + \frac{1}{2}z_1^2 + \frac{1}{2}\varrho_1^2 \tag{9.29}$$

式中：$\theta_1^* = \|W_1^*\|^2$，a_1 为正常数。

虚拟控制器 α_1 的构造为：

$$\alpha_1 = -\frac{z_1\gamma_1^2}{\sqrt{z_1^2\gamma_1^2 + \varpi_1^2}} \tag{9.30}$$

根据引理 2.5，有：

$$
\begin{aligned}
z_1\alpha_1 &= -\frac{z_1^2\gamma_1^2}{\sqrt{z_1^2\gamma_1^2 + \varpi_1^2}} \\
&\leqslant \varpi_1 - z_1\gamma_1
\end{aligned}
\tag{9.31}
$$

$$
\gamma_1 = \begin{cases} \dfrac{1}{2a_1^2} z_1\theta\zeta_1^{\mathrm{T}}(X_1)\zeta_1(X_1) + \dfrac{\beta_1}{\varepsilon}\left[\left(\dfrac{1}{2}z_1^2\right)^{1-\frac{\tau}{2}} + \Phi_1\right] + \dfrac{\beta_2}{\varepsilon}\left[\left(\dfrac{1}{2}z_1^2\right)^{1+\frac{\tau}{2}} + \Theta_1\right] + \dfrac{1}{2}z_1, & z_1 \geqslant \varepsilon \\[3mm] \dfrac{1}{2a_1^2} z_1\theta\zeta_1^{\mathrm{T}}(X_1)\zeta_1(X_1) + \dfrac{1}{2}z_1, & -\varepsilon < z_1 < \varepsilon \\[3mm] \dfrac{1}{2a_1^2} z_1\theta\zeta_1^{\mathrm{T}}(X_1)\zeta_1(X_1) - \dfrac{\beta_1}{\varepsilon}\left[\left(\dfrac{1}{2}z_1^2\right)^{1-\frac{\tau}{2}} + \Phi_1\right] - \dfrac{\beta_2}{\varepsilon}\left[\left(\dfrac{1}{2}z_1^2\right)^{1+\frac{\tau}{2}} + \Theta_1\right] + \dfrac{1}{2}z_1, & z_1 \leqslant -\varepsilon \end{cases}
$$

$$(9.32)$$

式中：$\varepsilon > 0$ 为预定义的精度，ϖ_1 为正常数，$\Phi_1 = \dfrac{(\Gamma_1^{2-\tau})^2}{\sqrt{(\Gamma_1^{2-\tau})^2 + \varpi_1^2}}$，$\Theta_1 = \dfrac{(\Gamma_1^{2+\tau})^2}{\sqrt{(\Gamma_1^{2+\tau})^2 + \varpi_1^2}}$，

$\Gamma_1 = \dfrac{1}{\sqrt{2g_1}}\left(|\theta_1| + \theta_1^{*\varepsilon}\right)$，$\beta_1 = \dfrac{\pi}{\tau T_l}$，$\beta_2 = \dfrac{n^{\frac{\tau}{2}} 5^{\frac{\tau}{2}} \pi}{\tau T_l}$。

自适应定律 $\dot{\theta}_1$ 和 $\dot{w}_1$ 被构造为：

$$\dot{\theta}_1 = \frac{g_1}{2a_1^2} z_1^2 \zeta_1^{\mathrm{T}}(X_1)\zeta_1(X_1) - \varphi_1\theta_1 \qquad (9.33)$$

$$\dot{w}_1 = \sigma_1 z_1 \phi_1(x_1) - 2(\beta_1 + \beta_2)w_1 \qquad (9.34)$$

式中：$\varphi_1 > 0$ 为设计参数。

将式（9.32）代入式（9.27），然后 V_1 需要在三种情况下进行讨论。

步骤 1 的情况 1：如果 $z_1 \geqslant \varepsilon$，则式（9.27）可以改写为：

$$
\begin{aligned}
\dot{V}_1 \leqslant & -\Lambda\|e\|^2 + H + \frac{1}{2a_1^2} z_1^2\theta_1^*\zeta_1^{\mathrm{T}}\zeta_1 + \frac{1}{2}a_1^2 + \frac{1}{2}z_1^2 + \frac{1}{2}\varrho_1^2 \\
& + z_1\tilde{w}_1^{\mathrm{T}}\phi_1 + \varpi_1 - \frac{1}{2a_1^2} z_1^2\theta_1\zeta_1^{\mathrm{T}}\zeta_1 - \frac{1}{2}z_1^2 - \frac{1}{2a_1^2} z_1^2\tilde{\theta}_1\zeta_1^{\mathrm{T}}\zeta_1 \\
& - \frac{z_1\beta_1}{\varepsilon}\left[\left(\frac{1}{2}z_1^2\right)^{1-\frac{\tau}{2}} + \Phi_1\right] - \frac{z_1\beta_2}{\varepsilon}\left[\left(\frac{1}{2}z_1^2\right)^{1+\frac{\tau}{2}} + \Theta_1\right] \\
& + \frac{\varphi_1}{g_1}\tilde{\theta}_1\theta_1 + \frac{2(\beta_1+\beta_2)}{\sigma_1}\tilde{w}_1^{\mathrm{T}}w_1 - z_1\tilde{w}_1^{\mathrm{T}}\phi_1 + \frac{1}{2}\Xi_1^2 + \frac{1}{2}z_2^2 \\
\leqslant & -\Lambda\|e\|^2 + H + \frac{1}{2}a_1^2 + \frac{1}{2}z_1^2 + \frac{1}{2}\varrho_1^2 + \varpi_1 + \frac{\varphi_1}{g_1}\tilde{\theta}_1\theta_1 \\
& - \beta_1\left[\left(\frac{1}{2}z_1^2\right)^{1-\frac{\tau}{2}} + \Phi_1\right] - \beta_2\left[\left(\frac{1}{2}z_1^2\right)^{1+\frac{\tau}{2}} + \Theta_1\right] + \frac{1}{2}z_2^2 \\
& + \frac{2(\beta_1+\beta_2)}{\sigma_1}\tilde{w}_1^{\mathrm{T}}w_1 + \frac{1}{2}\Xi_1^2
\end{aligned}
$$

$$(9.35)$$

通过使用引理 2.6，可得：

$$\frac{\varphi_1}{g_1}\tilde{\theta}_1\theta_1 = \frac{\varphi_1}{g_1}(\theta_1^* - \theta_1)\theta_1$$
$$\leqslant \frac{\varphi_1}{g_1}(\frac{1}{2}\times 2^{-1}\theta_1^* + \frac{1}{2}\times 2\theta_1^2 - \theta_1^2) \qquad (9.36)$$
$$= \frac{\varphi_1}{4g_1}\theta_1^{*2}$$

将式（9.32）代入式（9.27），应用引理 2.5，式（9.27）可以描述为：

$$\dot{V}_1 \leqslant -\Lambda\|e\|^2 + H + \frac{1}{2}a_1^2 + \frac{1}{2}z_1^2 + \frac{1}{2}\varrho_1^2 + \varpi_1 + \beta_1\varpi_1$$
$$- \beta_1(\frac{1}{2}z_1^2)^{1-\frac{\tau}{2}} - \beta_2(\frac{1}{2}z_1^2)^{1+\frac{\tau}{2}} - \beta_1\Gamma_1^{2-\tau} + \beta_2\varpi_1\beta \qquad (9.37)$$
$$- \beta_2\Gamma_1^{2+\tau} + \frac{\varphi_1}{4g_1}\theta_1^{*2} + \frac{2}{\sigma_1}\tilde{w}_1^{\mathrm{T}}w_1 + \frac{1}{2}\Xi_1^2 + \frac{1}{2}z_2^2$$

根据假设 9.1，可以推导出：

$$\Gamma_1^{2-\tau} \geqslant \left[\frac{1}{\sqrt{2g_1}}|\theta_1| + \theta_1^*\right]^{2-\tau}$$
$$\geqslant \left[\frac{1}{\sqrt{2g_1}}|\theta_1 - \theta_1^*|\right]^{2-\tau} \qquad (9.38)$$
$$= (\frac{1}{2g_1}\tilde{\theta}_1^2)^{1-\frac{\tau}{2}}$$

与式（9.38）类似，有：

$$\Gamma_1^{2+\tau} \geqslant (\frac{1}{2g_1}\tilde{\theta}_1^2)^{1+\frac{\tau}{2}} \qquad (9.39)$$

那么，式（9.37）可以改写为：

$$\dot{V}_1 \leqslant -\Lambda\|e\|^2 - \beta_1(\frac{1}{2}z_1^2)^{1-\frac{\tau}{2}} - \beta_2(\frac{1}{2}z_1^2)^{1+\frac{\tau}{2}} + \frac{2}{\sigma_1}\tilde{w}_1^{\mathrm{T}}w_1$$
$$- \beta_1(\frac{1}{2g_1}\tilde{\theta}_1^2)^{1-\frac{\tau}{2}} - \beta_2(\frac{1}{2g_1}\tilde{\theta}_1^2)^{1+\frac{\tau}{2}} + \frac{1}{2}\Xi_1^2 + \frac{1}{2}z_2^2 + G_1 \qquad (9.40)$$

式中：$G_1 = H + \frac{1}{2}a_1^2 + \frac{1}{2}z_1^2 + \frac{1}{2}\varrho_1^2 + \varpi_1(1 + \beta_1 + \beta_2) + \frac{\varphi_1}{4g_1}\theta_1^{*2}$。

步骤 1 的情况 2：如果 $-\varepsilon < z_1 < \varepsilon$，则已实现控制目标，即跟踪误差收敛到原点附近的预定义邻域。

步骤 1 的情况 3：如果$z_1 \leqslant -\varepsilon$，与上述步骤类似，式（9.37）可以表示为：

$$
\begin{aligned}
\dot{V}_1 \leqslant &-\Lambda \|e\|^2 + H + \frac{1}{2a_1^2} z_1^2 \theta_1^* \zeta_1^{\mathrm{T}} \zeta_1 + \frac{1}{2} a_1^2 - \frac{1}{2} z_1^2 + \frac{1}{2} z_1^2 \\
&+ \frac{1}{2} \varrho_1^2 - \frac{1}{2a_1^2} z_1^2 \tilde{\theta}_1 \zeta_1^{\mathrm{T}} \zeta_1 + z_1 \tilde{w}_1^{\mathrm{T}} \phi_1 + \varpi_1 - \frac{1}{2a_1^2} z_1^2 \theta_1 \zeta_1^{\mathrm{T}} \zeta_1 \\
&+ \frac{z_1 \beta_1}{\varepsilon} \left[\left(\frac{1}{2} z_1^2\right)^{1-\frac{\tau}{2}} + \Phi_1 \right] + \frac{z_1 \beta_2}{\varepsilon} \left[\left(\frac{1}{2} z_1^2\right)^{1+\frac{\tau}{2}} + \Theta_1 \right] \\
&+ \frac{\varphi_1}{g_1} \tilde{\theta}_1 \theta_1 + \frac{2(\beta_1 + \beta_2)}{\sigma_1} \tilde{w}_1^{\mathrm{T}} w_1 - z_1 \tilde{w}_1^{\mathrm{T}} \phi_1 + \frac{1}{2} \Xi_1^2 + \frac{1}{2} z_2^2 \\
\leqslant &-\Lambda \|e\|^2 + H + \frac{1}{2} a_1^2 + \frac{1}{2} z_1^2 + \frac{1}{2} \varrho_1^2 + \varpi_1 + \frac{1}{2} \Xi_1^2 + \frac{1}{2} z_2^2 \\
&+ \frac{2(\beta_1 + \beta_2)}{\sigma_1} \tilde{w}_1^{\mathrm{T}} w_1 + \frac{\varphi_1}{g_1} \tilde{\theta}_1 \theta_1 - \beta_1 \left[\left(\frac{1}{2} z_1^2\right)^{1-\frac{\tau}{2}} + \Phi_1 \right] - \beta_2 \left[\left(\frac{1}{2} z_1^2\right)^{1+\frac{\tau}{2}} + \Theta_1 \right]
\end{aligned}
\tag{9.41}
$$

请注意，式（9.41）的最终推导结果与式（9.35）相同，并且与步骤 1 的情况 1 的思路类似，可以推导式（9.40）。

步骤$j(j = 2,3,\cdots,n-1)$：构造如下 Lyapunov 函数V_j：

$$
V_j = V_{j-1} + \frac{1}{2} z_j^2 + \frac{1}{2g_j} \tilde{\theta}_j^2 + \frac{1}{2\sigma_j} \tilde{w}_j^{\mathrm{T}} \tilde{w}_j + \frac{1}{2} \Xi_j^2
\tag{9.42}
$$

式中：g_j, σ_j为正常数，$\tilde{\theta}_j = \theta_j^* - \theta_j$，$\theta_j$为未知参数$\theta_j^*$的估计值。

由式（9.2）、式（9.14）和式（9.15）可得：

$$
\dot{z}_j = z_{j+1} + \Xi_{j+1} + \alpha_j + l_j e_1 + w_j^{\mathrm{T}} \phi_j - \dot{\Pi}_j
\tag{9.43}
$$

对V_j求导得到：

$$
\begin{aligned}
\dot{V}_j \leqslant &\dot{V}_{j-1} + z_j (z_{j+1} + \Xi_{j+1} + \alpha_j + l_j e_1 + w_j^{\mathrm{T}} \phi_j - \dot{\Pi}_j) \\
&- \frac{1}{g_j} \tilde{\theta}_j \dot{\theta}_j - \frac{1}{\sigma_j} \tilde{w}_j^{\mathrm{T}} \dot{w}_j + \Xi_j (\dot{\Pi}_j - \dot{\alpha}_{j-1})
\end{aligned}
\tag{9.44}
$$

根据引理 2.6，可以得到以下不等式：

$$
z_j z_{j+1} \leqslant \frac{1}{2} z_j^2 + \frac{1}{2} z_{j+1}^2
\tag{9.45}
$$

$$
z_j \Xi_{j+1} \leqslant \frac{1}{2} z_j^2 + \frac{1}{2} \Xi_{j+1}^2
\tag{9.46}
$$

$$-\Xi_j \dot{\alpha}_{j-1} \leqslant |\dot{\alpha}_{j-1}|^2 \Xi_j^2 + \frac{1}{4} \tag{9.47}$$

$$\begin{aligned}
\Xi_j \dot{\Pi}_j &= -\beta_1 \Xi_j^2 - \beta_2 \Xi_j^2 - \jmath_j \Xi_j^2 \\
&\leqslant -\beta_1 \Xi_j^2 - \beta_2 \Xi_j^2 - |\dot{\alpha}_{j-1}|^2 \Xi_j^2
\end{aligned} \tag{9.48}$$

将式（9.45）~式（9.48）代入式（9.44），则有：

$$\begin{aligned}
\dot{V}_j &\leqslant \dot{V}_{j-1} + z_j(\alpha_j + l_j e_1 + w_j^{\mathrm{T}}\phi_j - \dot{\Pi}_j) - \frac{1}{g_j}\tilde{\theta}_j \dot{\theta}_j \\
&\quad - \frac{1}{\sigma_j}\tilde{w}_j^{\mathrm{T}}\dot{w}_j + \Xi_j(\dot{\Pi}_j - \dot{\alpha}_{j-1}) - \beta_1 \Xi_j^2 - \beta_2 \Xi_j^2 \\
&\quad - |\dot{\alpha}_{j-1}|^2 \Xi_j^2 + |\dot{\alpha}_{j-1}|^2 \Xi_j^2 + \frac{1}{4} + z_j^2 + \frac{1}{2}z_{j+1}^2 + \frac{1}{2}\Xi_{j+1}^2 \\
&\leqslant \dot{V}_{j-1} + z_j(\Psi_j + \alpha_j - \tilde{w}_j^{\mathrm{T}}\phi_j - \dot{\Pi}_j) - \frac{1}{g_i}\tilde{\theta}_j \dot{\theta}_j - \frac{1}{\sigma_j}\tilde{w}_j^{\mathrm{T}}\dot{w}_j \\
&\quad - \beta_1 \Xi_j^2 - \beta_2 \Xi_j^2 + \frac{1}{4} + \frac{1}{2}z_{j+1}^2 + \frac{1}{2}\Xi_{j+1}^2
\end{aligned} \tag{9.49}$$

式中：$\Psi_j = l_j e_1 + z_j + w_j^{*\mathrm{T}}\phi_j$。

根据引理 2.4，对于 $\forall \varrho_j > 0$，有一个神经网络 $W_j^{*\mathrm{T}}\zeta_j(X_j)$ 使得：

$$\Psi_j(X_j) = W_j^{*\mathrm{T}}\zeta_j(X_j) + \epsilon_j(X_j), |\epsilon_j(X_j)| \leqslant \varrho_j \tag{9.50}$$

式中，ϵ_j 为神经网络的近似误差，$X_j = [\hat{x}_1, \cdots, \hat{x}_j, \hat{\theta}_1, \cdots, \hat{\theta}_j, \hat{w}_1, \cdots, \hat{w}_j, y_{\mathrm{d}}, \dot{y}_{\mathrm{d}}, \cdots, y_{\mathrm{d}}^{(j)}]$。

通过使用引理 2.6，可以得到：

$$z_j \Psi_j(X_j) \leqslant \frac{1}{2a_j^2}z_i^2 \theta_j^* \zeta_j^{\mathrm{T}}(X_j)\zeta_j(X_j) + \frac{1}{2}a_j^2 + \frac{1}{2}z_j^2 + \frac{1}{2}\varrho_j^2 \tag{9.51}$$

式中：$\theta_j^* = \|W_j^*\|^2$，a_j 为正常数。

第 j 个虚拟控制器 α_j 构造如下：

$$\alpha_j = -\frac{z_j \gamma_j^2}{\sqrt{z_j^2 \gamma_j^2 + \varpi_j^2}} \tag{9.52}$$

根据引理 2.5，有：

$$\begin{aligned}
z_j \alpha_j &= -\frac{z_j^2 \gamma_j^2}{\sqrt{z_j^2 \gamma_j^2 + \varpi_j^2}} \\
&\leqslant \varpi_j - z_j \gamma_j
\end{aligned} \tag{9.53}$$

式中:

$$\gamma_j = \begin{cases} \dfrac{1}{2a_j^2} z_j \theta_j \zeta_j^{\mathrm{T}}(X_j)\zeta_j(X_j) + \dfrac{\beta_1}{\varepsilon}\left[\left(\dfrac{1}{2}z_j^2\right)^{1-\frac{\tau}{2}} + \Phi_j\right] + \dfrac{\beta_2}{\varepsilon}\left[\left(\dfrac{1}{2}z_j^2\right)^{1+\frac{\tau}{2}} + \Theta_j\right] - \dot{\Pi}_j + \dfrac{1}{2}z_j, & z_j \geq \varepsilon \\[3mm] \dfrac{1}{2a_j^2} z_j \theta_j \zeta_j^{\mathrm{T}}(X_j)\zeta_j(X_j) - \dot{\Pi}_j + \dfrac{1}{2}z_j, & -\varepsilon < z_j < \varepsilon \\[3mm] \dfrac{1}{2a_j^2} z_j \theta_j \zeta_j^{\mathrm{T}}(X_j)\zeta_j(X_j) - \dfrac{\beta_1}{\varepsilon}\left[\left(\dfrac{1}{2}z_j^2\right)^{1-\frac{\tau}{2}} + \Phi_j\right] - \dfrac{\beta_2}{\varepsilon}\left[\left(\dfrac{1}{2}z_j^2\right)^{1+\frac{\tau}{2}} + \Theta_j\right] - \dot{\Pi}_j + \dfrac{1}{2}z_j, & z_j \leq -\varepsilon \end{cases}$$

$$(9.54)$$

式中: $\varepsilon > 0$ 为预定义的精度, ϖ_j 为正常数, $\Phi_j = \dfrac{(\Gamma_j^{2-\tau})^2}{\sqrt{(\Gamma_j^{2-\tau})^2 + \varpi_j^2}}$, $\Theta_i = \dfrac{(\Gamma_j^{2+\tau})^2}{\sqrt{(\Gamma_j^{2+\tau})^2 + \varpi_j^2}}$,

$\Gamma_j = \dfrac{1}{\sqrt{2g_j}}(|\theta_j| + \theta_j^{*\ell})$。

将自适应更新定律 $\dot{\theta}_j$ 和 $\dot{w}_j$ 设计为:

$$\dot{\theta}_j = \frac{g_j}{2a_j^2} z_j^2 \zeta_j^{\mathrm{T}}(X_j)\zeta_j(X_j) - \varphi_j\theta_j \tag{9.55}$$

$$\dot{w}_j = -\sigma_j z_j \phi_j(\bar{\bar{x}}_j) - 2(\beta_1 + \beta_2)w_j \tag{9.56}$$

式中: φ_j 为待定的设计参数。

那么, 由于式 (9.54) 的分段特性, V_j 有以下三种情况。

步骤 j 的情况 1: 如果 $z_j \geq \varepsilon$, 类似于步骤 1, 式 (9.49) 可以表示为:

$$\begin{aligned} \dot{V}_j \leq{} & \dot{V}_{j-1} - \beta_1\left[\left(\frac{1}{2}z_j^2\right)^{1-\frac{\tau}{2}} + \Phi_j\right] - \beta_2\left[\left(\frac{1}{2}z_j^2\right)^{1+\frac{\tau}{2}} + \Theta_j\right] \\ & + \frac{1}{2}a_j^2 + \frac{1}{2}\varrho_j^2 + \varpi_j + \frac{\varphi_j}{g_j}\tilde{\theta}_j\theta_j - \beta_1\Xi_j^2 - \beta_2\Xi_j^2 + \frac{1}{4} \\ & + \frac{2(\beta_1 + \beta_2)}{\sigma_j}\tilde{w}_j^{\mathrm{T}}w_j + \frac{1}{2}z_{j+1}^2 + \frac{1}{2}\Xi_{j+1}^2 \\ \leq{} & \dot{V}_{j-1} - \beta_1\left(\frac{1}{2}z_j^2\right)^{1-\frac{\tau}{2}} - \beta_2\left(\frac{1}{2}z_j^2\right)^{1+\frac{\tau}{2}} + \beta_1\varpi_j - \beta_1\Gamma_j^{2-\tau} \\ & + \beta_2\varpi_j - \beta_2\Gamma_j^{2+\tau} + \frac{1}{2}a_j^2 + \frac{1}{2}\varrho_j^2 + \varpi_j + \frac{\varphi_j}{4g_j}\theta_j^{*2} + \frac{1}{4} \\ & - \beta_1\Xi_j^2 - \beta_2\Xi_j^2 + \frac{2(\beta_1 + \beta_2)}{\sigma_j}\tilde{w}_j^{\mathrm{T}}w_j + \frac{1}{2}z_{j+1}^2 + \frac{1}{2}\Xi_{j+1}^2 \end{aligned} \tag{9.57}$$

根据假设 9.1，类似于式（9.48）、式（9.49），式（9.57），可以描述为：

$$
\begin{aligned}
\dot{V}_j \leqslant\ & -\Lambda \|e\|^2 - \beta_1 (\frac{1}{2} z_i^2)^{1-\frac{\tau}{2}} - \beta_2 \sum_{i=1}^{j} (\frac{1}{2} z_i^2)^{1+\frac{\tau}{2}} \\
& -\beta_1 \sum_{i=2}^{j} \Xi_i^2 - \beta_2 \sum_{i=2}^{j} \Xi_i^2 - \beta_1 \sum_{i=1}^{j} (\frac{1}{2g_i} \tilde{\theta}_i^2)^{1-\frac{\tau}{2}} \\
& -\beta_2 \sum_{i=1}^{j} (\frac{1}{2g_i} \tilde{\theta}_i^2)^{1+\frac{\tau}{2}} + 2(\beta_1 + \beta_2) \sum_{i=1}^{j} \frac{1}{\sigma_i} \tilde{w}_i^{\mathrm{T}} w_i \\
& + \frac{1}{2} z_{i+1}^2 + \frac{1}{2} \Xi_{i+1}^2 + G_i
\end{aligned}
\tag{9.58}
$$

式中：$G_j = G_{j-1} + \frac{1}{2} a_j^2 + \frac{1}{2} \varrho_j^2 + \varpi_j (1 + \beta_1 + \beta_2) + \frac{\varphi_j}{4g_j} \theta_j^{*2} + \frac{1}{4}$。

步骤 j 的情况 2：$-\varepsilon < z_j < \varepsilon$，表示 z_j 已经进入了预定义的域。

步骤 j 的情况 3：如果 $z_j \leqslant -\varepsilon$，根据步骤 1 的思路仍然可以得到式（9.58），省略了多余的推导过程。

步骤 n：选择如下 Lyapunov 函数 V_n：

$$
V_n = V_{n-1} + \frac{1}{2} z_n^2 + \frac{1}{2g_n} \tilde{\theta}_n^2 + \frac{1}{2\sigma_n} w_n^{\mathrm{T}} w_n + \frac{1}{2} \Xi_n^2
\tag{9.59}
$$

式中：g_j, σ_j 为正常数，$\tilde{\theta}_j = \theta_j^* - \theta_j$，$\theta_j$ 为未知参数 θ_j^* 的估计值。

由式（9.2）、式（9.13）和式（9.14）可得：

$$
\dot{z}_n = r(t)v + \rho(t) + w_n^{\mathrm{T}} \phi_n + l_n e_1 - \dot{\Pi}_n
\tag{9.60}
$$

V_n 的时间导数为：

$$
\begin{aligned}
\dot{V}_n \leqslant\ & \dot{V}_{n-1} + z_n \big(r(t)v + \rho(t) + w_n^{\mathrm{T}} \phi_n + l_n e_1 - \dot{\Pi}_n \big) \\
& -\frac{1}{g_n} \tilde{\theta}_n \dot{\theta}_n - \frac{1}{\sigma_n} \tilde{w}_n^{\mathrm{T}} \dot{w}_n + \Xi_n (\dot{\Pi}_n - \dot{\alpha}_{n-1})
\end{aligned}
\tag{9.61}
$$

通过使用引理 2.6，有以下不等式：

$$
z_n \rho(t) \leqslant \frac{1}{2} z_n^2 + \frac{1}{2} \rho_0^2
\tag{9.62}
$$

$$
-\Xi_n \dot{\alpha}_{n-1} \leqslant |\dot{\alpha}_{n-1}|^2 \Xi_n^2 + \frac{1}{4}
\tag{9.63}
$$

与式（9.48）类似，有：

$$
\Xi_n \dot{\Pi}_n \leqslant -\beta_1 \Xi_n^2 - \beta_2 \Xi_n^2 - |\dot{\alpha}_{n-1}|^2 \Xi_n^2
\tag{9.64}
$$

将式（9.62）~式（9.64）代入式（9.61）得到：

$$
\begin{aligned}
\dot{V}_n \leq \quad & \dot{V}_{n-1} + z_n(rv + w_n^{\mathrm{T}}\phi_n + l_n e_1 - \dot{\Pi}_n) + \frac{1}{2}z_n^2 + \frac{1}{2}\rho_0^2 \\
& - \frac{1}{g_n}\tilde{\theta}_n\dot{\theta}_n - \frac{1}{\sigma_n}\tilde{w}_n^{\mathrm{T}}\dot{w}_n - \beta_1\Xi_n^2 - \beta_2\Xi_n^2 - |\dot{\alpha}_{n-1}|^2\Xi_n^2 \\
& + \frac{1}{4} + |\dot{\alpha}_{n-1}|^2\Xi_n^2 \\
\leq \quad & \dot{V}_{n-1} + z_n(rv + \Psi_n - \tilde{w}_n^{\mathrm{T}}\phi_n - \dot{\Pi}_n) + \frac{1}{2}\rho_0^2 - \frac{1}{g_n}\tilde{\theta}_n\dot{\theta}_n \\
& - \frac{1}{\sigma_n}\tilde{w}_n^{\mathrm{T}}\dot{w}_n - \beta_1\Xi_n^2 - \beta_2\Xi_n^2 + \frac{1}{4}
\end{aligned}
\tag{9.65}
$$

式中：$\Psi_n = l_n e_1 + \frac{1}{2}z_n + w_n^{*\mathrm{T}}\phi_n$。

由于Ψ_n是由多个状态变量构成的不确定函数，根据引理 2.3，$\forall \varrho_n > 0$，存在神经网络 $W_n^{*\mathrm{T}}\zeta_n(X_n)$，使得：

$$
\Psi_n(X_n) = W_n^{*\mathrm{T}}\zeta_n(X_n) + \epsilon_n(X_n), | \epsilon_n(X_n)| \leq \varrho_n
\tag{9.66}
$$

式中：ε_n为神经网络的近似误差，$X_n = [\hat{x}_1, \cdots, \hat{x}_n, \hat{\theta}_1, \cdots, \hat{\theta}_n, \hat{w}_1, \cdots, \hat{w}_n, y_d, \dot{y}_d, \cdots, y_d^{(n)}]$。

根据引理 2.6，有：

$$
z_n\Psi_n(X_n) \leq \frac{1}{2a_n^2}z_n^2\theta_n^*\zeta_n^{\mathrm{T}}(X_n)\zeta_n(X_n) + \frac{1}{2}a_n^2 + \frac{1}{2}z_n^2 + \frac{1}{2}\varrho_n^2
\tag{9.67}
$$

式中：$\theta_n^* = \|W_n^*\|^2$，a_n为正常数。

实际控制器 v 构造为：

$$
v = -\frac{z_n\gamma_n^2}{r\sqrt{z_n^2\gamma_n^2 + \varpi_n^2}}
\tag{9.68}
$$

然后，根据引理 2.5，以下不等式成立：

$$
\begin{aligned}
z_n\alpha_n &= -\frac{z_n^2\gamma_n^2}{\sqrt{z_n^2\gamma_n^2 + \varpi_n^2}} \\
&\leq \varpi_n - z_n\gamma_n
\end{aligned}
\tag{9.69}
$$

式中：$\varepsilon > 0$为预先设定系统输出的跟踪精度，ϖ_n为带设计的正常数，

$$\gamma_n = \begin{cases} \dfrac{1}{2a_n^2} z_n \theta_n \zeta_n^{\mathrm{T}} \zeta_n + \dfrac{\beta_1}{\varepsilon}\left[\left(\dfrac{1}{2}z_n^2\right)^{1-\frac{\tau}{2}} + \Phi_n\right] + \dfrac{\beta_2}{\varepsilon}\left[\left(\dfrac{1}{2}z_n^2\right)^{1+\frac{\tau}{2}} + \Theta_n\right] - \dot{\Pi}_n + \dfrac{1}{2}z_n, & z_n \geq \varepsilon \\[3mm] \dfrac{1}{2a_n^2} z_n \theta_n \zeta_n^{\mathrm{T}} \zeta_n - \dot{\Pi}_n + \dfrac{1}{2}z_n, & -\varepsilon < z_n < \varepsilon \\[3mm] \dfrac{1}{2a_n^2} z_n \theta_n \zeta_n^{\mathrm{T}} \zeta_n - \dfrac{\beta_1}{\varepsilon}\left[\left(\dfrac{1}{2}z_n^2\right)^{1-\frac{\tau}{2}} + \Phi_n\right] - \dfrac{\beta_2}{\varepsilon}\left[\left(\dfrac{1}{2}z_n^2\right)^{1+\frac{\tau}{2}} + \Theta_n\right] - \dot{\Pi}_n + \dfrac{1}{2}z_n, & z_n \leq -\varepsilon \end{cases}$$

$$\Phi_n = \frac{(\Gamma_n^{2-\tau})^2}{\sqrt{(\Gamma_n^{2-\tau})^2 + \varpi_n^2}}, \quad \Theta_n = \frac{(\Gamma_n^{2+\tau})^2}{\sqrt{(\Gamma_n^{2+\tau})^2 + \varpi_n^2}}, \quad \Gamma_n = \frac{1}{\sqrt{2g_n}}\left(|\theta_n| + \theta_n^{*\ell}\right)\text{。}$$

将自适应更新定律 $\dot{\theta}_n$ 和 $\dot{w}_n$ 设计为：

$$\dot{\theta}_n = \frac{g_n}{2a_n^2} z_n^2 \zeta_n^{\mathrm{T}}(X_n) \zeta_n(X_n) - \varphi_n \theta_n \tag{9.70}$$

$$\dot{w}_n = -\sigma_n z_n \phi_n(\bar{\hat{x}}_n) - 2(\beta_1 + \beta_2)w_n \tag{9.71}$$

式中：φ_n 为设计参数。

通过代入式（9.69）、式（9.70）和式（9.71），式（9.64）可以在以下三种情况下进行讨论。

步骤 n 的情况 1：如果 $z_n \geq \varepsilon$，类似于步骤 j，可以得到：

$$\begin{aligned}
\dot{V}_n \leq {} & \dot{V}_{n-1} + \varpi_n + \frac{1}{2}a_n^2 + \frac{1}{2}\varrho_n^2 + \frac{\varphi_n}{g_n}\tilde{\theta}_n \theta_n + \frac{2(\beta_1+\beta_2)}{\sigma_n}\tilde{w}_n^{\mathrm{T}} w_n \\
& - \beta_1\left[\left(\frac{1}{2}z_n^2\right)^{1-\frac{\tau}{2}} + \Phi_n\right] - \beta_2\left[\left(\frac{1}{2}z_n^2\right)^{1+\frac{\tau}{2}} + \Theta_n\right] + \frac{1}{2}\rho_0^2 \\
& - \beta_1 \Xi_n^2 - \beta_2 \Xi_n^2 + \frac{1}{4} \\
\leq {} & \dot{V}_{n-1} + \varpi_n + \frac{1}{2}a_n^2 + \frac{1}{2}\varrho_n^2 + \frac{\varphi_n}{4g_n}\theta_n^{*2} + \frac{2(\beta_1+\beta_2)}{\sigma_n}\tilde{w}_n^{\mathrm{T}} w_n \\
& - \beta_1 \Xi_n^2 - \beta_2 \Xi_n^2 + \frac{1}{4} - \beta_1\left(\frac{1}{2}z_n^2\right)^{1-\frac{\tau}{2}} - \beta_2\left(\frac{1}{2}z_n^2\right)^{1+\frac{\tau}{2}} \\
& + \beta_1\varpi_n - \beta_1\Gamma_n^{2-\tau} + \beta_2\varpi_n - \beta_2\Gamma_j^{2+\tau} + \frac{1}{2}\rho_0^2
\end{aligned} \tag{9.72}$$

利用假设 9.1 的条件，结合式（9.48）～式（9.49），式（9.72）可以改写为：

$$\begin{aligned}
\dot{V}_n \leq {} & -\Lambda\|e\|^2 - \beta_1\sum_{i=1}^{n}\left(\frac{1}{2}z_i^2\right)^{1-\frac{\tau}{2}} - \beta_1\sum_{i=1}^{n}\left(\frac{1}{2g_i}\tilde{\theta}_i^2\right)^{1-\frac{\tau}{2}} \\
& - \beta_2\sum_{i=1}^{n}\left(\frac{1}{2}z_i^2\right)^{1+\frac{\tau}{2}} - \beta_2\sum_{i=1}^{n}\left(\frac{1}{2g_j}\tilde{\theta}_j^2\right)^{1+\frac{\tau}{2}} + G_n \\
& - \beta_1\sum_{i=2}^{i}\Xi_n^2 - \beta_2\sum_{i=2}^{n}\Xi_n^2 + 2(\beta_1+\beta_2)\sum_{i=1}^{n}\frac{1}{\sigma_i}\tilde{w}_i^{\mathrm{T}} w_i
\end{aligned} \tag{9.73}$$

式中：$G_n = G_{n-1} + \dfrac{1}{2}a_n^2 + \dfrac{1}{2}\varrho_n^2 + \varpi_n(1+\beta_1+\beta_2) + \dfrac{\varphi_n}{4g_n}\theta_n^{*2} + \dfrac{1}{4} + \dfrac{1}{2}\rho_0^2$。

步骤 n 的情况 2：如果 $-\varepsilon < z_n < \varepsilon$，表示 z_n 已进入预定义域。

步骤 n 的情况 3：如果 $z_n \leqslant -\varepsilon$，仍然可以根据步骤 j 的思想得到式（9.86），省略了多余的推导过程。

图 9.1 为预设时间控制器的设计过程。

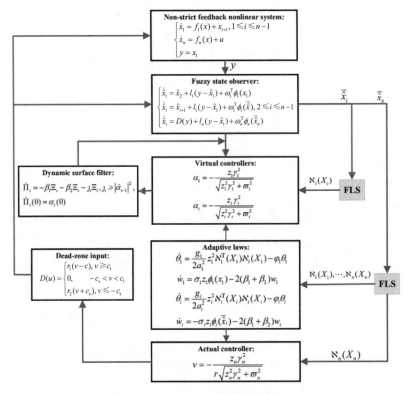

图 9.1　预设时间控制器的设计过程

9.5　控制器的稳定性分析

定理 9.1　对于满足假设 9.1 的系统式（9.1），设计了观测器式（9.12），虚拟控制器式（9.30）、式（9.52），自适应定律式（9.14）、式（9.34）、式（9.55）、式（9.56）、式（9.70）、式（9.71）和实际控制器式（9.67）。所提出的控制方案可以在预定的时间内使系统式（9.1）

稳定，并保证闭环系统的所有信号都是有界的，并且跟踪误差在预定时间内收敛到原点附近的邻域。

证明：

情况 1：如果跟踪误差 z_n 与预设精度 ε 之间的关系为 $z_n \geq \varepsilon$。根据引理 2.2，以下不等式成立：

$$-\beta_1 \sum_{j=1}^{n} \left(\frac{1}{2} z_j^2\right)^{1-\frac{\tau}{2}} \leq -\beta_1 \left(\sum_{j=1}^{n} \frac{1}{2} z_j^2\right)^{1-\frac{\tau}{2}} \tag{9.74}$$

$$-\beta_2 \sum_{j=1}^{n} \left(\frac{1}{2} z_j^2\right)^{1+\frac{\tau}{2}} \leq -\frac{\beta_2}{n^{\frac{\tau}{2}}} \left(\sum_{j=1}^{n} \frac{1}{2} z_j^2\right)^{1+\frac{\tau}{2}} \tag{9.75}$$

$$-\beta_1 \sum_{j=1}^{n} \left(\frac{1}{2g_j} \tilde{\theta}_j^2\right)^{1-\frac{\tau}{2}} \leq -\beta_1 \left(\sum_{j=1}^{n} \frac{1}{2g_j} \tilde{\theta}_j^2\right)^{1-\frac{\tau}{2}} \tag{9.76}$$

$$-\beta_2 \sum_{j=1}^{n} \left(\frac{1}{2g_j} \tilde{\theta}_j^2\right)^{1+\frac{\tau}{2}} \leq -\frac{\beta_2}{n^{\frac{\tau}{2}}} \left(\sum_{j=1}^{n} \frac{1}{2g_j} \tilde{\theta}_j^2\right)^{1+\frac{\tau}{2}} \tag{9.77}$$

那么，式（9.73）可以描述为：

$$\begin{aligned}
\dot{V}_n \leq \ & -(\beta_1 + 2\beta_2) e^{\mathrm{T}} P e - \beta_1 \left(\sum_{j=1}^{n} \frac{1}{2} z_j^2\right)^{1-\frac{\tau}{2}} \\
& -\beta_1 \left(\sum_{j=1}^{n} \frac{1}{2g_j} \tilde{\theta}_j^2\right)^{1-\frac{\tau}{2}} - \frac{\beta_2}{n^{\frac{\tau}{2}}} \left(\sum_{j=1}^{n} \frac{1}{2} z_j^2\right)^{1+\frac{\tau}{2}} \\
& -\frac{\beta_2}{n^{\frac{\tau}{2}}} \left(\sum_{j=1}^{n} \frac{1}{2g_j} \tilde{\theta}_j^2\right)^{1+\frac{\tau}{2}} - \beta_1 \sum_{j=2}^{n} \frac{1}{2} \Xi_n^2 \\
& -\beta_2 \sum_{j=2}^{n} \Xi_n^2 + \sum_{j=1}^{n} \frac{2(\beta_1 + \beta_2)}{\sigma_j} \tilde{w}_j^{\mathrm{T}} w_j + G_n
\end{aligned} \tag{9.78}$$

式中：$\Lambda = (\beta_1 + 2\beta_2) \lambda_{\max}(P)$。

根据引理 2.7，以下不等式成立：

$$-\beta_1 \sum_{j=2}^{n} \Xi_i^2 \leq -\beta_1 \left(\sum_{j=2}^{n} \frac{1}{2} \Xi_i^2\right)^{1-\frac{\tau}{2}} - \frac{\beta_1}{n^{\frac{\tau}{2}}} \left(\sum_{j=2}^{n} \frac{1}{2} \Xi_i^2\right)^{1+\frac{\tau}{2}} + \nu_{\Xi_i} \tag{9.79}$$

$$-\beta_2 \sum_{j=2}^{n} \Xi_i^2 \leq -\beta_2 \left(\sum_{j=2}^{n} \frac{1}{2} \Xi_i^2\right)^{1-\frac{\tau}{2}} - \frac{\beta_2}{n^{\frac{\tau}{2}}} \left(\sum_{j=2}^{n} \frac{1}{2} \Xi_i^2\right)^{1+\frac{\tau}{2}} + \nu_{\Xi_i} \tag{9.80}$$

式中：$v_{\Xi_i} = \dfrac{\tau}{2}(1-\dfrac{\tau}{2})^{\frac{2-\tau}{\tau}} + \sum\limits_{j=2}^{n}(\dfrac{\Xi_i^2}{2})^{1+\frac{\tau}{2}}$。

之后，可以得到：

$$
\begin{aligned}
-\quad & \beta_1 \sum_{j=2}^{n} \Xi_n^2 - \beta_2 \sum_{j=2}^{n} \Xi_n^2 \\
\leqslant\quad & -\beta_1 (\sum_{j=2}^{n} \frac{1}{2}\Xi_i^2)^{1-\frac{\tau}{2}} - \frac{\beta_1}{n^{\frac{\tau}{2}}} (\sum_{j=2}^{n} \frac{1}{2}\Xi_i^2)^{1+\frac{\tau}{2}} + 2v_{\Xi_i} \\
& -\beta_2 (\sum_{j=2}^{n} \frac{1}{2}\Xi_i^2)^{1-\frac{\tau}{2}} - \frac{\beta_2}{n^{\frac{\tau}{2}}} (\sum_{j=2}^{n} \frac{1}{2}\Xi_i^2)^{1+\frac{\tau}{2}} \\
\leqslant\quad & -\beta_1 \sum_{j=2}^{n} (\frac{1}{2}\Xi_i^2)^{1-\frac{\tau}{2}} - \frac{\beta_2}{n^{\frac{\tau}{2}}} (\sum_{j=2}^{n} \frac{1}{2}\Xi_i^2)^{1+\frac{\tau}{2}} + 2v_{\Xi_i}
\end{aligned}
\tag{9.81}
$$

与式（9.81）类似，可以得到：

$$
-2(\beta_1+\beta_2)e^{\mathrm{T}}Pe \leqslant 2v_e - \beta_1(e^{\mathrm{T}}Pe)^{1-\frac{\tau}{2}} - \frac{\beta_2}{n^{\frac{\tau}{2}}}(e^{\mathrm{T}}Pe)^{1+\frac{\tau}{2}}
\tag{9.82}
$$

式中：$v_e = \dfrac{\tau}{2}(1-\dfrac{\tau}{2})^{\frac{2-\tau}{\tau}} + \left(\lambda_{\max}(P)\bar{e}^2\right)^{1+\frac{\tau}{2}}$。

通过使用引理 2.6，存在：

$$
\begin{aligned}
\tilde{w}_j^{\mathrm{T}} w_j &\leqslant -\frac{1}{2}\tilde{w}_j^{\mathrm{T}}\tilde{w}_j + \frac{1}{2}w_j^{*\mathrm{T}}w_j^* \\
\frac{2(\beta_1+\beta_2)}{\sigma_j}\tilde{w}_j^{\mathrm{T}} w_j &\leqslant -\frac{(\beta_1+\beta_2)}{\sigma_j}\tilde{w}_j^{\mathrm{T}}\tilde{w}_j + \frac{(\beta_1+\beta_2)}{\sigma_j}w_j^{*\mathrm{T}}w_j^*
\end{aligned}
\tag{9.83}
$$

那么，与式（9.81）类似，则有：

$$
\begin{aligned}
\sum_{j=1}^{n} \frac{2(\beta_1+\beta_2)}{\sigma_j}\tilde{w}_j^{\mathrm{T}} w_j \leqslant\quad & -\beta_1(\frac{1}{2\sigma_j}\tilde{w}_j^{\mathrm{T}}\tilde{w}_j)^{1-\frac{\tau}{2}} + 2v_{\tilde{w}_j} \\
& -\frac{\beta_2}{n^{\frac{\tau}{2}}}\sum_{j=1}^{n}(\frac{1}{2\sigma_j}\tilde{w}_j^{\mathrm{T}}\tilde{w}_j)^{1+\frac{\tau}{2}} \\
& +(\beta_1+\beta_2)\sum_{j=1}^{n}\frac{1}{\sigma_j}w_j^{*\mathrm{T}}w_j^*
\end{aligned}
\tag{9.84}
$$

式中：$v_{\tilde{w}_j} = \dfrac{\tau}{2}(1-\dfrac{\tau}{2})^{\frac{2-\tau}{\tau}} + \sum\limits_{j=1}^{n}(\dfrac{\bar{w}^2}{2})^{1+\frac{\tau}{2}}$。

将式（9.81）、式（9.82）和式（9.85）代入式（9.78）并且使用引理 2.2，可得：

$$\dot{V}_n \le -\beta_1 \Big[(e^{\mathrm{T}}Pe)^{1-\frac{\tau}{2}} + (\sum_{j=1}^{n}\frac{1}{2}z_j^2)^{1-\frac{\tau}{2}} + (\sum_{j=1}^{n}\frac{1}{2g_j}\tilde{\theta}_j^2)^{1-\frac{\tau}{2}}$$

$$+ (\sum_{j=2}^{n}\frac{1}{2}\Xi_j^2)^{1-\frac{\tau}{2}} + (\sum_{j=2}^{n}\frac{1}{2\sigma_j}\tilde{w}_j^{\mathrm{T}}\tilde{w}_j)^{1-\frac{\tau}{2}}\Big] + G_n + 2v_e$$

$$+ 2v_{\tilde{w}_j} + 2v_{\Xi_i} - \frac{\beta_2}{n^{\frac{\tau}{2}}}\Big[(e^{\mathrm{T}}Pe)^{1+\frac{\tau}{2}} + (\sum_{j=1}^{n}\frac{1}{2}z_j^2)^{1+\frac{\tau}{2}}$$

$$+ (\sum_{j=1}^{n}\frac{1}{2g_j}\tilde{\theta}_j^2)^{1+\frac{\tau}{2}} + (\sum_{j=2}^{n}\frac{1}{2}\Xi_j^2)^{1+\frac{\tau}{2}}\Big]$$

$$+ (\beta_1 + \beta_2)\sum_{j=1}^{n}\frac{1}{\sigma_j}w_j^{*\mathrm{T}}w_j^* \qquad (9.85)$$

$$\le -\beta_1\Big(e^{\mathrm{T}}Pe + \sum_{j=1}^{n}\frac{1}{2}z_j^2 + \sum_{j=1}^{n}\frac{1}{2g_j}\tilde{\theta}_j^2 + \sum_{j=2}^{n}\frac{1}{2\sigma_j}\tilde{w}_j^{\mathrm{T}}\tilde{w}_j$$

$$+ \sum_{j=2}^{n}\frac{1}{2}\Xi_j^2\Big)^{1-\frac{\tau}{2}} - \frac{\beta_2}{5^{\frac{\tau}{2}}n^2}\Big(e^{\mathrm{T}}Pe + \sum_{j=1}^{n}\frac{1}{2}z_j^2 + \sum_{j=2}^{n}\frac{1}{2}\Xi_j^2$$

$$+ \sum_{j=1}^{n}\frac{1}{2g_j}\tilde{\theta}_j^2 + \sum_{j=2}^{n}\frac{1}{2\sigma_j}\tilde{w}_j^{\mathrm{T}}\tilde{w}_j\Big)^{1+\frac{\tau}{2}} + G$$

$$\le -\frac{\pi}{\tau T_l}(V^{1-\frac{\tau}{2}} + V^{1+\frac{\tau}{2}}) + G$$

式中：$G = G_n + 2v_e + 2v_{\tilde{w}_j} + 2v_{\Xi_i} + (\beta_1 + \beta_2)\sum_{j=1}^{n}\frac{1}{\sigma_j}w_j^{*\mathrm{T}}w_j^*$。

情况 2：若 z_n 和 ε 之间关系为 $-\varepsilon < z_n < \varepsilon$，表示跟踪误差 z_n 已进入预定义域。

情况 3：若 z_n 和 ε 之间关系为 $z_n \le -\varepsilon$，与前面步骤中的分析类似，可以得到式（9.86）。根据引理 2.1，可以得到系统式（9.1）是预设的时间稳定的。证明已完成。

由式（9.68）和式（9.86）可以推导出 V_n 的有界性，因此 z_i 保持在集合 $|z_i| \le \varepsilon$ 中，且可以得出 e、$\tilde{\theta}_i$、$\tilde{w}_i$ 是有界的。由于 $\tilde{\theta}_i = \theta_i^* - \theta_i$，$\theta_i^*$ 是一个常数，因此可以保证 θ_i 的边界。同样，w_i 也是有界的。同时，可以推导出 y_d、$\dot{y}_d(t)$、$\ddot{y}_d(t)$、α_i 和 v 的有界性。因此，系统中的所有信号都有界。对于情况 1 和情况 3，可以看到式（9.86）满足引理 2.1 的条件。此外，跟踪误差从情况 2 开始就进入了原点附近的足够小的邻域。也就是说，存在一个径向无界的 Lyapunov 函数使式（9.2）成立。从上述讨论中可以得出，所提出的控制方案可以使系统式（9.1）获得预期的跟踪性能。

9.6 预设时间控制方法仿真验证

本节给出了两个仿真例子来验证所提出的控制方案的可行性。

9.6.1 预设时间控制数值仿真验证

例 9.1 构造如下受死区输入影响的非严格反馈非线性系统:

$$\begin{cases} \dot{x}_1 = x_2 + x_1 + \sin(2.3x_2^2) + 1 \\ \dot{x}_2 = u + \cos x_2^2 + x_1^2 \\ y = x_1 \end{cases} \tag{9.86}$$

式中: x_1 和 x_2 为状态变量; y 为系统输出; $D(v)$ 为死区输出。描述为:

$$u = D(v) = \begin{cases} r_1(v - c_1), & v \geq c_1, \\ 0, & -c_s < v < c_1, \\ r_2(v + c_s), & v \leq -c_s, \end{cases} \tag{9.87}$$

式中: 死区模型的参数选择为 $r_1 = 1.2$, $r_2 = 1.3$, $c_1 = 1.7$, $c_s = 1$。

状态观测器的选择如下:

$$\begin{cases} \dot{\hat{x}}_1 = \hat{x}_2 + l_1(y - \hat{x}_1) + w_1^T \phi_1(x_1), \\ \dot{\hat{x}}_2 = D(v) + l_2(y - \hat{x}_1) + w_2^T \phi_2(\bar{\hat{x}}_2) \end{cases} \tag{9.88}$$

同时, 设计师虚拟信号 α_1, 实际控制器 v 和自适应定律分别描述为:

$$\alpha_1 = -\frac{z_1 \gamma_1^2}{\sqrt{z_1^2 \gamma_1^2 + \varpi_1^2}} \tag{9.89}$$

$$v = -\frac{z_2 \gamma_2^2}{r \sqrt{z_2^2 \gamma_2^2 + \varpi_2^2}} \tag{9.90}$$

$$\dot{\theta}_1 = \frac{g_1}{2a_1^2} z_1^2 \zeta_1^T(X_1) \zeta_1(X_1) - \varphi_1 \theta_1 \tag{9.91}$$

$$\dot{w}_1 = \sigma_1 z_1 \phi_1(x_1) - 2(\beta_1 + \beta_2) w_1 \tag{9.92}$$

$$\dot{\theta}_2 = \frac{g_2}{2a_2^2} z_2^2 \zeta_n^T(X_2) \zeta_2(X_2) - \varphi_2 \theta_2 \tag{9.93}$$

$$\dot{w}_2 = -\sigma_2 z_2 \phi_n(\bar{x}_2) - 2(\beta_1 + \beta_2)w_2 \tag{9.94}$$

$$\dot{\Pi}_2 = -\beta_1 \Xi_2 - \beta_2 \Xi_2 - \jmath_2 \Xi_2, \dot{\Pi}_2(0) = \alpha_2(0) \tag{9.95}$$

式中：γ_1 和 γ_2 的参数选择分别来自式（9.32）和式（9.69）。

初始值设计为 $[x_1(0), \ x_2(0), \ \hat{x}_1(0), \ \hat{x}_2(0)]^{\mathrm{T}} = [-0.34, \ 0.4, \ 0, \ 0]^{\mathrm{T}}$，$[\hat{\theta}_1, \ \hat{\theta}_2]^{\mathrm{T}} = [0, \ 0]^{\mathrm{T}}$，控制信号的其他相关参数定义为 $l_1 = 100$，$l_2 = 100$，$\theta_2^{*\ell} = 1$，$a_1 = 0.15$，$a_2 = 0.15$，$g_1 = 20$，$g_2 = 30$，$\jmath_2 = 10$，$\varpi_1 = 0.5$，$\varpi_2 = 0.5$，$\sigma_1 = 20$，$\varphi_1 = 0.01$，$\varphi_2 = 0.01$。系统输出 y 遵循给定的参考信号 y_d，其中 $y_d = 0.5 \sin t$。设 $T_1 = 1.5$，预定义的精度 $\varepsilon = 0.05$，$\tau = 0.3$。

仿真结果如图 9.2 ~ 图 9.5 所示。图 9.2 表示系统状态 x_1 及其估计值 $\hat{x}_1$。显然，x_1 可以被设计的观测器很好地估计出来。图 9.3 给出了死区输入 v 和系统输入 $D(v)$ 的仿真结果。图 9.4 显示了系统输出 y 和参考信号 y_d 的轨迹，其中输出信号跟踪参考信号。从图 9.5 中可以看出，跟踪误差 z_1 可以在 0.2s 内收敛到 0.05，这小于预定义的时间 $2T_c = 3$s。

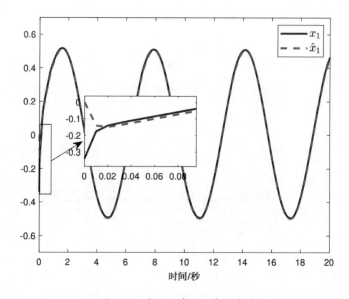

图 9.2　系统状态 x_1 及其估计值 $\hat{x}_1$

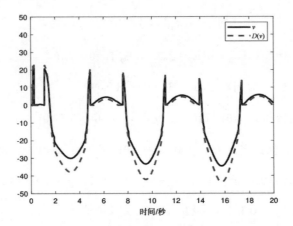

图 9.3 死区输入 v 及系统输入 $D(v)$

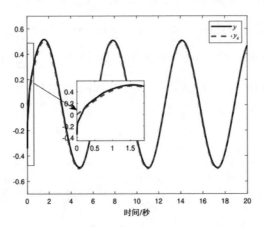

图 9.4 系统输出 y 和参考信号 y_d 的轨迹

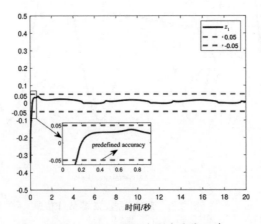

图 9.5 $T_l = 1.5\text{s}, \varepsilon = 0.05$ 时候的跟踪误差

9.6.2　预设时间控制机械臂模型仿真验证

例 9.2　选择受死区输入和未测量状态影响的非严格反馈非线性单关节机械臂系统，如图 9.6 所示，构造如下系统：

$$\begin{cases} \dot{x}_1 = x_2 \\ \dot{x}_2 = -\dfrac{1}{2G}mgl\sin x_1 + \dfrac{1}{G}D(v) \\ y = x_1 \end{cases} \tag{9.96}$$

式中：x_1 为链节的角度 θ；x_2 为链节的角速度 $\dot{\theta}$；$g = 9.8\mathrm{m/s^2}$ 为重力加速度；$G = 3\mathrm{kg \cdot m^2}$ 是系统惯性；$m = 1\mathrm{kg}$ 为链节的质量；$l = 1\mathrm{m}$ 为链节的长度；v 为链节的控制扭矩；$u = D(v)$ 为死区的输出。

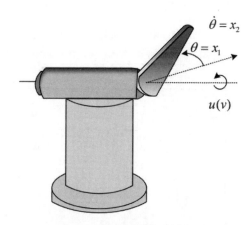

图 9.6　机械臂模型示意图

本例中，死区模型、状态观测器、设计的虚拟控制信号、实际控制器和自适应定律的选择与例 9.1 相同。初始值为 $x_1(0) = 0.23$，$x_2(0) = 0.35$，$\hat{x}_1(0) = 0$，$\hat{x}_2(0) = 0$，$\hat{\theta}_1(0) = 0$，$\hat{\theta}_2(0) = 0$。控制信号的其他相关参数选择为 $a_1 = 0.1$，$a_2 = 0.25$，$g_1 = 20$，$g_2 = 50$，$J_2 = 10$，$\varpi_1 = 1.6$，$\varpi_2 = 5$，$\sigma_1 = 20$，$\sigma_2 = 30$，$\varphi_1 = 0.02$，$\varphi_2 = 1.85$。并选择 $y_d = 0.5\sin t$。设 $T_1 = 1.5$，预定义的精度 $\varepsilon = 0.05$，$\tau = 0.3$。

仿真结果如图 9.7~图 9.10 所示。图 9.7 为状态 x_1 及其估计值 $\hat{x}_1$，从图 9.7 中观测器状态 $\hat{x}_1$ 可以估计系统状态 x_1，误差很小。图 9.8 显示了死区输入 v 和系统输入 $D(v)$ 的仿真结果。图 9.9 为系统输出 y 和参考信号 y_d 的轨迹，这表明本章提出的方法实现了预期的跟踪性能。

此外，从图 9.10 中可以看出，跟踪误差z_1可以在 0.02s 内收敛到 0.05，这小于预定义的时

间$2T_c = 3$s，验证了所提算法的有效性。

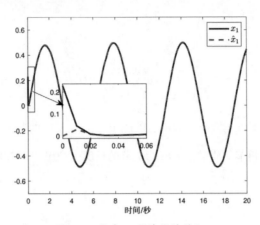

图 9.7 状态x_1及其估计值$\hat{x}_1$

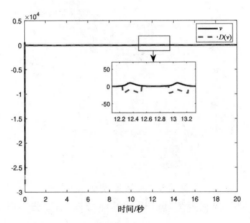

图 9.8 死区输入v及系统输入$D(v)$

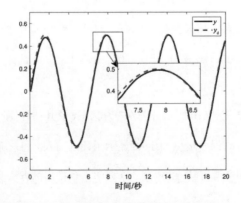

图 9.9 系统输出y和参考信号y_d的轨迹

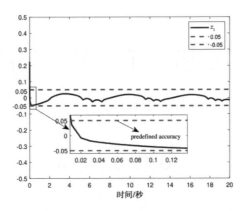

图 9.10　$T_1 = 1.5\text{s}, \varepsilon = 0.05$ 时候的跟踪误差

基于上述分析，所提控制方案可以保证跟踪误差在预定时间内收敛到预定区域。模拟结果表明控制效果令人满意，验证了所开发的控制策略的有效性。

9.7　本章小结

在本章中，针对受不可测量状态和死区输入影响的非仿射非线性系统提出了一种自适应预设时间和精度控制策略。在控制策略设计过程中，神经网络用于识别不确定的非线性函数，并构建状态观测器来估计不可测量的状态。通过使用死区逆方法，开发了一个模型来近似死区非线性。此外，还引入了 DSC 技术来处理反步过程中的"复杂度爆炸"问题。最后，理论分析和仿真表明，所提控制策略能够实现跟踪误差在预设时间内收敛到预定精度，并且闭环系统中的所有信号都是有界的。将来，PTC 方案计划扩展到多智能体系统时，需进一步考虑输出约束。

第 10 章　工作总结与展望

10.1　工作总结

随机非线性系统的收敛速率对控制品质影响巨大，关于随机非线性系统的有限时间镇定与跟踪问题的研究具有一定的挑战性。本书中采用自适应模糊控制方法，利用Itô微积分中的无穷小算子和随机系统稳定理论，结合 Lyapunov 稳定性和 Lyapunov 有限时间稳定性定理，分别针对非线性系统有限时间控制、随机非线性系统有限时间控制、随机非线性系统有限时间容错控制以及随机非线性系统固定时间控制等问题开展研究。

本书主要研究工作总结如下：

（1）研究了确定性非线性系统有限时间稳定控制问题。利用中值定理得到了严格反馈状态空间方程，使用自适应模糊控制结合障碍 Lyapunov 函数，实现了系统状态满足限制条件且一致最终有界。进一步，使用动态面技术，减少虚拟控制器求导次数，降低了控制器算法复杂度。最后，利用 Lyapunov 有限时间稳定理论，实现了被控系统状态在有限时间内收敛。

（2）设计了随机非线性系统有限时间稳定控制算法。利用不等式降阶方法，降低了高阶随机非线性系统阶次。采用坐标变换方式，得到含有暂态预设性能的状态空间方程。设计高阶次控制策略，在被控系统状态有限时间收敛的同时，满足了系统的暂态性能和稳态性能要求。

（3）构造了基于输出反馈的随机系统有限时间容错控制器。利用系统输出信号得到模糊观测器，设计时变控制律获悉执行器部分失效程度。融合模糊自适应律与故障自适应律，使用自适应模糊和容错方法相结合方法得到控制策略。同非容错控制器相比，所设计策略在闭环系统执行器部分失效情况下，仍能够保证系统在有限时间内收敛。

（4）提出了随机非线性系统固定时间稳定控制策略。结合随机系统稳定性分析和固定时间控制理论，得到随机系统固定时间稳定条件。采用提高控制器阶次的方法，解除系统收敛时间与初始状态的制约关系，得到严格反馈随机非线性系统控制策略。同有限时间控制策略相比，固定时间控制策略增加了收敛性能，且收敛时间任意可调。

（5）开发了基于神经网络观测器的死区非线性系统预设时间控制策略。采用分数阶输出反馈方法设计预设时间控制器，实现了稳定时间与稳态精度的预先设定。将不对称死区模型融入动态分数阶反馈回路中，保证了死区输入约束下系统的鲁棒性并解决了过度参数化的问题。结合最小学习参数机制与动态面控制技术，避免了计算"复杂度爆炸"的问题。

（6）针对所设计不同约束特性的不确定非线性系统有限时间/固定时间/预设时间控制策略，利用 MATLAB 软件分别进行模型及数值仿真验证。结果表明，所提出的自适应模糊控制策略具有良好的控制效果。

10.2 工作展望

本书针对约束特性下非线性系统的控制问题进行了诸多有益探讨，但仍然存在一些不足之处和有待进一步研究的地方。具体如下：

（1）关于模糊逻辑系统参数设计和选取。尽管模糊逻辑系统具有万能逼近性质，但不同参数选取对产生的逼近效果往往会有较大的差异。目前参数选取方法大多基于系统本身特性、专家经验以及预估未知函数性能等方法，没有统一规范的设计框架，有待进一步研究。

（2）关于固定时间控制消耗问题。分析固定时间控制研究的结果，可知当系统的收敛速率提升时，系统的控制输入显著增加。如何选取适当的控制输入，使得系统收敛时间满足要求的同时，兼顾系统消耗问题，是今后研究方向之一。

（3）本书研究重点考虑随机系统状态约束、暂态指标约束及执行器故障约束，而实际物理控制过程存在更多限制条件，如通信通道约束，执行器效率约束以及传感器失效约束等。开展不同约束甚至是多重约束下非线性系统稳定性的研究，是更加复杂的更加重要的工作。

参考文献

［1］ 李海涛 , 田卫华 . 现代控制理论 [M]. 北京 : 人民邮电出版社 , 2012.

［2］ Slotine J, Li W. Applied nonlinear control[M]. Beijing: China Machine Press, 2004.

［3］ 郭雷 . 时变随机系统 - 稳定性与自适应理论 [M]. 2 版・7 北京 : 科学出版社 , 2020.

［4］ Mao X. Stochastic differential equations and their applications[M]. Chichester: Horwood Publishing, 2007.

［5］ Voit J. The statistical mechanics of financial markets[M]. Netherlands: Springer-Verlag Berlin Heidelberg, 2005.

［6］ 李亚楠 . 工程用地震动模拟随机性方法研究 [D]. 大连 : 大连理工大学 , 2016.

［7］ Bhat S, Bernstein D. Finite-time stability of homogeneous systems[J]. Proceedings of the American control conference, 1997,(4):2513-2514.

［8］ 黄成 . 航天器交会对接有限时间控制方法研究 [D]. 哈尔滨 : 哈尔滨工业大学 , 2018.

［9］ 宋俊红 . 拦截机动目标的有限时间制导律及多弹协同制导律研究 [D]. 哈尔滨 : 哈尔滨工业大学 , 2017.

［10］ 王玉娟 . 多智能体系统（给定）有限时间控制问题研究 [D]. 重庆 : 重庆大学 , 2016.

［11］ 程盈盈 . 开关 DC-DC 变换器的有限时间控制方法研究 [D]. 合肥 : 合肥工业大学 , 2017.

［12］ Sui S, Chen C, Tong S. Fuzzy adaptive finite-time control design for non-triangular stochastic nonlinear systems[J]. IEEE transactions on fuzzy systems, 2019, 27(1):172-184.

［13］ Hassan K. Nonlinear systems Third edition[M]. New York: Prentice Hall, 2002.

［14］ Isidori A. Nonlinear control systems Third edition[M]. London: Springer-Verlag, 1995.

［15］ Spong M, Vidyasagar M. Robot dynamics and control[M]. New York: Wiley, 2004.

［16］ Kanellakopoulos I, Kokotovic R, Morse A. Systematic design of adaptive controllers for feedback linearizable systems[J]. IEEE transactions on automatic control, 1991, 36(11): 1241-1253.

［17］ Jiang Z, David J. A robust adaptive backstepping scheme for nonlinear systems with unmodeled dynamics[J]. IEEE transactions on automatic control, 1999, 44(9): 1705-1711.

［18］ Ding Z. Adaptive control of nonlinear systems with unknown virtual control coefficients[J]. International journal of adaptive control and signal processing, 2000, 14(5): 505-517.

[19] Zhou J, Wen C, Zhang Y. Adaptive backstepping control of a class of uncertain nonlinear systems with unknown backlash-like hysteresis[J]. IEEE transactions on automatic control, 2004, 49(10): 1751-1759.

[20] Jiang Z. A combined backstepping and small-gain approach to adaptive output feedback control[J]. Automatica, 1999, 35(6): 1131-1139.

[21] Qiu J, Sun K, Wang T. Observer-based fuzzy adaptive event-triggered control for pure-feedback nonlinear systems with prescribed performance[J]. IEEE transactions on fuzzy systems, 2019, 27(11): 2152-2162.

[22] Lin F, Lee C. Adaptive backstepping control for linear induction motor drive to track periodic references[J]. IEEE proceedings electric power applications, 2002, 147(6): 449-458.

[23] Lin F, Shen P, Hsu S. Adaptive backstepping sliding mode control for linear induction motor drive[J]. IEE proceedings-electric power applications, 2002, 149(3): 184-194.

[24] Wu L, Liu J, Vazquez S, et al. Sliding mode control in power converters and drives:a review[J]. IEElCAA Journal of Automatica Sinica,2022,9(3):392-406.

[25] Shieh H, Shyu K. Nonlinear sliding-mode torque control with adaptive backstepping approach for induction motor drive[J]. IEEE transactions on industrial electronics, 1999, 46(2): 380-389.

[26] Kristiansen R, Nicklasson P, Gravdahl J. Satellite attitude control by quaternion-based backstepping[J]. IEEE transactions on control systems technology, 2008, 17(1): 227-232.

[27] 蔡尚峰 . 随机控制理论 [M]. 上海：上海交通大学出版社 , 1987.

[28] Kozin F. A survey of stability of stochastic systems[J]. Automatica, 1969, 5(1): 95-112.

[29] Kushner H. Stochastic stability and control[M]. New York: Academic Press, 1967.

[30] Gihman R, Skorohod A. Stochastic differential equations[M]. New York: Springer-Verlag, 1972.

[31] Florchinger P. A universal formula for the stabilization of control stochastic differential equations[J]. Stochastic analysis and applications, 1993, 11(1): 155-162.

[32] Florchinger P. Feedback stabilization of affine in the control stochastic differential systems by the control Lyapunov function method[J]. SIAM journal of control and optimization, 1997, 35(3): 500-511.

[33] Deng H, Krstic M. Stochastic nonlinear stabilization-I: a backstepping design[J].

Systems & control letters, 1997, 32(3): 143-150.

[34] Deng H, Krstic M. Output-feedback stabilization of stochastic nonlinear systems driven by noise of unknown covariance[J]. systems & control letters, 2000, 39(3): 173-182.

[35] Deng H, Krstic M, Willians R. Stabilization of stochastic nonlinear systems driven by noise of unknown covariance[J]. IEEE transactions on automatic control, 2001, 48(8): 1237-1253.

[36] Chen C, Liu Y, Wen G. Fuzzy neural network-based adaptive control for a class of uncertain nonlinear stochastic systems[J]. IEEE transaction on cybernetics, 2014, 44(5): 583-593.

[37] Wang T, Ma M, Qiu J, et al. Event-triggered adaptive fuzzy tracking control for pure-feedback stochastic nonlinear systems with multiple constraints[J]. IEEE transactions on fuzzy systems, 2021, 29(6): 1496-1506.

[38] Wang H, Liu X, Liu K, et al. Approximation-based adaptive fuzzy tracking control for a class of nonstrict-feedback stochastic nonlinear time-delay systems[J]. IEEE transactions on fuzzy systems, 2015, 23(5): 1746-1760.

[39] Wang F, Liu Z, Zhang Y, et al. Adaptive fuzzy control for a class of stochastic pure-feedback nonlinear systems with unknown hysteresis[J]. IEEE transactions on fuzzy systems, 2016, 24(1): 140-152.

[40] Sui S, Li Y, Tong S. Observer-based adaptive fuzzy control for switched stochastic nonlinear systems with partial tracking errors constrained[J]. IEEE transactions on systems, man, and cybernetics: systems, 2016, 46(12): 1605-1617.

[41] Swaroop D, Hedrick J, Yip P, et al. Dynamic surface control for a class of nonlinear systems[J]. IEEE transactions on automatic control, 2000, 45(10):1893-1899.

[42] Sun K, Mou S, Qiu J, et al. Adaptive fuzzy control for non-triangular structural stochastic switched nonlinear systems with full state constraints[J]. IEEE transactions on fuzzy systems, 2019, 27(8): 1587-1601.

[43] Ren C, Chen L, Chen C. Adaptive fuzzy leader-following consensus control for stochastic multi-agent systems with heterogeneous nonlinear dynamics[J]. IEEE transactions on fuzzy systems, 2017, 25(1): 181-190.

[44] Tong S, Sui S, Li Y. Adaptive fuzzy decentralized output stabilization for stochastic nonlinear large-scale systems with unknown control directions[J]. IEEE transactions on fuzzy systems, 2014, 22(5): 1365-1372.

[45] Li Y, Ma Z, Tong S. Adaptive fuzzy output-constrained fault-tolerant control of nonlinear

stochastic large-scale systems with actuator faults[J]. IEEE transactions on cybernetics, 2017, 47(9): 2362-2376.

[46] Zhou Q, Li H, Wang L, et al. Prescribed performance observer-based adaptive fuzzy control for nonstrict-feedback stochastic nonlinear systems[J]. IEEE transactions on systems, man, and cybernetics: systems, 2018, 48(10): 1747-1758.

[47] Qiu J, Ma M, Wang T. Event-triggered adaptive fuzzy fault tolerant control for stochastic nonlinear systems via command filtering[J]. IEEE transactions on systems, man, and cybernetics: systems, 2022, 52(2): 1145-1155.

[48] Ma H, Li H, Liang H, et al. Adaptive fuzzy event-triggered control for stochastic nonlinear systems with full state constraints and actuator faults[J]. IEEE transactions on fuzzy systems, 2019, 27(11): 2242-2254.

[49] Sun K, Mou S, Qiu J, et al. Adaptive fuzzy control for non-triangular structural stochastic switched nonlinear systems with full state constraints[J]. IEEE transactions on fuzzy systems, 2019, 27(8): 1587-1601.

[50] Wang F, Chen B, Sun Y, et al. Finite-time fuzzy control of stochastic nonlinear systems[J]. IEEE transactions on cybernetics, 2020, 50(6): 2617-2626.

[51] Sun W, Su S, Dong G, et al. Reduced adaptive fuzzy tracking control for high-order stochastic nonstrict feedback nonlinear system with full state constraints[J]. IEEE transactions on systems, man, and cybernetics: systems, 2021, 51(3): 1496-1506.

[52] 段纳, 解学军, 张嗣瀛. 一类高阶次随机非线性系统的状态反馈镇定 [J]. 控制与决策, 2008, 23(1): 60-64.

[53] 段纳, 解学军. 随机非线性系统的输出反馈控制 [J]. 控制理论与应用, 2009, 26(2): 83-86.

[54] 刘亮, 段纳, 解学军. 具有奇整数比次方的随机高阶非线性系统的输出反馈镇定 [J]. 自动化学报, 2010, 36(6): 858-864.

[55] Liang L, Na D, Xue X. Output-feedback stabilization for stochastic high-order nonlinear systems with a ratio of odd integers power[J]. Acta Automatica Sinica, 2010, 36(6): 858-864.

[56] Tee K P, Ge S S. Control of nonlinear systems with partial state constraints using a barrier Lyapunov function[J]. International journal of control, 2011, 84(12): 2008-2023.

[57] Tee K P, Ge S S, Li H Z, et al. Control of nonlinear systems with time-varying output constraints[C]. IEEE international conference on control and automation, 2009: 524-529.

[58] Sun W, Su S F, Wu Y Q, et al. Adaptive fuzzy control with high-order barrier Lyapunov

functions for high-order uncertain nonlinear systems with full-state constraints[J]. IEEE transactions on cybernetics, 2020, 50(8): 3424-3432.

[59] Tang L, He K Y, Chen Y, et al. Integral BLF-based adaptive neural constrained regulation for switched systems with unknown bounds on control gain[J]. IEEE transactions on neural networks and learning systems, 2023, 34(11): 8579-8588.

[60] Chen J N, Hua C C. Adaptive full-state-constrained control of nonlinear systems with deferred constraints based on nonbarrier Lyapunov function method[J]. IEEE transactions on cybernetics, 2022, 52(8): 7634-7642.

[61] Jin X, Dai S L, Liang J. Adaptive constrained formation tracking control for a tractor-trailer mobile robot team with multiple constraints[J]. IEEE transactions on automatic control, 2023, 68(3): 1700-1707.

[62] Bechlioulis C P, Rovithakis G A. Robust adaptive control of feedback linearizable MIMO nonlinear systems with prescribed performance[J]. IEEE transactions on automatic control, 2008, 53(9): 2090-2099.

[63] Liu G P, Park J H, Xu H S, et al. Reduced-order observer-based output-feedback tracking control for nonlinear time-delay systems with global prescribed performance[J]. IEEE transaction on cybernetics, 2023, 59(9): 5560-5571.

[64] Bu X W, Jiang B X, Lei H M. Nonfragile quantitative prescribed performance control of waverider vehicles with actuator saturation[J]. IEEE transactions on aerospace and electronic systems, 2022, 58(4): 3538-3548.

[65] Lv M, De S B, Cao J, et al. Adaptive prescribed performance asymptotic tracking for high-order odd-rational-power nonlinear systems[J]. IEEE transactions on automatic control, 2023, 68(2): 1047-1053.

[66] Zhang L L, Che W W, Chen B, et al. Adaptive fuzzy output-feedback consensus tracking control of nonlinear multiagent systems in prescribed performance[J]. IEEE transactions on cybernetics, 2023, 53(3): 1932-1943.

[67] Xu Z B, Deng W X, Yao J Y, et al. Extended-state-observer-based adaptive prescribed performance control for hydraulic systems with full-state constraints[J]. IEEE-ASME transactions on mechatronics, 2022, 27(6): 5615-5625.

[68] Ilchmann A, Ryan E P, Trenn S. Tracking control: performance funnels and prescribed transient behavior[J]. systems & control letters, 2005, 54(7): 655-670.

[69] Liu C G, Wang H Q, Liu X P, et al. Adaptive finite-time fuzzy funnel control for nonaffine nonlinear systems[J]. IEEE transactions on systems man cybernetics-systems,

2021, 51(5): 2894-2903.

[70] Chowdhury D, Khalil H K. Funnel control for nonlinear systems with arbitrary relative degree using high-gain observers[J]. Automatica, 2019, 105: 107-116.

[71] Liu Y H, Su C Y, Li H Y. Adaptive output feedback funnel control of uncertain nonlinear systems with arbitrary relative degree[J]. IEEE transactions on automatic control, 2021, 66(6): 2854-2860.

[72] 李枝强, 刘洋, 周琪, 等·7 精确估计下的多智能体系统漏斗复合控制 [J]. 控制理论与应用, 2022, 39(8): 1417-1425.

[73] Verginis C K, Dimarogonas D V, Kavraki L E. KDF: Kinodynamic motion planning via geometric sampling-based algorithms and funnel control[J]. IEEE transactions on robotics, 2023, 39(2):978-997.

[74] Berger T, Otto S, Reis T, et al. Combined open-loop and funnel control for underactuated multibody systems[J]. Nonlinear dynamics, 2019, 95(3): 1977-1998.

[75] Whitaker H, Yamron J, Kezer A. Design of model reference adaptive control systems for aircraft[R]. Report R-164, Instrumentation Laboratory, M.I.T. Press, Cambridge, Massachusetts, 1958.

[76] Parks P. Lyapunov redesign of model reference adaptive control systems[J], IEEE. transactions on automatic Control, 1966, 11(3): 362-367.

[77] Nam K, Araposthathis A. A model reference adaptive control scheme for pure-feedback nonlinear systems[J]. IEEE transactions on automatic control, 1988, 33(9): 803-811.

[78] Sastry S, Isidori A. Adaptive control of linearizable systems[J]. IEEE transactions on automatic control, 1989, 34(11): 1123-1131.

[79] Teel A, Kadiyala R, Kokotovic P, et al. Indirect techniques for adaptive input-output linearization of non-linear systems[J]. International journal of control, 1991, 53(1): 93-222.

[80] Pomet J, Praly L. Adaptive nonlinear regulation: Estimation from the Lyapunov equation[J]. IEEE transactions on automatic control, 1992, 37(6): 729-740.

[81] Sontag E. A 'universal' construction of Artstein's theorem on nonlinear stabilization[J]. Systems and control letters, 1989, 13(2): 117-123.

[82] Wang L, Mendel J. Fuzzy basis functions, universal approximation, and orthogonal least-squares learning[J]. IEEE transactions on neural networks, 1992, 3(5): 807-814.

[83] Loannou P A, Sun J. Robust adaptive control[M]. Upper Saddle River, NJ:PTR Prentice-Hall, Englewood Cliffs, 1996.

［84］ Ye X, Jiang J. Adaptive nonlinear design without a priori knowledge of control directions[J]. IEEE transactions on automatic control, 1998, 43(11): 1617-1621.

［85］ Marino R, Tomei P. Output regulation for linear minimum phase systems with unknown order exosystem[J]. IEEE transactions on automatic control, 2007, 52(10): 2000-2005.

［86］ Marino R, Santosuosso G, Tomei P. Output feedback stabilization of linear systems with unknown additive output sinusoidal disturbances[J]. European journal of control, 2008, 14(2): 131-148.

［87］ Krstic M, Kanellakopoulos I, Kokotovic P. Adaptive nonlinear control without over parameterization[J]. Systems control letter. 1992, 19(3): 177-185.

［88］ Sun W, Gao H, Kaynak O. Adaptive backstepping control for active suspension systems with hard constraints[J]. IEEE/ASME transactions on mechatronics, 2012, 18(3): 1072-1079.

［89］ Zhou X, Zhou W, Dai A, et al. Asymptotical stability of stochastic neural networks with multiple time-varying delays[J]. International journal of control, 2015, 88(3): 613-621.

［90］ Ge S, Wang C. Direct adaptive NN control of a class of nonlinear systems[J]. IEEE transactions on neural networks, 2002, 13(1): 214-221.

［91］ Chen M, Ge S, Ren B. Adaptive tracking control of uncertain MIMO nonlinear systems with input constraints[J]. Automatica, 2011, 47(3): 452-465.

［92］ Zhang T, Zhu Q, Yang Y. Adaptive neural control of non-affine pure-feedback non-linear systems with input nonlinearity and perturbed uncertainties[J]. International journal of systems science, 2012, 43(4): 691-706.

［93］ Zhou Q, Shi P, Liu H, et al. Neural-network-based decentralized adaptive output-feedback control for large-scale stochastic nonlinear systems[J]. IEEE transactions on systems, man, and cybernetics (Cybernetics), 2012, 42(6): 1608-1619.

［94］ Liu Z, Wang F, Zhang Y, et al. Fuzzy adaptive quantized control for a class of stochastic nonlinear uncertain systems[J]. IEEE transactions on systems, man, and cybernetics, 2016, 46(2): 524-534.

［95］ Zadeh A. Fuzzy sets[J]. Information and Control, 1965, 8(3): 338-353.

［96］ Mamdani E. Applications of fuzzy algorithms for simple dynamic plant[J]. Proc. IEE control and science, 1974, 121(12): 1585-1588.

［97］ 佟绍成. 非线性系统的自适应模糊控制 [M]. 北京 : 科学出版社 , 2006.

［98］ Yang Y, Feng G, Ren J. A combined backstepping and small-gain approach to robust adaptive fuzzy control for strict-feedback nonlinear systems[J]. IEEE transactions on systems, man, and cybernetics, part a: systems and humans, 2004, 34(3): 406-420.

[99] Wu Z, Xie X, Zhang S. Adaptive backstepping controller design using stochastic small-gain theorem[J]. Automatica, 2007, 43(4): 608-620.

[100] Wang H, Tanaka K, Gri M F. An approach to fuzzy control of nonlinear systems: stability and design issues[J]. IEEE Transactions on fuzzy systems, 1996, 4(1): 14-23.

[101] Zadeh A. Fuzzy sets as a basis for theory of possibility[J]. Fuzzy sets & systems, 1999, 1(1): 9-34.

[102] Harb A, Smadi I. An approach to fuzzy control for a class of nonlinear systems: stability and design issues[J]. International journal of modelling & simulation, 2015, 25(2): 106-111.

[103] Chen M, Ge S, How E. Robust adaptive neural network control for a class of uncertain MIMO nonlinear systems with input nonlinearities[J]. IEEE transactions on neural networks, 2010, 21(5): 796-812.

[104] Feng G. A survey on analysis and design of model-based fuzzy control systems[J]. IEEE transactions on fuzzy systems, 2016, 14(5): 676-697.

[105] Noriega J, Wang H. A direct adaptive neural-network control for unknown nonlinear systems and its application[J]. IEEE transactions on neural networks, 1998, 9(1): 27-34.

[106] Ge S, Hong F, Lee T. Adaptive neural network control of nonlinear systems with unknown time delays[J]. IEEE transactions on automatic control, 2003, 48(11): 2004-2010.

[107] Wang D, Huang J. Adaptive neural network control for a class of uncertain nonlinear systems in pure-feedback form[J]. Automatica, 2002, 38(8): 1365-1372.

[108] Li H, Wang L, Du H, et al. Adaptive fuzzy backstepping tracking control for strict-feedback systems with input delay[J]. IEEE transactions on fuzzy systems, 2016, 25(3): 642-652.

[109] Li H, Bai L, Zhou Q, et al. Adaptive fuzzy control of stochastic nonstrict-feedback nonlinear systems with input saturation[J]. IEEE transactions on systems, man, and cybernetics: systems, 2017, 47(8): 2185-2197.

[110] Tong S, Sui S, Li Y. Observed-based adaptive fuzzy tracking control for switched nonlinear systems with dead-zone[J]. IEEE transactions on cybernetics, 2015, 45(12): 2816-2826.

[111] Li Y, Sui S, Tong S. Adaptive fuzzy control design for stochastic nonlinear switched systems with arbitrary switchings and unmodeled dynamics[J]. IEEE transactions on

cybernetics, 2017, 47(2): 403-414.

[112] Wang T, Zhang Y, Qiu J, et al. Adaptive fuzzy backstepping control for a class of nonlinear systems with sampled and delayed measurements[J]. IEEE transactions on fuzzy systems, 2014, 23(2): 302-312.

[113] Hamdy M, Elhaleem A, Fkirin A. Adaptive fuzzy predictive controller for a class of networked nonlinear systems with time-varying delay[J]. IEEE transactions on fuzzy systems, 2018, 26(4): 2135-2144.

[114] Min H, Xu S, Zhang Z. Adaptive finite-time stabilization of stochastic nonlinear systems subject to full-state constraints and input saturation[J]. IEEE transactions on automatic control, 2021, 66(3): 1306-1313.

[115] Arefi M M, Zarei J, Karimi H R. Adaptive output feedback neural network control of uncertain non-affine systems with unknown control direction[J]. Journal of the Franklin institute, 351(8): 4302-4316.

[116] Yu J, Shi P, Dong W, et al. Adaptive fuzzy control of nonlinear systems with unknown dead zones based on command filtering[J]. IEEE transactions on fuzzy systems, 2018, 26(1): 46-55.

[117] Tong S, Li Y. Adaptive fuzzy output feedback tracking backstepping control of strict-feedback nonlinear systems with unknown dead zones[J]. IEEE transactions on fuzzy systems, 2012, 20(1): 168-180.

[118] Tong S, Li Y. Robust adaptive fuzzy backstepping output feedback tracking control for nonlinear system with dynamic uncertainties[J]. Science China information sciences, 2010, 53(2): 307-324.

[119] Tong S, Li Y. Observer-based adaptive fuzzy backstepping control of uncertain nonlinear pure-feedback systems[J]. Science China information sciences, 2014, 57(1): 1-14.

[120] Li Y, Min X, Tong S. Adaptive fuzzy inverse optimal control for uncertain strict-feedback nonlinear systems[J]. IEEE transactions on fuzzy systems, 2020, 28(10): 2363-2374.

[121] Ma M, Wang T, Qiu J, et al. Adaptive fuzzy decentralized tracking control for large-scale interconnected nonlinear networked control systems[J]. IEEE transactions on fuzzy systems, 2021, 29(10): 3186-3191.

[122] Tong S, Min X, Li Y. Observer-based adaptive fuzzy tracking control for strict-feedback nonlinear systems with unknown control gain functions[J]. IEEE transactions

on cybernetics, 2020, 50(9): 3903-3913.

［123］ Wang T, Wu J, Wang Y, et al. Adaptive fuzzy tracking control for a class of strict-feedback nonlinear systems with time-varying input delay and full state constraints[J]. IEEE transactions on fuzzy systems, 2020, 28(12): 3432-3441.

［124］ Sun K, Sui S, Tong S. Fuzzy adaptive decentralized optimal control for strict feedback nonlinear large-scale systems[J]. IEEE transactions on cybernetics, 2017, 48(4): 1326-1339.

［125］ Hwang J, Kim E. Robust tracking control of an electrically driven robot: adaptive fuzzy logic approach[J]. IEEE transactions on fuzzy systems, 2006, 14(2): 232-247.

［126］ Sun W, Lin J, Su S, et al. Reduced adaptive fuzzy decoupling control for lower limb exoskeleton[J]. IEEE transactions on cybernetics, 2021, 51(3): 1099-1109.

［127］ Na J, Huang Y, Wu X, et al. Adaptive finite-time fuzzy control of nonlinear active suspension systems with input delay[J]. IEEE transactions on cybernetics, 2020, 50(6): 2639-2650.

［128］ Barrenechea E, Fernandez J, Pagola M, et al. Construction of interval-valued fuzzy preference relations from ignorance functions and fuzzy preference relations: application to decision making[J]. Knowledge-based systems, 2014, 58(3): 33-44.

［129］ Haidegger T, Kovacs L, Preitl S, et al. Controller design solutions for long distance telesurgical applications[J]. International journal of artificial intelligence, 2011, 6(11): 48-71.

［130］ Takacs A, Kovacs L, Rudas I, et al. Models for force control in telesurgical robot systems[J]. Acta polytechnica hungarica, 2015, 12(8): 95-114.

［131］ Bustince H, Barrenechea E, Pagola M, et al. Interval valued fuzzy sets constructed from matrices: Application to edge detection[J]. Fuzzy sets and systems, 2009, 160(13): 1819-1840.

［132］ Rang E. Isochrone families for second-order systems[J]. IEEE transactions on automatic control, 1963, 8(1): 64-65.

［133］ Bhat S P, Bernstein D S. Lyapunov analysis of finite-time differential equations[C]. IEEE, 1995: 1831-1832.

［134］ Meng Z, Ren W, You Z. Distributed finite-time attitude containment control for multiple rigid bodies[J]. Automatica, 2010, 46(12): 2092-2099.

［135］ Lu J, Qin J, Ma Q, et al. Finite-time attitude synchronisation for multiple spacecraft[J]. IET control theory & applications, 2016, 10(10): 1106-1114.

［136］ Su Y, Zheng C. Global finite-time inverse tracking control of robot manipulators[J]. Robotics and computer-integrated manufacturing, 2011, 27(3): 550-557.

［137］ Ge MF, Guan Z, Yang C, et al. Time-varying formation tracking of multiple manipulators via distributed finite-time control[J]. Neurocomputing, 2016, 202(8): 20-26.

［138］ Bhat S P, Bernstein D S. Finite-time stability of continuous autonomous systems[J]. SIAM Journal on Control and optimization, 2000, 38(3): 751-766.

［139］ Bhat S P, Bernstein D S .Continuous finite-time stabilization of the translational and rotational double integrators[J].IEEE transactions on automatic control, 1998, 43(5):678-682.

［140］ Hong Y. Finite-time stabilization and stabilizability of a class of controllable systems[J]. Systems & control letters, 2002, 46(4): 231-236.

［141］ Ma L, Wang S, Min H, et al. Distributed finite-time attitude dynamic tracking control for multiple rigid spacecraft[J]. IET control theory & applications, 2015, 9(17): 2568-2573.

［142］ Khoo S, Yin J, Man Z, et al. Finite-time stabilization of stochastic nonlinear systems in strict-feedback form[J]. Automatic, 2013, 49(5): 1403-1410.

［143］ Li Y, Yang T, Tong S. Adaptive neural networks finite-time optimal control for a class of nonlinear systems[J]. IEEE transactions on neural networks and learning systems, 2020, 31(11): 4451-4460.

［144］ Wang F, Chen B, Sun Y. Finite time control of switched stochastic nonlinear systems[J]. Fuzzy sets and systems, 2019, 365: 140-152.

［145］ Li Y, Li K, Tong S. Adaptive neural network finite-time control for multi-input and multi-output nonlinear systems with the powers of odd rational numbers[J]. IEEE transactions on neural networks and learning systems, 2020, 31(7): 2532-2543.

［146］ Wang N, Fu Z ,Song S, et al. Barrier Lyapunov-based adaptive fuzzy finite-time tracking of pure-feedback nonlinear systems with constraints[J]. IEEE transactions on fuzzy systems, 2022, 30(4): 1139-1148.

［147］ Sun J, Yi J, Pu Z. Adaptive fuzzy non-smooth backstepping output-feedback control for hypersonic vehicles with finite-time convergence[J]. IEEE transactions on fuzzy systems, 2020, 28(10): 2320-2334.

［148］ Polyakov A. Nonlinear feedback design for fixed-time stabilization of linear control systems[J]. IEEE transactions on automatic control, 2012, 57(8): 2106-2110.

［149］ 梅亚飞, 廖瑛, 龚轲杰, 等. SE(3) 上航天器姿轨耦合固定时间容错控制 [J]. 航空学报, 2021, 42(11): 354-367.

［150］ 刘亚, 黄攀峰, 张帆. 多无人机绳索悬挂协同搬运固定时间控制 [J]. 导航定位与授时, 2021, 8(1): 21-30.

［151］ 钟泽南, 赵恩娇, 赵新华, 等. 基于固定时间收敛的攻击时间控制协同制导律 [J]. 战术导弹技术, 2020(6): 30-36.

［152］ 张宽桥, 杨锁昌, 李宝晨, 等. 考虑驾驶仪动态特性的固定时间收敛制导律 [J]. 航空学报, 2019, 40(11): 254-268.

［153］ Andrieu V, Praly L, Astoli A. Homogeneous approximation, recursive observer design, and output feedback[J]. SIAM journal on control and optimization, 2008, 47(4): 1814-1850.

［154］ Tian B, Zuo Z, Yan X, et al. A fixed-time output feedback control scheme for double integrator systems[J]. Automatica, 2017, 80: 17-24.

［155］ Huang Y, Jia Y. Fixed-time consensus tracking control of second-order multi-agent systems with inherent nonlinear dynamics via output feedback[J]. Nonlinear dynamics, 2018, 91(2): 1289-1306.

［156］ Zou A, Li W. Fixed-time output-feedback consensus tracking control for second-order multi-agent systems[J]. International journal of robust and nonlinear control. 2019, 29(13): 4419-4434.

［157］ Tian B, Lu H, Zuo Z, et al. Fixed-time leader-follower output feedback consensus for second-order multi-agent systems[J]. IEEE transactions on cybernetics, 2019, 49(4): 1545-1550.

［158］ Polyakov A, Efimov D, Perruquetti W. Finite-time and fixed-time stabilization: Implicit Lyapunov function approach[J]. Automatica, 2015, 51(1): 332-340.

［159］ Parsegov S, Polyakov A, Shcherbakov P. Nonlinear fixed-time control protocol for uniform allocation of agents on a segment[C]. IEEE Conference on Decision and Control, 2012: 7732-7737.

［160］ Defoort M, Polyakov A, Demesure G, et al. Leader-follower fixed-time consensus for multi-agent systems with unknown nonlinear inherent dynamics[J]. IET control theory and applications, 2015, 9(14): 2165-2170.

［161］ Parsegov S E, Polyakov A E, Shcherbakov P S. Fixed-time consensus algorithm for multi-agent systems with integrator dynamics[C]. IFAC Workshop on Distributed Estimation and Control in Networked Systems, 2013: 110-115.

[162] Polyakov A, Efimov D, Perruquetti W. Robust stabilization of MIMO systems in finite/fixed time[J]. International journal of robust and nonlinear control, 2016, 26(1): 69-90.

[163] Polyakov A, Poznyak A. Lyapunov function design for finite-time convergence analysis: "Twisting" controller for second-order sliding mode realization[J]. Automatica, 2009, 45(2): 444-448.

[164] Polyakov A, Efimov D, Perruquetti W, et al. Output stabilization of time-varying input delay systems using interval observation technique[J]. Automatica, 2013, 49(11): 3402-3410.

[165] Zuo Z. Non-singular fixed-time terminal sliding mode control of nonlinear systems[J]. IET control theory and applications, 2015, 9(4): 545-552.

[166] Zuo Z. Nonsingular fixed-time consensus tracking for second-order multi-agent networks[J]. Automatica, 2015, 54: 305-309.

[167] Jiang B, Hu Q, Friswell M. Fixed-time rendezvous control of spacecraft with a tumbling target under loss of actuator effectiveness[J]. IEEE transactions on aerospace and electronic systems, 2016, 52(4): 1576-1586.

[168] Jiang B, Hu Q, Friswell M. Attitude control for rigid spacecraft with actuator saturation and faults[J]. IEEE transactions on control systems technology, 2016, 24(5): 1892-1898.

[169] Li D, Ge S, Lee T. Fixed-time-synchronized consensus control of multi-agent systems[J]. IEEE transactions on control of network systems, 2021, 8(1): 89-98.

[170] Chen M, Wang H, Liu X. Adaptive fuzzy practical fixed-time tracking control of nonlinear systems[J]. IEEE transactions on fuzzy systems, 2021, 29(3): 664-673.

[171] Ba D, Li Y, Tong S. Fixed-time adaptive neural tracking control for a class of uncertain nonstrict nonlinear systems[J]. Neurocomputing, 2019, 363: 273-280.

[172] Hua C, Li Y, Guan X. Finite/Fixed-time stabilization for nonlinear interconnected systems with dead-zone input[J]. IEEE transactions on automatic control, 2017, 62(5): 2554-2560.

[173] Wang H Q, Yue H X, Liu S W, et al. Adaptive fixed-time control for Lorenz systems[J]. Nonlinear dynamics, 2020, 102(4): 2617-2625.

[174] Sun Y M, Zhang L. Fixed-time adaptive fuzzy control for uncertain strict feedback switched systems[J]. Information science, 2021, 546: 742-752.

[175] Wu Y M, Wang Z S. Fuzzy adaptive practical fixed-time consensus for second-order nonlinear multiagent systems under actuator faults[J]. IEEE transactions on cybernetics, 2021, 51(3): 1150-1162.

[176] Zhou Q, Du P H, Li H Y, et al . Adaptive fixed-time control of error-constrained pure-feedback interconnected nonlinear systems[J]. IEEE transactions on systems man cybernetics-systems, 2021, 51(10): 6396-6380.

[177] Chen M, Wang H Q, Liu X P. Adaptive practical fixed-time tracking control with prescribed boundary constraints[J]. IEEE transactions on circuits and systems i-regular papers, 2021, 68(4): 1716-1726.

[178] Hu X Y, Li Y X, Hou Z S. Event-triggered fuzzy adaptive fixed-time tracking control for nonlinear systems[J]. IEEE transactions on cybernetics, 2022, 52(7): 7206-7217.

[179] Sun J L, Yi J Q, Pu Z Q. Fixed-time adaptive fuzzy control for uncertain nonstrict-feedback systems with time-varying constraints and input saturation[J]. IEEE transactions on fuzzy systems, 2022, 30(4): 1114-1128.

[180] Pan Y N, Du P H, Xue H, et al. Singularity-free fixed-time fuzzy control for robotic systems with user-defined performance[J]. IEEE transactions on fuzzy systems, 2021, 29(8): 2388-2398.

[181] Jiménez E, Muñoz A, Sánchez J, et al. A Lyapunov-like characterization of predefined-time stability[J]. IEEE transactions on automatic control, 2020, 65(11): 4922-4927.

[182] Holloway J, Krstic M. Prescribed-time observers for linear systems in observer canonical form[J]. IEEE transactions on automatic control, 2019, 64(9): 3905-3912.

[183] Hua C, Ning P, Li K. Adaptive prescribed-time control for a class of uncertain nonlinear systems[J]. IEEE transactions on automatic control, 2022, 67(11): 6159-6166.

[184] Li W, Krstic M. Prescribed-time output-feedback control of stochastic nonlinear systems[J]. IEEE transactions on automatic control, 2023, 68(3): 1431-1446.

[185] Ning B D, Han Q L, Zuo Z Y. Bipartite consensus tracking for second-order multiagent systems: a time-varying function-based preset-time approach[J]. IEEE transactions on automatic control, 2021, 66(6): 2739-2745.

[186] Zou A M, Liu Y Y, Hou Z G. Practical predefined-time output-feedback consensus tracking control for multiagent systems[J]. IEEE transactions on cybernetics, 2023, 53(8):5311-5322.

[187] Xie S, Chen Q, Yang Q. Adaptive fuzzy predefined-time dynamic surface control for attitude tracking of spacecraft with state constraints[J]. IEEE transactions on fuzzy systems, 2023, 31(7): 2292-2304.

[188] Tao M, Liu X, Shao S, et al. Predefined-time bipartite consensus of networked Euler-Lagrange systems via sliding-mode control[J]. IEEE transactions on circuits and systems ii: express briefs, 2022, 69(12): 4989-4993.

［189］ Yu J, Yu S, Li J, et al. Fixed-time stability theorem of stochastic on linear systems[J]. International journal of control, 2019, 92(9): 2194-2200.

［190］ Li K, Li Y, Zong G. Adaptive fuzzy fixed-time decentralized control for stochastic nonlinear systems[J]. IEEE transactions on fuzzy systems, 2021, 29(11): 3428-3440.

［191］ 胡迪鹤. 随机过程概论 [M]. 武汉：武汉大学出版社, 1986.

［192］ 黄志远. 随机分析学基础 [M]. 北京：科学出版社, 2001.

［193］ Khalil K. Adaptive output feedback control of nonlinear systems represented by input-output models[J]. IEEE transactions on automatic control. 1996, 41(1): 177-188.

［194］ Yin J, Khoo S, Man Z. Finite-time stability theorems of homogeneous stochastic nonlinear systems[J]. Systems & control letters, 2017, 100: 6-13.

［195］ Zhou Q, Wang L, Wu C, et al. Adaptive fuzzy control for nonstrict feedback systems with input saturation and output constraint[J]. IEEE Transactions on systems man and cybernetics: systems, 2017, 47(1): 1-12.

［196］ Wang N, Tao F, Fu Z, et al. Adaptive fuzzy control for a class of stochastic strict feedback high-order nonlinear systems with full-state constraints [J]. IEEE transactions on systems man cybernetics-systems, 2022, 52(1): 205-213.

［197］ Tee K, Ge S, Tay H. Barrier Lyapunov functions for the control of output-constrained nonlinear systems[J]. Automatica, 2009, 45(4):918-927.

［198］ Tee K, Ge S. Control of nonlinear systems with partial state constraints using a barrier Lyapunov function[J]. International journal of control, 2011, 84(12):2008-2023.

［199］ Tee K, Ge S. Control of nonlinear systems with full state constraint using a Barrier Lyapunov Function[C]. IEEE, 2009: 8613-8628.

［200］ Tee K, Ge S. Control of state-constrained nonlinear systems using integral barrier Lyapunov functionals[C]. IEEE, 2012: 3239-3244.

［201］ Lin W, Qian C. Adaptive regulation of high-order lower-triangular systems: an adding one power integrator technique[J]. Systems & control letters, 2000, 39(5):353-364.

［202］ Qian C, Lin W, Dayawansa W. Smooth feedback, global stabilization and disturbance attenuation of nonlinear systems with uncontrollable linearization[J]. SIAM journal on control and optimization, 2002, 40(1): 191-210.

［203］ Cao C, Annaswamy A. Parameter convergence in nonlinearly parameterized systems[J]. IEEE transactions on automatic control, 1999, 48(2): 397-412.

［204］ Xie X, Tian J. Adaptive state-feedback stabilization of high-order stochastic systems with nonlinear parameterization[J]. Automatica, 2009, 45(1): 126-133.

［205］ Li W, Liu X, Zhang S. Further results on adaptive state-feedback stabilization for stochastic high-order nonlinear systems[J]. Automatica, 2012, 48(8): 1667-1675.

［206］ Qian C, Lin W. A continuous feedback approach to global strong stabilization of nonlinear systems[J]. IEEE transactions on automatic control, 2001, 46(7):1061-1079.

［207］ Xie X, Duan N. Output tracking of high-order stochastic nonlinear systems with application to benchmark mechanical system[J]. IEEE transactions on automatic control, 2010, 55(5):1197-1202.

［208］ Niederlinski A. A heuristic approach to the design of linear multi variable interacting control systems[J], Automatica, 1971,7(6): 691-701.

［209］ Yang G, Wang J, Soh Y. Reliable controller design for linear systems[J], Automatica, 2001, 37(3) : 717-725.

［210］ 王福忠 , 姚波 , 张嗣瀛 . 具有执行器故障的保成本可靠控制 [J]. 东北大学学报 (自然科学版), 2003, 24(7): 616-619.

［211］ Srichander R, Walker B. Stochastic stability analysis for continuous time fault tolerant control systems[J]. Internal journal of control, 1993, 57 (3): 433-452.

［212］ Gao Z, Antsaklis P. Stability of the Pesudo inverse method for re-configurable control systems[J]. International journal of control, 1991, 53(3): 711-729.

［213］ Darouach M, Zasadzinski M. Unbiased minimum variance estimation for systems with unknown exogenous inputs[J]. Automatica, 1997, 33(4): 717-719.

［214］ Cao L, Zhou Q, Dong G, et al. Observer-based adaptive event-triggered control for nonstrict-feedback nonlinear systems with output constraint and actuator failures[J]. IEEE transactions on systems, man, and cybernetics: systems, 2021, 51(3):1380-1391.

［215］ Jing Y, Yang G. Adaptive fuzzy output feedback fault-tolerant compensation for uncertain nonlinear systems with infinite number of time-varying actuator failures and full-state constraints[J]. IEEE transactions on cybernetics, 2021, 51(2):568-578.

［216］ 赵秀春 , 郭戈 . 混合动力电动汽车跟车控制与能量管理 [J]. 自动化学报 , 2021, 47(10): 1-9.

［217］ Hu X, Li Y, Tong S, et al. Event-triggered adaptive fuzzy asymptotic tracking control of nonlinear pure-feedback systems with prescribed performance[J]. IEEE transactions on cybernetics, 2023, 53(4): 2380-2390.

［218］ Wang W, Tong S. Observer-based adaptive fuzzy containment control for multiple uncertain nonlinear systems[J]. IEEE transactions on fuzzy systems, 2019, 27(11):2079-2089.

［219］ Deng H, Luo J ,Duan X, et al. Adaptive fuzzy decentralized control for a class of large-scale nonlinear systems with actuator faults and unknown dead zones[J]. IEEE transactions on systems, man, and cybernetics: systems, 2017, 64(10): 7952-7961.

［220］ Cao Y, Chen X, Zhang M ,et al. Adaptive position constrained assist-as-needed control for rehabilitation robots[J]. IEEE transactions on industrial electronics, 2024, 71(4): 4059-4068.

［221］ Li Y, Yang G. Adaptive fuzzy decentralized control for a class of large-scale nonlinear systems with actuator faults and unknown dead zones[J]. IEEE transactions on systems, man, and cybernetics: systems, 2017, 47(5): 729-740.

［222］ Tao G, P. Kokotovic P. Adaptive control of plants with unknown dead-zones[J]. IEEE transactions on automatic control, 1994, 39(1): 59-68.

［223］ Tian M, Tao G. Adaptive dead-zone compensation for output feedback canonical systems[J]. International journal of control, 1997, 67(5): 791-812.

［224］ Zhang Z, Xu S, Zhang B. Exact tracking control of nonlinear systems with time delays and dead-zone input[J]. Automatica, 2015, 52: 272-276.

［225］ Cai M, Shi P, Yu J. Adaptive neural finite-time control of nonstrict feedback nonlinear systems with non-symmetrical dead-zone[J]. IEEE transactions on neural networks and learning systems, 2024, 35(1): 1409-1414.

［226］ Wang L, Li H, Zhou Q, et al.Adaptive fuzzy control for nonstrict feedback systems with unmodeled dynamics and fuzzy dead zone via output feedback[J]. IEEE transactions on cybernetics, 2017, 47(9): 272-276.

［227］ Li K, Tong S. Observer-based finite-time fuzzy adaptive control for mimo non-strict feedback nonlinear systems with errors constraint[J]. Neurocomputing, 2019, 31: 135-148.

［228］ Wang N, Tao F, Fan P, et al. A Simplified adaptive fixed time control of pure-feedback stochastic nonlinear systems subject to full state constraints[J]. International journal of adaptive control and signal processing, 2025, 39(4): 829-840.

［229］ Wang H, Yu W, Wen G ,et al. Fixed-time consensus of nonlinear multi-agent systems with general directed topologies[J]. IEEE transactions on circuits and systems II: express briefs, 2019, 66(9): 1587-1591.

［230］ Pan Y, Du P, Xue H ,et al. Singularity-free fixed-time fuzzy control for robotic systems with user-defined performance[J]. IEEE transactions on fuzzy systems, 2021, 29(8): 2388-2398.

［231］ Sanchez-Torres J D, Sanchez E N, Loukianov A G. Predefined-time stability of dynamical systems with sliding modes[C]. American control conference (ACC), 2015: 5842-5846.

［232］ Sanchez-Torres J D, Gomez-Guti ´errez D, Lopez E, et al. A class of predefined-time stable dynamical systems[J]. IMA journal of mathematical control and information, 2018, 35(S 1): 1-29.

［233］ Liu B, Hou M, Wu C ,et al. Predefinedtime backstepping control for a nonlinear strict-feedback system[J]. International journal of robust and nonlinear control, 2021, 31(8): 3354-3372.

［234］ Zhang T, Bai R, Li Y. Practically predefined-time adaptive fuzzy quantized control for nonlinear stochastic systems with actuator dead zone[J]. IEEE transactions on fuzzy systems, 2023, 31(4): 1240-1253.

［235］ Wang Q, Cao J, Liu H. Adaptive fuzzy control of nonlinear systems with predefined time and accuracy[J]. IEEE transactions on fuzzy systems, 2022, 30(12):5152-5165.

［236］ Xu H, Yu D, Sui S, et al. An event-triggered predefined time decentralized output feedback fuzzy adaptive control method for interconnected systems[J]. IEEE transactions on fuzzy systems, 2023, 31(2): 631-644.

［237］ Ni J, Shi P. Global predefined time and accuracy adaptive neural network control for uncertain strict-feedback systems with output constraint and dead zone[J]. IEEE transactions on systems, man, and cybernetics: systems, 2021, 51(12): 7903-7918.